U0303540

人类学学刊

Journal of Anthropological Studies

第一辑

Vol.1

张先清　主编

商务印书馆
The Commercial Press
创于1897

图书在版编目（CIP）数据

人类学学刊. 第一辑 / 张先清主编. —北京:商务
印书馆,2015
ISBN 978 - 7 - 100 - 11352 - 6

Ⅰ.①人…　Ⅱ.①张…　Ⅲ.①人类学—文集　Ⅳ.
①Q98 - 53

中国版本图书馆 CIP 数据核字(2015)第 124604 号

所有权利保留。
未经许可,不得以任何方式使用。

人类学学刊·第一辑
张先清　主编

商 务 印 书 馆 出 版
(北京王府井大街36号　邮政编码100710)
商 务 印 书 馆 发 行
山东临沂新华印刷物流集团
有 限 责 任 公 司 印 刷
ISBN 978 - 7 - 100 - 11352 - 6

2015 年 6 月第 1 版　　开本 710×1000　1/16
2015 年 6 月第 1 次印刷　印张 16
定价: 40.00 元

主　　编：张先清

编辑委员会（以姓氏笔画为序）

孔青山（Benjamin D. Koen）　邓晓华　石奕龙　宋　平　余光弘

杨晋涛　俞云平　彭兆荣　董建辉　蓝达居

本卷执行编辑：杜树海

学术委员会（以姓氏笔画为序）

丁　宏（中央民族大学）　　　王铭铭（北京大学）

田　敏（中南民族大学）　　　庄孔韶（浙江大学）

何　明（云南大学）　　　　　杨正文（西南民族大学）

张应强（中山大学）　　　　　纳日碧力戈（复旦大学）

范　可（南京大学）　　　　　和少英（云南民族大学）

周大鸣（中山大学）　　　　　赵旭东（中国人民大学）

高丙中（北京大学）　　　　　麻国庆（中山大学）

徐黎丽（兰州大学）　　　　　彭文斌（重庆大学）

曾少聪（中国社会科学院）　　潘天舒（复旦大学）

Editor-in-Chief: Zhang Xianqing

Editorial Committee (in alphabetical order)

Benjamin Koen	Deng Xiaohua	Dong Jianhui	Lan Daju
Peng Zhaorong	Shi Yilong	Song Ping	Yang Jintao
Yu Guanghong	Yu Yunping		

Executive Editor: Du Shuhai

Academic Committee (in alphabetical order)

Ding Hong (Minzu University of China)

Fan Ke (Nanjing University)

Gao Bingzhong (Peking University)

He Ming (Yunnan University)

He Shaoying (Yunnan Minzu University)

Ma Guoqing (Sun Yat-Sen University)

Naran Bilik (Fudan University)

Pan Tianshu (Fudan University)

Peng Wenbin (Chongqing University)

Tian Min (South-Central University for Nationalities)

Wang Mingming (Peking University)

Xu Lili (Lanzhou University)

Yang Zhengwen (Southwest University for Nationalities)

Zeng Shaocong (Chinese Academy of Social Sciences)

Zhang Yingqiang (Sun Yat-Sen University)

Zhao Xudong (Renmin University of China)

Zhou Daming (Sun Yat-Sen University)

Zhuang Kongshao (Zhejiang University)

目　录

Contents

Sepcial English Article

Book Review

中国东南海洋族群的渔业生计变迁

——东岱人的案例思考*

张先清　吴华靖

摘　要：本文通过东岱人的田野案例,考察了这一生活在中国东南沿海海洋族群的渔业生计状况。东岱人尽管在传统时代发展出了多元的捕捞方式,但近年来在近海生态污染加剧与过度捕捞的影响下,随着渔获的急剧减少,诸如拖网捕鱼、张网、围网、刺网、放蟹笼、石沪等捕捞方式已经面临着日益式微的态势,正日渐退出东岱人的渔业生计领域,而受全球化网络及经济效益的推动,海洋养殖业则逐渐取代了以往的捕捞业,成为东岱人的主体渔业生计方式。东岱人的渔业生计变迁,深刻反映了海洋生态环境的变化及现代技术的渗入对于小型海洋社区的冲击与影响。

关键词：渔业生计　海洋族群　东岱人

中国是世界上主要的海洋渔业国家之一,在相当长的时期内,中国的海洋渔获量、渔船和渔民数量都占据世界重要地位。海洋捕捞等渔业生计对中国沿海渔业社区的社会、经济和文化发展具有非常重要的作用。作为一个以捕捞为生的海洋族群,位于福建莆田南日岛上的东岱人曾经发展出了丰富的海洋生计方式,并以此作为维持渔业社区运转的经济动力。近年来,随着近海生态系统的破坏①及人为过度捕捞的冲击,鱼类资源面临着岌岌可危的态势,严重影响

＊　基金项目:国家社科基金重大项目"闽台海洋民俗文化遗产资源调查与研究"(13&ZD143)。

①　William W. L. Cheung 等著,徐瑞永译:《全球气候变化对海洋生物多样性影响的预测》,《中国渔业经济》2009 年第 6 期。

了传统渔业生产,东岱人的渔业生计也随之发生了一系列值得重视的变化。本文结合田野调查,针对东岱人的渔业生计进行细致考察,意图探讨全球化进程对于类似东岱人这样的传统与小型渔业社区所产生的冲击,并进一步指出传统渔业生计技术保育在维护永续渔业方面的重要意义。

一、讨海的技术——捕捞渔法

从传统时代起,东岱村全村就以讨海为生,正如民国时期的《南日岛志》所指出的:"东菜尾则本岛之极东,民以渔为业。"①1997 年前,东岱村已经拥有 49 艘大马力(48—150 匹)的渔船,一般每艘船以五人组成,由于船只过多,出海还需排队,通常所有船只出发完毕需耗时约五小时。捕捞船队驶出近村海域后,便往东水道靠近大麦屿航行捕捞。随着时代的发展,东岱村民的捕捞方式也在不断地变迁,最初为拖网,而后多为张网。采用何种渔法常常受到外部的影响,如 20 世纪 80 年代前往晋江打工者回村告知村人"单拖"②大有收益,五六日即可挣数万元,于是部分村人开始进行单拖。但是后来由于获利微薄,且需在海上漂泊数日,小单拖逐渐消失。放笼技术则是从平潭岛传入。渔业技术在实践中习得,代代相传。十七八岁的男子便跟着父辈出海学习,随着年岁的增长,技术逐渐娴熟。从田野调查中得知,东岱人的渔法主要有如下几种:

1. 双拖

也称"对拖",为东岱村较早的捕捞方式。"拖"指的是单囊有翼底层拖网,以两艘渔船拖曳一张渔网在海面上逆流航行,当船拖着渔网前进遇到顺流而游的鱼虾群时,鱼虾群便会被这张状如坛子的网网住。由于网的底部坠有重石,故网可沉入海水中,令鱼货只可游进无法游出。渔船拖网 30—60 分钟收一次网,将鱼货取出后,另选鱼虾群密集之地继续拖网。该渔法自 20 世纪 60 年代从惠安县引进南日岛,原为木帆船拖网,70 年代后改为机帆船。当时东岱村有

---

① 萨福榛:《南日岛志》,民国二十六年(1937)抄本,第 20 页。
② "单拖"是指拖网渔船的一种捕捞方式,系由单船拖曳网具进行捕捞。

三四户渔民共同出资购买渔船,下海捕捞,并议定如终止合作则卖船平分船资。整个渔队共十多人,网重一百多斤,鱼货主要为用于做酿鱼露的三角鱼。双拖网捕捞量很高,风浪大时更为明显,但每次出海便是一周,在海上飘荡,令渔民的身体和心理都有所不适。另外成本很高,包括购买冰块、油费及雇佣船员的费用,这对于没有太多原始资本积累的渔民来说是很大的经济负担。村中多年前曾有六户均股合资进行双拖,四年间共损失约70万元,只得卖掉船只改回张网捕捞。加上近年来随着海洋渔业资源的不断衰竭,最终双拖作业方式在东岱村消失。

2. 张网

张网,通称定置网,为传统海洋捕捞作业方式,沿海渔区均有分布。张网捕捞量占莆田海域水产品总产量的60%,分双桩有翼张网、插杆无翼张网、框架张网三种。双桩有翼张网在湄洲岛称鲨尾网,在南日岛叫"鲨戈"网,网为一囊两翼,作业时以两根木桩或竹桩固定在作业渔场,挂网时在两翼网上纲各系长7尺毛竹筒4—5根,末端各系长毛竹一根,网口正中系毛竹筒一根,充当浮力,网口下方系垂石一块,使网口充分张开,平潮时起网捕鱼。南日岛有冬、春两个汛期。冬汛渔场在南日、湄洲至乌丘屿之间,渔期11月至翌年4月,主捕毛虾、带鱼、墨鱼、小杂鱼等;春汛渔场靠近海岸,渔期4—9月,主捕三角鱼、鳀鲴鱼、日本鳀鱼,小虾等。[①] 在南日岛,双桩有翼张网捕捞量占张网类总捕捞量的90%。1963年以前,双桩有翼张网的网具原料为苎麻编织成网后,以"红柴"(龙眼、荔枝树的根、干)煮汁染制而成。1963年,当时的莆田县水产技术推广站在南日岩下用聚氯乙烯取代苎麻织网试验成功,增产35%,降低成本20%。定置作业春汛挂网,捕捞一些经济鱼类的幼鱼、仔鱼,对水产资源损害较大。1990年,东岱人所在的莆田县有捕捞作业渔船1677艘、双桩有翼张网的渔网15120张。[②]

随着科技的发展,现在网具和渔船也都有了改进。桩改为长达两米多、需

---

① ②　翁忠言主编:《莆田县志》,中华书局,1994年,第269页。

三四人方能扛动的铁桩,每根价值数百元。两支桩插入海泥中,将约八十寻①的绳子绑于桩上的四个圈上,再将网的四角绑于绳上。过去网仅约 20 米长,织一张网约需八十日,如今养殖业的繁荣发展导致织网手艺逐渐不受重视,越来越少人会织网。五六年前开始应用机器织网布,而后手工加工成所需的渔网。如今东岱渔村中的网多长 80 米,重量也从当初的五六十斤增至一二百斤重,每张网价值一万多元。平均每户渔民家中有四张网。每张网使用寿命约 5 年。从 1981 年起,机械船在东岱人中逐渐普及,直至最后替代木帆船。现今村中共有 10 艘大船张网,另有几十艘小渔船。大船价值十多万元,多为三四户人合资,亦有不出资,仅"搭伙",但是需要出船只维修费的渔户。传统时期由于没有准确的天气预报,而且迫于生活压力,渔民们即使十一级大风天也出海张网,如今天气预报九级风或以上,渔民便不再出外张网捕捞了,而是将网绑于桩上,待风力减弱后再打开,否则过大的风浪不断撕扯渔网,将造成经济损失。张网的最佳风力为六、七级风。有风才有浪,有浪才有鱼货。风力太大无法出海,风力太小则泥土会沉淀于渔网上,导致无法拉起。

随着渔业资源的不断衰竭,近年来东岱人的渔场也逐渐由近村海域退至大麦屿附近,每次出海时间也延长至现在的来回四小时左右。昔时讨海极为辛苦,尤其夏日鱼汛好,每日只能在不用开船时小憩,共仅约两小时。张网捕鱼时需五人作业,一人用顶上有铁钩的竹竿将网头的绳子勾过来,一人摇橹,三人拉网。抓不动则大家一起拉。20 世纪 90 年代引进起网机,船行至放网的海域后停下,先由拉网机将渔网拉起,而后船上四人再齐心协力将网拉至船上,解下网尾,把渔货倒在船舱,再将渔网放回水中。如果渔网有较小的破损,则直接在船上进行修补。如破损较大则需带回家中修补。由于每个渔民渔网放置海域不同,故需在起完一户的渔网后,驶往他处继续起网。船行进途中,除了驾驶员外,其他三人负责将鱼获进行初步的挑拣,将杂质如海蜇等扔回海中,带鱼和红虾或者其他较大的鱼则单独装筐,其他渔获也装筐待上岸后进行二次挑拣。网放在水中一般六七天需取回一次,如不取出,则会有太多的海蛎壳、海草等物附

---

① "寻"为网长的计量单位,伸开双臂,双臂之间的距离为一寻,即八尺。

着其上,导致网太沉而无法拉起。船队捕捞回来后,如渔网破损,则将需要修补的渔网从船上搬至自制小木船运回岸上,由各家女性成员修补。

插杆无翼张网俗称企桁,张设在近、内海岛礁或突出部大潮干流线上下,潮流湍急的海区,依靠插杆挂网捕鱼。渔期 2—8 月,主捕日本鳀鱼、青鳞鱼、赤鼻、七星鱼、三角鱼、小鱼虾等。主要分布在南日岛和小日、鳌山、罗盘、赤山等小岛及忠门沿海个别地方。① 东岱过去曾有此渔法,现已无存。框架张网为无翼张网,俗称"四角柜","框网"以 4 根大杉木固定呈方形张开网口的称"大网",以大毛竹张开网口的称"网仔",作业渔场在南日岛外至乌丘屿附近,渔期11 月至翌年 4 月,主捕毛虾、带鱼、墨鱼、小杂鱼等,70 年代前,南日岛有渔船50 艘、渔网 600 张,70 年代后,因资源衰退经营亏损而逐渐停产,②现今东岱人也基本不用此法。

3. 围网

围网分无囊网和有囊围网两种。有囊围网又有单船围网与双船围网之别。围网类有大围缯、带鱼缯、小围缯、鳀树缯、灯光围网等。小围缯属单船有囊围网,是南日岛东岱人的传统作业,渔场在东岱附近海区,渔期 4—8 月,前期主捕大黄鱼,后期主捕鳀鲲鱼、三角鱼。③ 近年来由于资源衰退,经营亏损,已经停止作业。

4. 刺网

刺网俗称绫,有定置刺网与流动刺网之分。流动刺网按作业水层分低层刺网与中、上层刺网。定置刺网,利用网在海中随潮漂流,使鱼类刺挂网目或被缠络而被捕获。可据不同捕捞对象,使用大小不同网目的刺网,主要有马鲛鱼单层流动刺网(马鲛绫)、鲻鱼刺网(乌鱼绫)、鲳鱼流刺网(鲳绫)和梭子蟹流刺网。④ 网具材料原为苎麻,20 世纪 60 年代中后期以维尼纶取代。东岱村现仅不足 5 户使用刺网,渔区在近海岛礁处。鱼货主要为黄瓜鱼、梭子蟹、鳗鱼等较

① 翁忠言主编:《莆田县志》,第 269 页。
② 同上,第 269—270 页。
③ 同上,第 270—271 页。
④ 同上,第 270 页。

贵鱼种,年收入数万元。东岱村中最大的刺网户为兄弟三人合一艘12匹舢板作业。其渔法是,定置刺网者将网挂于岛礁上,隔一两个小时后再前往观察是否有鱼获。流动刺网者可一人或多人作业,需要舢板。网丝极细,易断,耗损率很大。有时一天就耗损一张。

5. 放蟹笼

蟹笼(作者田野期间拍摄)

蟹笼是一种用于捕蟹的网状工具,东岱人最初并不流行这种渔法,后听说平潭岛人放蟹笼每日收获颇丰,故便效仿在东岱近海渔场放蟹笼。蟹笼由铁质框架和聚乙烯编织网构成,每只蟹笼尼龙网上有3个扁锥形入口,笼里放置小鱼等饵料,利用其腥味将螃蟹、章鱼等引入尼龙网中捕捉。东岱人一般是站在舢板上,行船海上将一排排蟹笼置于礁石旁,沉入20米到80米深的海水中,几十个成一排的蟹笼在海底可绵延达4海里,每日收放一两次。鱼汛在农历3、4月至11、12月间,风大则无法放笼。蟹类多为梭子蟹、青蟹等。村中利用大船放笼的仅一队,为四户合作放一千多个蟹笼,每户每年收入约七万元。小舢板作业的约六户,一般为夫妻作业。

6. 石沪

石沪为用石头在潮间带筑成的捕鱼石墙,属于传统陷阱渔法。其构成主要分为沪堤、沪房、沪门、鱼井等部分,利用海水涨潮时会淹覆石墙顶部并且带来鱼群,退潮时海水流走而鱼群便会困在石墙内这一原理而捕鱼。东岱人很早就利用此法捕鱼,村中留有石沪多口,近年来由于鱼货太少,村中现仅一位70多岁的郑姓老人仍使用该渔法。其每日前往石沪查看两次,但很多时候空手而归。

此外,东岱人也还保留着海钓捕鱼技术。分延绳钓和单钓两大类。钓类作业时,多以饵类引诱鱼、蟹类上钩。延绳钓有鳗鱼钓、鳓鱼钓、带鱼钓、冬钓及空钩钓等。另有一种无钩钓(墨鱼钓、梭子蟹钓)等。单钓有石斑鱼钓、鱿鱼钓等。单钓即手钓,一人手握钓具一副,凭手感钓捕鱼类。[①] 东岱村有若干村民单钓维生,一人带数根鱼竿,每日驾驶机动船于海上垂钓,鱼饵多为活虾与海虫。由于抓海虫需花费大量时间,故如今皆是前往渔具店购买。每日收获不定。

二、近海养殖业的兴起

东岱人所在的南日岛过去的海水养殖业主要是海带、紫菜、牡蛎等传统品种,与捕捞业相比,经济效益并不明显,因此在相当长时期内养殖业并非东岱人的主要渔业生计方式。但从20世纪90年代以后,随着海洋环境恶化、过度捕捞等导致渔业资源逐渐衰竭,捕捞效益越来越低,加上邻近万峰村鲍鱼试养大获成功,于是越来越多的东岱人逐渐转向海产养殖。

东岱村20世纪90年代末开始养殖鲍鱼,大约在2006年左右,红毛藻和海带养殖业也开始兴起,逐渐形成了一定规模的海上养殖业。养殖海区采取先占先得的形式,故较早开始实行养殖的家户有更多的渔区。没有渔区的家户则需向村人购买或者租赁。村中30%海区为一魏姓渔民所有,分布较广,包括浮屿养殖区、大峤山脚、大麦屿附近及其他海区。海区价格逐年上涨,如2009年某报导人花7万元购入一片海区,2010年以600元/口(一口约16平方米)价格出售部分渔区,净挣20万元。租金则为每年600元/10口。东岱人养殖业的最主要品种是鲍鱼、红毛藻和海带。鲍鱼养殖投资尤其大,且风险最高,但因其

---

① 翁忠言主编:《莆田县志》,第271—272页。

浮屿养殖基地与码头（作者田野期间拍摄）

收益高,如今全村一半家户养殖鲍鱼。据 2010 年 7 月统计,东岱村民从事鲍鱼养殖业约 120 户(部分兼养),每户约 30 口,共约 3500 口,每户年利润十余万至几十万不等。主要集中于浮屿养殖区,该养殖区为 2008 年 1 月由南日鲍鱼协会承担建立的国家级南日鲍鱼生产标准化示范区,共 1.5 公顷,为深水沉箱养殖区,潮流顺畅,水质良好无污染,为鲍鱼养殖的绝佳海区。渔排上有几百所小房子,远远望去,整个养殖区仿若一个海上小镇。每口鲍鱼池为长宽各四米的标准的 16 平方米的方形池子,每个池子上架 9 根竹竿,每根竹竿上绑 8 个黑色鲍鱼箱,20 个池子便有 1440 个箱子。每口池子间搭有木板可供行走,但熟练的渔民或者工人行走在竹竿上面,步履轻盈,如履平地。

鲍鱼箱上都布有小洞,每个箱子分成 5 层,每层都有可开关的小门。因此村民习惯将一个鲍鱼箱称为"一串"。每层都有鲍鱼,但是根据大小不同,个数也不同,每箱百余至数百个不等。南日岛的鲍鱼饲料皆为本岛产的新鲜紫菜、海带或红毛藻,因此可谓纯天然绿色食品。养殖户们多一次性运一船的藻类至渔排上,将这些装在编织袋中的藻类先置于海水中,需要使用时从水中捞出,扛到需要喂养鲍鱼的地方。将鲍鱼箱自 4 米深处拉上渔排,先用水将鲍鱼上的泥土冲洗干净,而后一层层打开,放入新鲜的藻类,再关上,重新置入水中。虽然喂菜没有什么技术含量,但十分考验体力和耐力。海水通过小孔流入鲍鱼箱,十分沉重，要将其拉起需耗费大力气，而全程蹲伏作业亦十分辛苦。夏日炎炎，酷热难忍，村人普遍凌晨三点便下海喂养以避开高温，至八九点钟结束上岸。冬日则早上六点多下海，喂至十一点左右。喂养鲍鱼都采取轮替喂养的方式，即每日喂养一部分，次日喂养另外一部分。夏日鲍鱼食欲不佳，可五六天喂一次，而冬天则最多三天便需喂养。有 20 口池子的鲍鱼排仅需夫妻二人或者加雇一个工人便可完成喂养。喂养之外，最大的工作量便是"分苗"，鲍鱼的成长速度不一，每隔一段时间便要将所有箱中的鲍鱼苗按大、中、小进行分拣，集中放入箱子中，这样可以保障鲍鱼的营养吸收。由于鲍鱼喂养辛苦且具一定的风险，故近年来东岱人普遍雇佣外地农民工专门喂养鲍鱼，这种状况在福建省罗源等其他鲍鱼养殖区普遍存在。这些农民工多来自四川、贵州山区，这种新型雇佣关系的出现，改变了传统渔村的社会关系。

鲍鱼养殖属于高风险，高投入但也是高回报的产业。但是与前些年相比，近年利润已经有所降低。首先是饲料成本逐年增加，压缩了鲍鱼养殖户的利润空间。其次养殖鲍鱼需面临着许多海上风险，如水温、赤潮与台风等。夏季莆田沿海台风较多，强台风会给养殖户们带来巨大的经济损失。2005 年 5 月南日海域连续 7 天的赤潮虽然在环保和渔业部门等的帮助下得到有效控制，但也极大地损害了鲍鱼养殖利益。此外，鲍鱼养殖要求水温常年保持在 12℃ 至 25℃ 间，而南日海区水温太高，夏天鲍鱼成活率低。尽管南日岛从 2004 年起开始实行"南北转场"的做法以提高成活率，即每年 4、5 月至 10 月，鲍鱼排被北上运往大连、山东避暑、避台风，11 月至次年 4 月，则运回南日越冬，但其成本极高，故东岱村仅少数人采取此种方式。大部分东岱人选择每年 5 月之前将成品鲍鱼售完。

东岱人鲍鱼养殖的红火也带动了藻类的养殖。藻类虽然养殖周期短，且日常无需过多料理，但是却能够带来很高的经济利益。无论是养殖红毛藻还是海带，都需要大片海区，因此只有拥有海区者才能养殖。两种藻类要求的水质相同，故一般兼养。2011 年南日岛海带养殖面积达到 2.5 万亩，产量 7 万吨，远销浙江、广东等地。海带养殖海区要求流大、浪小，同时要有较好的透明度以促进海带的生长。每年 10 月底至 11 月初挂苗，次年清明左右开始收割、晾晒，每年一季。挂苗时间早晚不同可导致收成时间相差约 2 个月。阳光不充足会延缓海带的生长,但夏日水温升高往往导致海带成片死亡,因此每年都需在夏天来临前收割完毕。海带养殖虽然收益良好,但是每年仅收一季,而红毛藻每年可收四季,故近年来越来越多的海带养殖户改养或兼养红毛藻。红毛藻又称龙须菜,此种海藻不但能有效地改善海区水质,还可当新鲜蔬菜食用,含胶量十分突出,是饮料、食品行业的重要原料,市场前景十分广阔。2011 年南日镇红毛藻养殖面积 1 万亩,年产量达 2.5 万吨。由于东岱海域水质肥沃,微生物丰富,故十分适合红毛藻的养殖。从田野调查可知,东岱村目前共有三十户红毛藻养殖户,其中部分兼养海带,年平均收入高者可达三四十万元。值得注意的是,近年来近海养殖业已日渐取代传统的捕捞业,成为东岱人的一个支柱性渔业生计。

三、"紫菜坛"与"讨紫菜"

除捕捞与养殖业之外,采集紫菜也是东岱人的一个渔业生计方式。在《南日岛志》"物产"一节中曾留有这样的一段记载:"东菜尾浮斗等沿海渍岩壁,于春冬之际,丛生海藻,称为紫菜,岛民攀悬岩削壁,卷菜成形,质嫩味美,驾于平潭县所出,是南日岛特产,年值十余万元。"①可见野生紫菜自古便是东岱村的特产,正因如此,与东岱村中老年人交谈时,他们必定会十分自豪地说起讨紫菜这一生计方式。紫菜味道鲜美,蛋白质含量很高,具保健作用,而野生紫菜营养价值和口感都远远优于养殖的紫菜,且十分珍稀,如今仅东岱部分海域还有生长。东岱人将野生紫菜与人工养殖的紫菜分别称为"坛菜"和"紫菜"。"坛"兴化方言发音为"tua",指野生紫菜所生长的礁石。野生紫菜生长于风浪较大的潮间带岩礁之上,孢子则来自自然海区。南日岛紫菜古已有之,但讨紫菜最初却并非是南日岛渔民的一个传统生计,按照东岱人普遍流行的一个说法,讨紫菜最初是岛外福清人的专利。每年紫菜收割季节,福清人便至东岱村及附近海

---

① 萨福榛:《南日岛志》,第16页。

域讨紫菜,收成完毕方才离开。由于海上往返十分麻烦,且采紫菜危险性大,曾有 18 位福清人行船至大麦屿讨紫菜,遭遇大风无法返回,数日之后全都不幸饿死岛上,因此福清人最后考虑放弃南日岛的紫菜坛。恰逢一福清女子嫁至南日岛沙洋村,于是沙洋村获得福清人赠予的紫菜坛,但是因为沙洋人不懂得如何讨紫菜,便雇佣东岱人作业。至土改时东岱人已在紫菜坛上作业多年,且紫菜坛属东岱村境内,故顺理成章地分给了东岱村,人民公社时期收归集体所有,"文革"结束后又分坛到户。

从田野调查可知,东岱人的紫菜坛原有 102 亩左右(其实际面积比田地的亩大许多),不仅分布于东岱村,大麦屿、赤山岛、小麦屿等地皆有。只是来往赤山太过遥远,且无人看守,又常为人盗采,故目前已无人前往作业。紫菜坛根据其收成优劣分为三等,有早熟晚熟之分。一般而言,风浪大的坛紫菜长势更佳,朝北较之朝南的、靠外的较之靠里的则成熟更早。大麦岛上的紫菜质量最好,成熟最早,长势最喜人,长长的紫菜,能像拔草一样就地拔起。分配方式也经历了多次改变,如曾设定"水表"分配法,即家中安有几个水表便分几份。后来改为抽签,由三年一次改为一年一次,如今村干部每换届一次便重新分配一次,不同等级紫菜坛相互搭配。

虽是野生紫菜,但前期还是需要给予一些人工照料。东岱人最初普遍采取烧热石头的方法让海中紫菜苗附着于礁石上,清代中后期发明了洒石灰灭害清坛办法。由于本村贝类极少,故需至埭头镇、福清县等地收购海蛎壳,而后用船只直接运抵村北部山上壳灰窑烧制。分产到户后,壳灰窑也被分配给家户。东岱人将购得的蛤壳、海蛎壳等放入壳灰窑,投入柴火,逐层堆砌以便充分燃烧。如未能充分燃烧,那么就会造成经济损失。因为太麻烦,且需要一定的技术,故现在渔村中仅有寥寥几位老人烧灰,除一部分自用外,也出售予村民以贴补家用。壳灰不单可用为紫菜坛消毒,还可用于虾池、蟹池的消毒,南日岛多个行政村有虾蟹养殖场,故壳灰供不应求。烧好的壳灰需在十日内使用完毕,否则其成分会发生变化,无消毒效果。清坛的做法是将壳灰与海水按一定比例溶合于水桶中,喷洒于礁石上。每年需喷洒三次,其中农历七月十五左右打灰是为礁石消毒,七月二十左右打灰则是令海中的紫菜孢子可附着于其上,八月初一再喷洒一次则是为了令紫菜可以更好地生长。

在东岱人看来,海上天气变化对紫菜的生长影响较大。洒过灰的礁石经过八九级大风不断冲刷后便可生产紫菜,风力越强劲,紫菜生长越旺盛繁茂。第一茬生成的紫菜俗称"绿电",颜色翠绿,形似青苔,口感绵柔,略带甜味。农历九月用竹片刀具撬起的称为"mu",细如发丝,味道与紫菜相似,但更具甜味,用之煮汤,汤呈红色。近些年由于气候变化,水温升高,农历三月二十左右紫菜便逐渐脱落,停止生长,而昔时则可生长至农历四月。紫菜每季称为"水",农历九月中旬所采摘的为"头水",九月底、十月中、十月底、十一月中、十一月底、十二月中与十二月底共五水,此六水紫菜外所采摘的紫菜的口感便不太好了,故也无法称之为水。

东岱人采集野生紫菜需在大晴天退潮时进行,阳光将紫菜晒干后才好采。东岱人共有三种采摘方法,一为古老的卷采法,《南日岛志》所云"卷采成形"便指此法,即用手将不太长的紫菜推滚成卷,成束后放入随身携带的竹篓中。二为拔采法,此法适用于较长的紫菜,犹如拔草,将紫菜自礁石上拔起。三为工具法,即用耙具将紫菜耙下。耙具通常为一根中间插着一块钢片的木头,手持的一端需胶带包扎,以免伤及虎口。食指中指由于长按钢片,故也易受伤。过去村人自制耙具,非用刀片而是铁皮,但因太软,用力时会歪斜,不利采摘。约六年前改为钢片。现村人也乐得省事,改自制为购买。由于紫菜长在风浪大的岩礁上,靠近海面的礁石上生长的紫菜尤为茂盛,但礁石湿滑,故采紫菜时村民需如攀岩运动员般在身上绑上粗绳,以防不小心落入身后的惊涛骇浪中。一手要抓紧绳子,一手要采摘,难度很大,但东岱人无论是妇女和老人都能自如地攀登采摘。

采紫菜(作者田野期间拍摄)

大麦屿上共有 100 份紫菜坛,距东岱村十多分钟船程,岛上无水无电,故每水采摘时东岱人需带上被褥、干粮和水,与他人共同乘小船前往,一般天刚蒙蒙亮便出发,最早也得傍晚才能搭顺风渔船回村。每年正月需将礁石上的紫菜全部耙起,以保证礁石的营养,为来年的紫菜生长做好保障。上个世纪时期东岱人紫菜收成良好,全村每年可采摘 200 多担。近些年受气候影响,产量大不如前。尽管 20 世纪 50 年代便出现了人工养殖紫菜,影响了野生紫菜的价格,但是头水野生紫菜味道极其鲜美,口感甚佳,且民间流传具有治疗胃病的奇效,故价格年年看涨,即使如此,仍供不应求。每年采摘头水紫菜之时,外来的购买者便来至东岱村中,与村民们一起到紫菜坛上,随采随买。后期采得的紫菜无论是口感还是卖相都不如前几水紫菜,故需村民自行挑着担子走村串户销售,卖不完则需及时晾晒风干,装袋保存。

四、结　论

近年来,国际上关于海洋人类学的研究日益关注海洋生态环境的变化及现代技术的渗入对于海洋社区的冲击与影响,①如何透过生态平衡与行为调整的方式以长久地维护渔业资源及渔民的生计,已经成为迫在眉睫的议题。本文通过东岱人的田野案例,考察了这一生活在中国东南沿海海洋族群的渔业生计状况,从研究中可知,东岱人尽管在传统时代发展出了多元的捕捞方式,但近年来在近海生态污染加剧与过度捕捞的影响下,随着渔获的急剧减少,诸如拖网捕鱼、张网、围网、刺网、放蟹笼、石沪等捕捞方式已经面临着日益式微的态势,正日渐退出东岱人的渔业生计领域,而受全球化网络及经济效益的推动,海洋养殖业则逐渐取代了以往的捕捞业,成为东岱人的主体渔业生计方式,并成为推动东岱社区经济迅速发展的一个动力。随着近海养殖业的兴起,东岱渔村中出现了一种新型的雇佣关系,并在一定程度上改变了东岱人的社会结构。正如

---

①　M. K. Søndergaard:"The introduction of synthetic fibres in Denmark's fisheries, c. 1945 - 1970". *MAST 2006*, 5(1): 13 - 28.

Signe Annie Søvisen 及 Jahn Petter Johnsen 等人在研究挪威渔业社区时所指出的,类似这类因为渔业生计的改变而在传统渔村中出现的新型的雇佣体系,是值得重视的研究议题。① 而这需要另外的一篇专论来加以研究。

张先清　　厦门大学人类学与民族学系教授(厦门　361005)

吴华靖　　厦门大学人类学与民族学系硕士(厦门　361005)

① Signe Annie Søvisen, Jahn Petter Johnsen. Jostein Vik：“The norwegian coastal employment system：What It Was and What It Is”, in *MAST 2011*, 10(1)：31−56.

天后妈祖传说故事与神像隐含的象征意义*

石奕龙

摘　要：每一位神明的灵异与显应的传说及形象表述,都是人们建构出来的。实际上,这种建构代表着人们的一些希冀,代表着一个社会对某些人的道德要求。换言之,在中国社会中,作为神明实际上就是一种道德的凝聚或化身。我们可以看到以妈祖为代表的中国汉族神明,都可以被视为官府的象征或官府的代表。由此,我们可以看到,以妈祖为例来看待人们建构的神明传说及逐步形成的神像的形象表述等所内涵的象征意义是:人们希冀官府为人民服务,为人民排忧解难、救危济困。

关键词：妈祖传说　道德要求　官府

有关妈祖的传说故事,都是人们在历史的过程中逐渐建构出来的。时至今日,人们建构的妈祖生平神异与灵应的传说故事有许多,据清初僧照之徒普日与徒孙通峻重修的《天后显圣录》①记载的有57则。它们分别是:"本传"目次中的天妃诞降本传、窥井得符、机上救亲、化草救商、菜甲天成、挂席泛槎、铁马渡江、祷雨济民、降伏二神、龙王来朝、收伏晏公、灵符回生、伏高里鬼、奉旨锁龙、断桥观风、收伏嘉应嘉佑、湄洲飞升等17则;"显应"目次的显梦辟地、祷神起椗、枯楂显圣、圣槎示现、铜炉溯流、朱衣着灵、托梦建庙、圣泉救疫、温台剿寇、救旱进爵、瓯闽救潦、平大奚寇、一家荣封、紫金山助战、助擒周六四、钱塘助

---

*　基金项目:国家社科基金重大项目"闽台海洋民俗文化遗产资源调查与研究"(13&ZD143)。

①　此为湄洲妈祖祖庙董事会与湄洲妈祖文化研究中心重印的《妈祖文化研究丛书》之一。

堤、拯兴泉饥、火焚陈长五、怒涛济溺、神助漕运、拥浪济舟、药救吕德、广州救太监郑和、旧港戮寇、梦示陈指挥全胜、助战破蛮、东海护内使张源、琉球救太监柴山、庇太监杨洪使诸番八国、托梦除奸、崔符改革、本朝助顺加封、涌泉给师、灯光引护舟人、澎湖神助得捷、琉球阴护册使、起盖钟鼓楼山门、大辟宫殿、托梦护舟、助顺册封奏请(春秋)两祭编入祀典等40则。①

在林清标于乾隆四十三年戊戌(1778年)所辑的《敕封天后志》的《神迹图说》中记载的有49则:诞降、窥井、机上救亲、航海寻兄、救商、菜屿长青、祷雨、降伏二神、收晏公、恳请却病、收高里鬼、除水患、除怪风、收伏二怪、湄屿飞升、起柱、圣墩神木、铜炉溯流、现身渡劫、圣泉救疫、托梦建庙、温台剿寇、救旱、救瓯闽潦、平寇追封、紫金山助战、助擒草寇、钱塘助堤、济兴泉饥、焚陈长五、助漕运、拥浪浮舟、药救吕德、救郑和、示陈指挥、破倭寇、救张元、救柴山、庇杨洪、历庇封舟、崔符改革、助风退寇、井泉济师、引舟入澳、澎湖助战、海岸清泉、保护册使、托梦护舟、潮迟加涨等。② 相较《天后显圣录》少了挂席泛槎、铁马渡江、龙王来朝、显梦辟地、圣槎示现、一家荣封、神助漕运、旧港戮寇、托梦除奸、起盖钟鼓楼山门、大辟宫殿、助顺册封奏请(春秋)两祭编入祀典等12则,但又增加了航海寻兄、历庇封舟、海岸清泉、潮迟加涨等4则。

而现在网络上归纳为60则,即诞龙女天辉地香、遇仙翁古井赐符、船搁浅仙浪浮送、焚祖屋导航番舶、显神通草席为帆、演法力铁马骋海、祭上苍旱情骤解、镇海怪祭符掷贝、降龙王水族谢恩、战晏公投绳缚妖、施灵符莆令疗疫、除阴鬼高里施法、逐双龙奉旨遏潦、祷上苍闽浙回晴、逐黑龙道路通畅、破两嘉四境平安、现圣身轻舟伏魔、踏祥云升天成神、托梦建祠刻像、助起碇三宝扩殿、发异光圣墩建庙、浮铜炉枫亭显圣、赐甘泉白湖除瘟、神示梦宰相建庙、振神威海口逮寇、显神威擒获贼酋、封合家誉满天下、除旱魔神送甘霖、麾天将尽灭周贼、退海潮江堤斯成、济粮荒米船齐至、护允迪高丽通使、烧三恶庙廊神火、拯漕运救

---

① 《天后显圣录》的传说故事编到康熙五十八年,而内容有的到雍正四年,故该书约成书于雍、乾年间。

② 《敕封天后志》的传说故事编到康熙六十年,但该书的内容中有光绪年间的东西,可能是后人再增补的。

船保卒、唤妈祖粮军逃劫、呼天妃神女挽漕、医吕德异梦受丹、荡贼舟神助灭倭、妃立云神助郑和、占上风反败为胜、祷妃佑擒王平乱、扬赤旌神镇恶风、化螺女阻登鳌山、纪丰功长乐铭碑、荡贼舟神助灭倭、佑柴山琉球册封、照神火陈侃离凶、点书生殿试中榜、治严嵩忠臣得梦、惩草寇神前悔过、借神助收复台湾、祈赐水枯井泉师、牵舟船湄澳避风、征澎寇衣冠尽湿、改王府天后赐泉、夜平乱退潮反涨、神示梦化险为夷、护使航朝廷祭祀、承后恩册使消灾、保北港妈祖神助等。① 比过去的少了几则，但也多了焚祖屋导航番舶、现圣身轻舟伏魔、纪丰功长乐铭碑、点书生殿试中榜、借神助收复台湾、改王府天后赐泉、保北港妈祖神助等几则。

一、妈祖传说故事的分类

上述这些故事基本上是按年代来排序的，这些传说的神话故事，大体可以分为两大部分，一部分是关于妈祖生平的神异传说故事，在《天后显圣录》中它们归于"本传"目次。另一部分则是关于妈祖作为神明显圣显应的神话传说故事，在《天后显圣录》中，它们归于"显应"目次。

（一）妈祖生平的神异传说故事

妈祖生平的神异传说故事，主要表述妈祖或林默娘在世时的神异故事。它也可以分为几个部分，首先是表述妈祖天生就具备某些神异的故事，也可以称为神异故事，它们有：天后诞降、窥井得符、菜甲天成、挂席泛槎、铁马渡江、湄洲飞升。其中："天后诞降"或"诞降"的故事名称有人诗化为"诞龙女天辉地香"，其故事大体说：妈祖的父亲叫林惟悫（音确，讳愿），母亲为王氏，他们生活在湄洲岛上，都是行善积德之人。林惟悫年四十多岁时，已生有一男五女。但由于担忧一子难保传宗接代的大事，所以经常在佛前焚香祷告，想再生一个儿子。惟悫夫妇的虔诚感动了观音菩萨，一天晚上，观音菩萨托梦给王氏说："你家行

---

① 网上的传说故事编到了第二次世界大战时。

善积德,今赐你一丸,服下当得慈济之赐。"不久王氏便怀孕了。北宋太祖建隆元年(960年)三月二十三日傍晚,王氏分娩时,西北处一道红光射入屋中,并伴有隆鸣之声和香气,妈祖降生了。妈祖的父母见生了个女孩,最初非常失望,但后来见妈祖的出生异象频生、香气满屋,因此也十分疼爱她。妈祖从出生到满月,一声不哭,所以,其父母给她取名林默。

此外,诞降本传还说妈祖"八岁从塾师训读,悉解文意"①。十岁就懂得礼佛,"十岁余喜净几焚香,诵经礼佛,旦暮未尝少懈"②。而她在十三岁时得到了玄通老道士所传之玄微秘法,开始勤奋学道,悉悟诸要典。也就是说,她从小就与别人家的女孩不同,喜读书,喜欢与佛道打交道,努力学习法术等玄妙的知识,而且悟性极高。

"遇仙翁古井赐符"即旧称的"窥井得符"或"窥井"故事。该传说曰:妈祖十六岁时,有一次与一群女伴出去游玩,当她对着井水照妆时,一位后面跟着一班仙官的神人捧着一双铜符,从井中升了上来,要把铜符授给她,一起玩的女伴们都吓跑了,而妈祖则接受铜符,并不怀疑。而且自从妈祖接受铜符后,她的法力日见提高,以至常能身在室中神游方外,腾云渡海,而且谈吉凶祸福,靡不奇中,救急救难,"驱邪救世,屡显神异",故而人们开始称她为"神姑","龙女"、"通贤神女"等。

"菜屿长青"也称"菜甲长青",其曰:湄洲岛旁边有一个小岛屿,传说有一天,妈祖到小岛上游玩时将菜子撒在地上,不久菜子奇迹般成长,花开满地。随后,每年无需耕种,自然生长。当地人视为仙花而采之,并用于供奉给神、佛。以后,人们就把这个小岛屿称为"菜子屿"。

"显神通草席为帆"即旧称的"挂席泛槎"传说。该故事说:相传妈祖在世时,有一天要渡海,但碰到海上起风浪,岸边虽有船只,但船上却没有船桨,也没有船帆,加上风急浪大,艄公也不敢开船,妈祖却对艄公说:没事,你只管开船!随即她叫人将草席挂在桅杆上作船帆启程,于是船恍若凫鸥之浮沫白云般地离

---

① ② 《天后显圣录》上《本传》,湄洲妈祖祖庙董事会与湄洲妈祖文化研究中心重印本,第2页。

开码头,乘风破浪,在海面上飞驰而去,观者都赞其为飞渡。①

"演法力铁马骋海"即旧称"铁马渡江"的故事讲:有一天,妈祖要渡海,可是码头边却没有船只,这时候,她看见旁边屋檐上悬有铁马,于是灵机一动,取之挥鞭,骑着铁马风驰地向海对面奔驰而去,待妈祖上了岸,忽然之间,铁马也变得无影无踪,故旁边的观者无不惊叹"龙女"的神通广大。②

"踏祥云升天成神"即旧称"湄屿飞升"或"湄岛飞升"的故事说:宋太宗雍熙四年丁亥(987年),默娘时年二十八岁。重阳节的前一天,她对家人说:"我的心好清净,不愿居于凡尘世界。明天是重阳佳节,想去爬山登高。预先和你们告别。"家人都以为她要登高远眺,不知将要成仙。第二天早上,默娘焚香诵经之后,告别诸姐,一人直上湄峰最高处。这时,湄峰顶上浓云重重,丝管乐声阵阵,默娘化作一道白光冲入天空,乘风而去,成为神明。此后默娘经常显灵显圣,护国佑民,救人危难,当地百姓感激她,在湄峰建起一座小祠庙,虔诚供奉。据传祖庙寝殿后的摩崖"升天古迹"处就是妈祖升天的地方。

从上述的这些生平神异的神话传说故事看,这一部分的传说故事主要表述的内容为妈祖天生异禀,但也需通过自身的努力学习与领悟,才能掌握神异的法术与符咒,最后在虚岁二十八岁时升天,位列仙班,成为神明。

妈祖生平神异故事的第二部分为林默娘降妖服怪的传说故事,也即妈祖用其掌握的法术降妖服怪,将他们收为部下,为其以后的救难服务。如:降伏二神、龙王来朝、收伏晏公、伏高里鬼、收伏嘉应嘉佑等,其中"镇海怪祭符掷贝"即旧称的"降伏二神"传说云:在妈祖二十三岁时,湄洲的西北方向出现有二妖,一为顺风耳,一为千里眼。二怪经常出来贻害百姓,百姓祈求神女林默娘惩治二魔。为了降服二怪,默娘混在村女们中一起上山去劳动并蹲守,这样,一直过十多天,二妖终于出现了,当他们将近企图作害时,妈祖大声呵斥他们,二怪见妈祖神威,化作一道火光而去,妈祖拂动手中丝帕,顿时狂风大作,那二魔弄不清所以,持斧疾视,妈祖又用激将法激二怪丢下铁斧,丢下铁斧之后二妖再也收不起铁斧,只得认输谢罪而去。两年后,二怪在海上再次作祟,妈祖则用神咒

①② 此故事林清标的《敕封天后志》没有收录。

呼风飞石使二魔无处躲避。最后,他俩服输,愿为妈祖效力,于是妈祖收了二怪为麾下神将。

"降龙王水族谢恩"即"龙王来朝"的故事讲:东海历来水怪众多,时常会兴风作浪,破船沉舟,过往渔民商旅深受其害。林默娘自十六岁起就经常飞巡于海上,游于礁、屿之间,降妖伏魔,靖清海域,终于使龙王们信服。一日,她与当地官员巡行海上,驻舟于中流,只见四海龙王率领水族骈集,毕恭毕敬,向林默娘请罪问安。默娘免其罪,但要求他们以后要庇护渔商百姓,不得再兴风作浪。四海龙王应允并率水族齐齐谢恩,然后退潮。从此以后,每年的天后诞辰,水族都会集结,前来庆祝,渔民见之也不敢下网捕捞。①

"战晏公投绳缚妖"即旧称"收伏晏公"或"收晏公"的传说称:相传妈祖在世时,有一怪物叫晏公,时常在海上兴风作浪,弄翻船只。有一天,妈祖驾船驶到东海上,此怪物又开始兴风作浪,妈祖乘坐的船只摇晃得非常厉害。妈祖即令抛锚,见前方波涛中一舟上有一金冠绣袖、掀髯突睛之妖在作怪。妈祖不动声色,掀起狂风巨浪与之抗击,晏公害怕妈祖的神威,叩拜荡舟离去。但此怪物虽一时为法力所制却也有所不服,于是又变成一条神龙继续兴风作浪。妈祖认识到:"此妖不除,风波不息。"于是在中游抛锚,制服晏公变的神龙,收为麾下。命其任总管,统领水阙仙班(共有十八位),以护卫海上船民。

"除阴鬼高里施法"即旧称的"伏高里鬼"或"收高里鬼"的故事说:相传妈祖在世时,有一个叫高里的地方出了一个鬼魅,当地百姓受其害,染上百病,于是,百姓前去求妈祖医治,妈祖给求治者一符咒,叮嘱百姓回去后,将符咒贴于病人床头上就可解困。妖怪知其符咒法力巨大,于是变成一只鸟逃去,妈祖追出,见鸟藏在树上,鸟嘴还喷出一团黑气,妈祖口中念到:"此怪物不能留此,为患乡里",追上前去将鸟抓获,原来是一只鹪鹩。妈祖用符水喷洒小鸟,小鸟落地变成一撮枯发,妈祖取火烧之,枯发中现出小鬼的原相。小鬼输了忙叩请妈祖收留,妈祖于是将它收在麾下服役。

"现圣身轻舟伏魔"即旧称"收伏二怪"的传说曰:据说宋代在门峡(今文甲

---

① 此故事《天后显圣录》收,《敕封天后志》没收。

村)之东边的海中有个小岛,岛上有两魔,一叫嘉应,一叫嘉佑,或出没于荒丘之间,摄魂迷魄,坑害百姓,或出没于巨浪之中,沉舟破艇,为害渔民;或出没于客舟之旁,兴风作浪,祸及商旅。默娘为了降伏他们,用一只绣花鞋化出一宝舟顺流而游,自己则立于船头。嘉佑见了舍客船而追逐其舟,企图冒犯,默娘则以神咒压之,嘉佑因惧怕而拜服。

"破两嘉四境平安"即旧称的"收伏嘉应嘉佑"故事云:相传收伏了嘉佑后,妈祖就去对付嘉应。为了制服嘉应,妈祖施计在山路上独行,嘉应以为只是民间美女,便起歹心前来触犯,妈祖一挥尘拂,嘉应见之不妙逃遁。时隔一年,嘉应又出来为害百姓,妈祖说:"这个怪物不归正道,必然扰害人间。"于是叫村民带符焚香斋戒,自己则乘小舟,到海上出其不意,降服嘉应,并将嘉应收为水阙仙班一员。①

妈祖生平神异传说故事的第三部分为救人于危难的故事,其又可分为两部分,其一为海上救难,如:救父寻兄、化草救商、焚祖屋导番舶等,其中:"救父寻兄"即旧称"机上救亲"与"航海寻兄"的故事说:相传妈祖十六岁那年秋天九月的一天,其父兄驾船渡海北上,忽然在海上遇到狂风恶浪,船只遭损,情况危急。这时林默娘在家织布,忽然有所感应而闭上眼睛元神出窍,并使劲全力扶住织机。母亲见状甚怪,忙叫醒她。妈祖醒来时失手将梭子掉在了地上,见梭子掉在了地上,妈祖哭道:父亲得救,哥哥死了! 不久有人来报,情况正如默娘所言,而且兄长掉到海里后,尸体不知所踪,妈祖只好陪着母亲、嫂嫂驾船前去大海里寻找。在海上寻找时,突然发现远处有一群水族聚集在波涛汹涌的海面上,众人以为有危险,十分担心,妈祖却知道是水神带着水族前来迎接她,所以赶将过去。到了那海域,海水变清,其兄的尸体在水神的护卫下浮了上来,于是妈祖她们寻到并将尸体运回去好生安葬。②

"船搁浅仙浪浮送"即旧称"化草救商"或"救商"的故事讲:妈祖在世时,湄洲屿西边有个出入湄洲的要冲叫门夹(即今日的文甲),有一次,一艘商船在附

---

① 在《天后显圣录》和《敕封天后志》中,这是一个故事,而在网上,人们把它改编成两个故事。
② 在《天后显圣录》中,只有"机上救亲"的故事;而在《敕封天后志》中,加上了"航海寻兄"的故事。

近海上遭到飓风袭击触礁,海水涌进船舱,即将沉没。默娘见了要大家去救,但村民见狂风巨浪正盛,不敢前去营救。在这紧急时刻,妈祖信手在脚下找了几根小草,扔进大海,小草变成一些大杉木漂过去并附在即将沉没的商船上,商舟因而免遭沉没,船中人免难。后来,船上的人才知道这是默娘这位"神姑"助佑之功劳。

"焚祖屋导番舶"的故事说:北宋年间的一天,万里晴空,一艘大食国商船决定启航回国。默娘知道这是风暴前的平静,即前往相劝,番邦船员傲然大笑,认为海平如镜,为何不能启航?她再三劝阻:今夜必起风暴,强行开船,将有生命之危。番邦船长不听,下令开船。是夜子时三刻,果然风起,恶浪滔天,狂傲的外国人已全然不辨方向,危在旦夕!默娘急将红灯挂于屋顶,并点燃柴薪,为番船导航;可是风雨交加又乌漆抹黑,一豆大的火光实在是无济于事。为了救番船数十条人命,她不顾姐妹小媚的劝阻,毅然点燃自己的祖屋,番人看见冲天火光,急忙调转船头向火光方向驶回,终于回到湄洲岛。番人感激不尽,要为默娘重造祖屋,但她坚决不接受,大食国商人千恩万谢,重新启航返国。

由这些传说故事所表述的妈祖在海上救难解困的神异表现,是妈祖会被人们尊作海神的基础部分;而生前显应故事的第二部分则是其他方面的救难济困事迹,如:祷雨济民、解除水患、灵符回生、驱除怪风,如:"祭上苍旱情骤解"即旧称"祷雨济民"或"祷雨"的传说:相传妈祖二十一岁时莆田大旱,山焦川涸,农民告困,全县百姓都说非神姑默娘不能救此灾害。于是,县尹亲往湄洲岛向默娘求救,默娘应邀祈雨,并说壬午日申刻就会下大雨。到了那天,上午晴空无云,"日已午,烈焰丽空",丝毫也没有要下雨的征兆,但申刻一到,突然乌云滚滚,雷声隆隆,大雨滂沱而下,久旱遇甘雨,大地恢复往日生机,莆田人民也获得了好收成。

"施灵符莆令疗疫"即旧称"灵符回生"或"恳请治病"的故事说:妈祖在世时的有一年,莆田瘟疫盛行,县尹全家也染上了疾病,有人告知县尹,湄洲的妈祖"法力广大",有"起死回生、救灾恤难"之本事。于是,县尹斋戒后亲自拜请妈祖。妈祖念他平时为官不坏,加上他是外来官,所以"代为忏悔",并告诉他用菖蒲九节煎水饮服,并将符咒贴在病者的门口就可以解困。县尹回去后遵嘱施行,不日疾病痊愈。其他病者也如法炮制,也同样得以痊愈。

"逐双龙奉旨遏潦"即旧称的"奉旨锁龙"或"除水患"故事讲:妈祖二十六岁那年的上半年,东南地区阴雨连绵数月,福建与浙江两省备受水灾之害。当地官员上奏朝廷,皇帝下旨就地祈雨,但祈求后却毫无改观。于是当地人请求妈祖解害,妈祖道:"灾害是人积恶所致,既然皇上有意为民解害,我更是应当祈天赦佑。"于是焚香祷告上天,叱令去锁拿白龙,只见不一会儿云端有二龙飞逝而去,天空终于晴朗了,水患得以解除。百姓在那一年还获得了好收成,人们感激妈祖,省官于是向朝廷为妈祖请功,宋太宗下旨嘉奖,县令奉旨"致币报谢"。

"逐黑龙道路通畅"即旧称"断桥观风"或"除怪风"的传说曰:湄洲隔海对望处有一吉蓼城,城西有一跨海石桥,为南北往来的要津之路。有一天,怪风突起,把桥柱吹倒,其桥塌断,行人坠入海中。桥断之后,两地人民交通十分不便。老百姓想修,又该处的怪风不断而无计可施,只好请他们心目中的神女默娘前来察看。默娘到场后,看见该处黑气冲天,就祭起铜符一照,原来是两条黑龙在那里作怪。于是她演咒法术,将其驱逐。自此后,该处风平浪静,石桥得以重建,道路畅通,人行如故,大家无不感念默娘的功德!

由此看来,上述这部分生前显应故事所表述的事迹,有的是为民除瘟疫保平安,有的是在民众的请求下解除旱情,有的是为民众排除水涝,有的是保证大众交通安全等,因此,这些神话传说故事表达的象征意义,即妈祖和中国汉族中的其他神灵一样,虽然可能有一定的专属或专管,如妈祖被人们尊为所谓的海神、水神,带领一帮水阙仙班主管海上护航救难等事务,但他们又都是万能的。也就是说,任何一尊人们所信奉的神明都可以为民众解决世间的各种难题,而这些就是妈祖在一些非临海的内陆地方也能让民众信仰、崇拜的基础。

(二)妈祖作为神明显圣显应的传说故事

历史上人们建构的妈祖神异故事的第二大部分是妈祖作为神明后的显圣显应的神话传说故事,这些显圣显应的传说故事主要是叙述妈祖的信仰习俗如何从莆田湄洲岛向外扩展到全国各地的一些情况。它们也可以分成很多类,其中一类是妈祖信俗如何扩大到莆仙地区其他地方的故事,如:显梦辟地、三宝扩殿、圣墩建庙、枫亭显圣、托梦建庙等。第二类为妈祖作为海神所从事的救危济困事迹,如"神女搭救洪伯通"、"护允迪高丽通使"、"呼天妃神女挽漕"、"荡贼舟神助灭倭"、"妃立云神助郑和"、"振神威海口逮寇"、"借神助收复台湾"、"征澎寇衣冠尽湿"等。第三类为其他方面的救苦救难的显应事迹,如"赐甘泉白湖除瘟"、"除旱魔神送甘霖"、"退海潮江堤斯成"、"济粮荒米船齐至"、"医吕德异梦受丹"、"点书生殿试中榜"、"治严嵩忠臣得梦"等。

1. 妈祖信俗如何扩大到莆田仙游其他地方的传说故事

妈祖信俗如何扩大到莆田仙游地区其他地方的故事有"托梦建祠刻像"、"助起碇三宝扩殿"、"发异光圣墩建庙"、"浮铜炉枫亭显圣"等。

"托梦建祠刻像"即旧称"显梦辟地"的故事说:林默娘升天后,湄洲百姓顿失依托,十分失落,故日思夜想。忽然一天晚上,湄洲百姓都做了同一个梦,在梦中,妈祖对大家说,为了排除大家的思念之苦,可在她升天的地方建立祠庙,供奉香火。有事时只要在庙中祈祷,即可得到她的庇佑和帮助。第二天,大家不约而同地说起这同一个梦,都认为这是默娘之意,高兴异常,就立刻从各家各户搬来砖瓦木料等,没几天就把庙盖好了,安置了牌位,称默娘为"通贤灵女",将该祠庙命名为"通贤灵女祠"。①

"助起碇三宝扩殿"即旧称"祷神起椗"或"起椗"的故事说:初期由于湄洲百姓贫穷,在默娘升天后所建的祠宇仅是寥寥数椽。不过,庙虽小却十分灵验,每天参拜之人源源不绝,香火极为鼎盛。后虽有人扩建,但规模也不大。北宋仁宗天圣年间(1023—1031年)的一天,外地商人三宝的商船泊于湄洲岛,次日要起碇开航,却发现货船胶着不动,无法启航。水手潜入水底察看,只见一怪物坐在碇上,大家十分惊慌。商人三宝向本地人打听何神最灵?渔民告之,"通贤灵女"最灵验。于是三宝立即登山入祠,诚恳祈祷:"如神明保佑,驱走怪物,当捐资扩建庙宇。"三宝祈毕,回至船上,果然顺利起碇启航,在泛舟海上或遇风涛危急时,向灵女拈香仰祝,咸昭然护庇,并在这趟贸易中获得巨利!于是,

---

① 在《天后显圣录》中,有此传说故事;而在《敕封天后志》中,没有这一故事。

三宝履践诺言,捐出巨金,将湄洲祖庙加以扩建,从而使之成一定规模。

"发异光圣墩建庙"即旧称"枯楂显圣"与"圣槎示现"或"圣墩神木"的故事讲,莆田宁海(今白塘镇一带)有一大土墩,宋元祐元年丙寅(1086 年),墩上有物常于夜间发光,乡人不知其故。有个渔夫疑为异宝,走去一看,发现是一根水漂来的枯木在发光,就把它抬回了家。但是,次日枯木又自己跑回原处。渔夫再次将它抬回家中,隔日枯木又再自回原处。当天晚上,墩傍所有的人都同发一梦,梦见妈祖告诉他们:"我,湄洲神女,其枯楂实所凭也,宜祀我,当赐而福。"众乡村父老感到奇异,向制乾李公报告,李公说:"此神所栖也,吾闻湄(洲)有神姑显迹久矣,今灵光发见昭格,必为吾乡一方福叨,神灵之庇其在斯乎。"于是,李制乾发动该地的乡民募捐集资,建庙塑像,号"圣墩庙"。此传说在南宋绍兴二十年庚午(1150 年)时就已形成。见廖鹏飞在南宋绍兴二十年撰写的《圣墩祖庙重建顺济庙记》。①

"浮铜炉枫亭显圣"或旧称"铜炉溯流"的传说云:在莆南六十里的仙游枫亭,其溪通海,系南北通道。宋哲宗元符初年(1098 年),海水涨潮时,一铜炉逆流漂浮而至。铜炉能浮在水面,已是奇事,而且还逆流而上,更是奇上加奇了。这事惊动附近百姓,围观者像一堵堵的围墙,无不啧啧称奇。于是有人把铜炉从水中捡起来收藏。是夜,枫亭人人都梦见一个非常美丽的少女说:"我,湄(洲)神也,欲为尔一乡造福!"第二天,大家都互相诉说着同一个梦,觉得非常诧异,因此一齐敬备香花,抬着铜炉至锦屏山下,建起简单的庙宇供奉。后因湄神有求必应,无不灵验,里人林文可感神默佑,捐地并与众乡亲募捐扩建其庙宇。

"神示梦宰相建庙"或旧称"托梦建庙"的故事说,莆田城东约五里的白湖村(今阔口)主要住着章氏和邵氏等族人,该地有一水陆码头,并形成集市,常聚集着许多船只。宋绍兴二十六年丙子(1156 年)的一天晚上,这两族人的男女老少,都梦见妈祖要他们在白湖盖庙,以庇佑白湖百姓的事。南宋宰相陈俊

---

① 廖鹏飞:《圣墩祖庙重建顺济庙记》,载《白塘李氏族谱》忠部。转引自蒋维锬编校:《妈祖文献资料》,福建人民出版社,1990 年,第 1 页。

也是白湖人,其时正在家中,听百姓说神女托梦,就对其所指之地进行勘察,发觉果然是块宝地,因此立即发动大家兴建庙宇,至绍兴二十八年戊寅(1158 年)建成。庙成之后,香火鼎盛,灵验非常。

2. 妈祖作为海神所从事的救危济困事迹

妈祖作为神明显圣显应故事的第二类是妈祖作为海神所从事的救危济难事迹,其救难护航的显应事迹保证了商人航海贸易,政府漕运平安,册封使出航,郑和下西洋,官军剿灭倭寇、海寇,郑成功收复台湾,清军在统一中国时的海上行动、行使行政管理权力时的海上行动等的安全。

1)保障商人航海贸易的安全

保障商人航海安全的故事有"助起碇三宝扩殿"、"神女搭救洪伯通"等。其中"神女搭救洪伯通"的传说曰:北宋宣和初年(约 1119—1122 年),莆田商人洪伯通的商船有一次载货航行在海上,突然遇到飓风,商船差一点覆没,情急之下,他急忙呼神女搭救,喊声刚刚结束,大海突然风平浪静起来,洪氏躲过了灭顶之灾。返货返回宁江后就在其家乡建庙祭祀妈祖。此故事实形成于南宋绍兴二十年时,在廖鹏飞绍兴二十年撰写的《圣墩祖庙重建顺济庙记》中就已有体现。

2)庇护官府漕运平安

神助官府漕运平安的故事有:"拯漕运救船保卒"、"唤妈祖粮军逃劫"、"呼天妃神女挽漕"等传说。"拯漕运救船保卒"或旧称"怒涛济溺"或"助漕运"的故事说,元朝文宗天历元年戊辰(1328 年)的一天,官方的漕运粮船入海北航,初时风平浪静,万里晴空,一路平安。粮船行至东海时,突然大风骤起,天色阴黑,乌云盖顶,恶浪如山。漕船在浪尖颠簸,如一叶扁舟随风漂泊,七日七夜而不平息。船上官兵呕吐昏眩,生死未卜。官兵无计可施,唯有向妈祖哀祷。之后忽见妈祖陟降,不久,风涛顿平,所有运粮船只,无一损失,顺利到达天津塘沽港口。运粮官将事件如实奏报皇上,皇帝下诏封妈祖为"护国辅圣庇民显佑广济灵感助顺福惠徽烈明着天妃",并遣官致祭浙江、福建等处 15 所妈祖庙宇。

又如"唤妈祖粮军逃劫"即旧称"神助漕运"的故事说,元朝至顺元年庚午(1330 年),朝廷的漕运粮船又发生了一件妈祖护航而脱险的故事。那年春天,漕运官船780艘满载粮食,自太仓刘家港放洋出海。刚出海时,一路自是春光荡漾,水碧天晴,顺风扬帆。粮官凭栏酌酒,何等畅快!可天气说变就变,突然阴风怒号,浊浪排空,刚才春风得意,今却生死未卜,战栗哀号,叫天不应,叫地不灵。全体官兵,唯有狂呼"妈祖救我!"其声震天!哀求之际,忽然祥云瑞霭,只见空中朱衣拥翠盖,灯光熠熠,继而风平浪息,漕船复趋妥稳,安抵直沽,众官兵无不朝天而谢!事后奏闻朝廷,皇帝下旨,赐额"灵慈"。

再如"呼天妃神女挽漕"的故事曰:明朝,我国的北方粮食仍然极大程度上依赖南方,因此南粮北运的海上漕运仍是朝廷的重要工作之一。洪武初年,漕运时所动用的船队都非常庞大,动辄船舶上百,士卒过万。有一次,漕运船队在北海遇上飓风,一时天昏地暗,飓风卷起千重浪,百艘粮船倾覆旦夕,万人生命悬于一线,万石官粮毁损瞬间。此时万人呼泣,君皇在哪里?父母在哪里?在走投无路的情况下,万余官兵船工唯有大叫"天妃救命!"话音未落,天妃就闻声救苦救难来了,她凤冠霞帔,神火相随地现身于云端。天妃一现,即时风平浪静,一帆风顺直送漕船到直沽。皇帝听了,惊讶不已,封其为"昭孝纯正孚济感应圣妃"。

降至清代,根据文献记载,道光六年丙戌(1826年),江南有一千余艘漕运船只的船队在黑水洋上遭到风暴,由于得到了妈祖神护救助,整个船队二三万人安然无恙。

3)保障出国使节的安全

保障出使安全的故事有"护允迪高丽通使"、"妃立云神助郑和"、"佑柴山琉球册封"、"照神火陈侃离凶"、"承后恩册使消灾"、"护使航朝廷祭祀"等。"护允迪高丽通使"的故事即旧称"朱衣着灵"或"现身渡劫"传说,相传北宋宣和四年壬寅(1122年)宋朝派使者给事中路允迪率船队出使高丽(今朝鲜),在东海上遇到大风浪,其中八条船沉了七条,只剩下使者所乘的航船还在风浪中挣扎,忽然船桅顶上闪现一道红光,只见一朱衣女神端坐在上面,路允迪向其求之,随即风平浪静,使者所乘的船转危为安。使者惊奇,回来向同僚述及此事,一位莆田宁海籍的官员李振听到了,告诉他说此神为湄洲神女林默娘,故他向皇帝奏报了妈祖的神通,朝廷则赐供奉妈祖的圣墩庙庙额"顺济"。此传说在绍兴二十年时就已形成,在廖鹏飞撰写的《圣墩祖庙重建顺济庙记》中就已有记载。①

在明代,也有一些妈祖护佑出使的使臣安全的故事。据说郑和七次下西洋出使中每次都遇到险情,其中有3次是郑和船队遇到海寇劫掠和受到锡兰山国王亚烈苦奈儿的陷害;有1次是船队为苏门答剌国伪王所骚扰;有3次是船队在海上遇到飓风等险情,而且据称每次都得到妈祖的庇护而脱险。如"妃立云神助郑和"即旧称"广州救郑和"或"救郑和"的故事云:郑和在明永乐三年乙酉(1405年)第一次下西洋,目的地是暹罗等国。当船队云帆高悬浩浩荡荡至广州大星洋时,突然大风骤起,洪涛如山,波峰浪谷,巨舶如叶,上下颠簸,船之将覆,舟工请郑和向天妃祈祷,郑和祷告:"和奉命出使外邦,忽遭风涛危险,身固不足惜,恐无以报天子,且数百人之命悬于呼吸,望神妃救之。"郑和祷毕,忽闻鼓吹之声,一阵香风,宛见天妃飒飒飘来,立于云端,旋即风恬浪静,转危为安。"旧港戮寇"的传说故事也说,郑和船队在经过三佛齐(旧港)时,遇到海寇陈祖义的打劫与骚扰,也得到天妃的神助,终于剿灭了海寇。郑和回国之后,立即奏明皇帝,朝廷封妈祖为"护国庇民妙灵昭应弘仁普济天妃",下旨修建南京天妃宫,遣太常寺少卿朱焯祭告;又命福建守官重修泉州天妃宫,并规定以后所有出国使者,必先到天妃宫祭祀祈佑,方可启程。

又如"占上风反败为胜"即旧称"梦示陈指挥全胜"或"示陈指挥"的故事说:在永乐七年至九年(1409—1411年)第三次下西洋的时候,郑和同指挥使陈庆率领的水师在西洋遇上海盗打劫,最初因处于下风,海盗乘风而攻,郑和的船队节节败退。眼看海盗就要得逞,陈庆赶紧向天妃祷告,祈求神助。说时迟,那时快,陈庆话音才落,即见大风突然反向,猛地吹向贼船,郑和的水军占据了上风。只见大风把贼船吹得东歪西倒,郑军乘势攻击,转危为安,穷追贼寇,终于擒贼擒王,大获全胜。郑和及陈庆率全军士卒叩谢神恩:"反败为功,转祸为福,再造之德,山高水深。"郑和歼灭海贼之后,继续率舟师前往各国出使。

———————————

① 廖鹏飞:《圣墩祖庙重建顺济庙记》,载《白塘李氏族谱》忠部。转引自蒋维锬编校:《妈祖文献资料》,第1页。

再如"祷妃佑擒王平乱"的故事说:郑和在永乐十一年至十三年(1413—1415年)第四次下西洋时,统率舟师往忽鲁谟斯等国。当时在苏门答腊国,有伪王苏幹剌寇犯本境,苏门答腊王里阿比丁遣使赴阙,向郑和陈诉求救,郑和立即率领官兵进行剿捕。他一边行军,一边向天妃默祷,求神力庇佑,打败伪王。结果,在天妃神佑之下,郑军大获全胜,活捉了伪王,平息叛乱,至十三年归。

复如"扬赤旌神镇恶风"即旧称的"东海护内使张源"或"救张源"的故事说:郑和在永乐十九年至二十年(1421—1422年)第六次下西洋。永乐十九年辛丑(1421年),郑和在下西洋的途中派钦差内使张源前往榜葛剌国。船行至东海大洋中,天气突变,刮起大风。一时间天昏地暗,波巨如山,涛高及桅,把船抛得东倾西斜,危在旦夕,人人变色,全船哭泣,急祷求于天妃。祷告未毕,忽见狂风旋舞,风中见有赤旌飞扬,转眼下,风平浪静。原来赤旗飞扬,为神灵拒飓之力。郑和得知妈祖救了张源他们,自外国返回后,特制袍、幡等往妈祖庙拜谢。

又复如"化螺女阻登鳌山"即旧称"庇太监杨洪使诸番八国"或"庇杨洪"的传说故事,其曰:郑和在宣德六年至九年(1430—1433年)第七次下西洋。出发之前,郑和先修了刘家港之天妃宫,刻石立碑,行前按官例在妈祖庙中祭祀,祈求妈祖庇佑出使平安,顺达顺归。祭祀之后,即行启程,太监杨洪同行。船只30艘,涉阿丹、暹罗、爪哇、满剌加、苏门答腊、木骨都、东卜剌哇、竹步八国。船行多日均一路平安。一天,突见大洋之中,有一大山横亘于前。众人见有一岛,自是雀跃,以为可以登岛一游,以解多日颠簸之劳。正欲登岛之际,见有女子提筐采螺,众迫视之。杨洪恐众人放肆,大声喝止。忽然女子不见,大屿也随之不见了。这时郑军才知,前所欲登之屿乃巨鳌浮现,欲诱众人上钩。该女子乃天妃现身,她见杨洪等危险,故现身救此数十人的生命。

又如"纪丰功长乐铭碑"故事说:郑和无疑为我国开辟海上丝绸之路,为人类征服海洋做出了巨大的贡献!郑和说他常常在大海的如山巨浪中死里逃生,或在与敌国与海盗的战斗中反败为胜,几乎都是在生死关头时,得到天妃显灵助佑才得以平安与顺利。因此他不敢窃功私据,每次归航归来都将天妃的功德奏报给朝廷,朝廷或诏封天妃,或为其修祠盖庙。如南京龙江天妃宫及福建长乐天妃宫,都是郑和奏请朝廷后兴建的。他还在长乐天妃宫中立了石碑,记录了七下西洋时天妃神佑之功。他认为,之所以他能成功,"诚荷朝廷之威福所致,尤赖天妃之神护佑之德"。因此,郑和所立之碑,是记录妈祖护国神功的历史丰碑!

妈祖不仅护佑郑和出使西洋,也庇佑其他出使海外的使者。如永乐七年己丑(1409 年),钦差尹璋出使,同年钦差陈庆等往西洋;永乐十三年乙未(1415 年),钦差内官送甘泉于榜葛剌国,同年太监王贵等又奉命往西洋;洪熙元年乙巳(1425 年)乙未,钦差内官柴山往琉球出使;嘉靖十一年壬辰(1532 年),钦差给事中陈侃等人往琉球册封;嘉靖四十年辛酉(1561 年),册使郭汝霖、李际春的出使;万历七年己卯(1579 年)册使萧崇业、谢杰的出使;万历三十年壬寅(1602 年)册使夏子阳、王士祯的出使;崇祯元年戊辰(1628 年)册使杜三策、杨抡的出使等等,据称均得天妃神助而安全往返,并形成"佑柴山琉球册封"、"照神火陈侃离凶"或"历庇封舟"等传说故事。

如"佑柴山琉球册封"即旧称"琉球救太监柴山"或"救柴山"的故事说,明洪熙元年乙巳(1425 年),朝廷派钦差内官柴山出使琉球,柴山笃信妈祖,行前到妈祖庙祭祀辞行,祈求妈祖保佑出使平安,并将妈祖神像供奉船上。船行至太平洋外,柴山在假寝之间梦见妈祖抚着他的背说:"航程有难,应当小心谨慎,我会帮助你们。"柴山醒来,暗自吃惊,但也不敢明言,只得严诫舵工加倍小心。正当船队扬帆而前进在大洋之上时,突然阴霾蔽天,惊涛骇浪,桅摧舟倾,船中坠水者数十人。舵工急取些木板抛下水中,落水之人攀木而浮,随波上下,呼天喊地,哀声震天!忽见雾霾中显出一灯火,突然间,翻滚的大海一下子平静下来,船工赶紧挽救坠水者,大家无不感谢妈祖再生之恩。柴山顺利完成册封的使命之后,回京奏明皇上,皇帝下诏,遣官祭祀妈祖,以谢神恩!

再复如"照神火陈侃离凶"即旧称"历庇封舟"中的一部分说,明嘉靖十三年甲午(1534 年),朝廷命给事中陈侃出使琉球册封。开船之后,首日风平浪静,一路平安,众人心情愉快。不想好景不长,第二天便台风大作,一时间浊浪排空,直把船抛上摔下,好像非要把它摔碎似的。生死存亡之际,船上人急呼天妃拯救。忽见一道火光照遍船上,这浪虽大,船却安稳下来了。第二天但见许多蝴蝶在船上盘飞,迟迟不去,这就十分奇怪了,茫茫大海,哪来蝴蝶?陈侃不解,船工说,这是天妃在此之征。紧接黄鸟,又来,这又是一奇。黄鸟出现之后,船就急驶如飞,一夜之间回到了福建,晨曦中见有飞鸟飞集樯上,船就更稳定了。据沿海一带的人说:急难之时,只要大呼天妃救命,常会出现火光、蝴蝶、小鸟,这都是天妃显灵前来救难的象征,见到这些必能转危为安!

降至清朝,中国仍为琉球的宗主国,经常要派使者出使琉球,有不少出使船队遇险时也得到了海神妈祖的庇佑,如康熙二年(1663年),张学礼等往琉球国册封,归舶过姑米山遇风暴;康熙二十二年癸亥(1683年),册使汪辑等出使,归舟遇飓风;康熙五十八年己亥(1719年),册使海宝等奉命赴琉球册封,归舟遇旋风;乾隆二十年乙亥(1755年),册使全魁于姑米山遇台风;道光十九年己亥(1839年),册使林鸿年等赴琉球途中两次遇风暴,据说也都是得到妈祖显灵庇佑而脱险。故人们也将这一时代的妈祖庇护册使的显应事迹编为传说故事,如"承后恩册使消灾"、"护使航朝廷祭祀"等。

如"承后恩册使消灾"即旧称"琉球阴护册使"或"保护册使"的故事说,康熙二十二年,钦差汪辑、林麟煜等带领船队,赴琉球进行册封。六月二十日谕祭天后于怡山院,祈求天后娘娘保佑船队顺利航行,当时正刮猛烈东风,没想到才行礼毕,就转为南风,因而只用三天,就直达琉球迎恩寺。琉球国王甚为惊讶,以为飞渡。汪辑、林麟煜顺利完成册封任务后回朝复命,并奏请朝廷举行春秋谕祭。

又如"护使航朝廷祭祀"的故事云:清康熙五十八年己亥,朝廷册封琉球国,派出使者海宝和徐葆光等人出使。他们依例于行前到天后宫祈祷,以保障航程平安,然后启程。一路上,清朝使者的船队,不断得到妈祖神示,避过了许多风险,顺利到达琉球国,册封琉球国王。完成使命之后,在回程途中,又遇到风险,又是得到妈祖的救护才转危为安。使者回朝复命时,如实奏报妈祖护佑之功,朝廷下令举行春秋祭祀大典!

此外,据记载,康熙四十二年癸未(1703年),御史孟劭前往台湾巡视,在海上遇到飓风;乾隆二十五年庚辰(1760年),漳州镇总兵奉命南巡时,河流横急,遇到险情,都得妈祖显应庇佑而平安无事。

4）帮助政府的军队剿除海寇

帮助政府官军剿除海寇的故事有："振神威海口逮寇"、"显神威擒获贼酋"、"封合家誉满天下"等。"振神威海口逮寇"的故事附属于旧称"托梦建庙"的故事里,其说：南宋绍兴三十年庚辰(1160年),海寇刘臣兴等啸聚海上,纠集盗匪,杀人放火,为害地方,直逼白湖地方的江口。官府无力,百姓无奈,唯有入新建的妈祖庙虔祷于妈祖。忽然,大家见神显于空中,继而狂风大作,波涛滔天,烟雾弥漫,晦暝不见。贼见神降风起,知不可犯,遂悸而退。海寇不犯江口,却转而侵犯白湖外的海口。妈祖又示灵威,吓得海寇胆战心惊,不战而溃,束手就擒。泉州府不敢私其功,如实上奏朝廷,朝廷因之诏封妈祖为"灵惠昭应夫人"。此传说大约形成于南宋绍定二年(1229年)左右,见丁伯桂撰写的《顺济圣妃庙记》。

"显神威擒获贼酋"即旧称的"护助剿寇"或"温台剿寇"的传说,其云：南宋淳熙十年癸卯(1183年),福兴都巡检使姜特立奉命征剿温州、台州一带海寇,临战前官兵乞求妈祖神灵护助。因此,与盗寇作战时隐约看见神在云端之上,于是水军乘风进兵,擒获贼首,大获全胜。此传说大约也形成南宋绍定二年左右,见丁伯桂《顺济圣妃庙记》。①

"封合家誉满天下"即旧称的"平大奚寇"、"一家荣封"或"平寇追封"的故事,其曰：南宋庆元六年庚申(1200年),大奚(据传为香港大屿山)寇作乱,朝廷派官军征讨出击。由于贼兵人数众多,其势甚锐,官兵恐慌,只好向妈祖求祷。祷神刚完,马上浓雾四起,风向调旋。官军顺风乘雾,大举出击,大败贼军,擒其贼王,扫荡无遗。官军凯旋,领军将领向朝廷具奏妈祖神佑破敌之功,皇帝下旨追封妈祖父母及其兄姐。妈祖合家荣膺封赐,誉满天下。

"麾天将尽灭周贼"即旧称的"助擒周六四"或"助擒草寇"传说。其曰：南宋宁宗嘉定元年戊辰(1208年),时值久旱,农作不收,地赤民困。草寇周六四作乱犯境,啸聚山林,四出劫掠,扰乱州郡,庐舍寥落,百姓苦不堪言。全邑之人哀求于妈祖庙,妈祖托梦指示："六四恶贯满盈,为釜中游鱼,当即歼之。"四天

---

① 丁伯桂：《顺济圣妃庙记》,转引自蒋维锬编校：《妈祖文献资料》,第11页。

之后,周寇入境,喊声动地,鸡飞犬跑,百姓逃匿。忽然望见空中有枪剑旗帜之形,贼寇惊恐不已,争相逃命。官军乘势穷追猛打,终于擒获周寇,余凶尽俘,合境平安。官军奏闻皇上:妈祖率领天将神助歼敌。皇上敕旨加封"灵惠助顺嘉应英烈妃"。

"烧三恶庙廊神火"即旧称的"火焚陈长五"、"焚陈长五"故事。传说南宋理宗开庆元年己未(1259年),海贼陈长五兄弟三人,为恶多端,杀人放火、奸淫掳掠于兴化、泉州、漳州等三郡,官兵无可奈何,百姓苦不堪言。八月,贼众三舟在湄洲岛登陆入庙,祈祷于妈祖神前而不应,因怒而解衣裸体,卧于庙前廊下。妈祖见其嚣张放神火烧之,三贼惧惊,退遁舟中。第二天早晨,三只贼船全部出港。忽而天日晦暝,风雨骤至,雷声大作,海浪滔天。等到雨歇天晴,海贼三舟已被吹至沙滩之上,搁浅不动。宪使王镕会兵击之,追至福清,悉数捕获。郡守徐公上疏妈祖神助之功勋,并奏请朝廷封赐,皇上封诰"灵惠护国助顺协正嘉应显济妃"!

"惩草寇神前悔过"即旧称之"崔苻改革"传说。其曰:明天启戊辰年(1628年),草寇头子李魁奇,率众作乱,出没于东南沿海一带,结伙入侵湄洲对岸的吉蓼寨城劫掠,为害州郡,杀戮百姓。后来船队又开到湄洲岛,企图抢掠。湄洲百姓拥妈祖神像于海边,告示此乃妈祖故乡,不得侵扰!后来妈祖托梦给李魁奇:"你焚掠吉蓼城,为祸酷烈,今再欲扰我父母之邦,若不速退,将歼灭你们。"李魁奇仍啸聚不退,不久妈祖又显灵,用狂风巨浪荡散他的船队,李魁奇这才害怕起来,认罪乞求宽宥,风浪才平静下来。为此,李魁奇备上牲礼香花等,到湄洲妈祖祖庙拜伏神前,表示甘心悔过。

"保北港妈祖神助"的故事称:清同治元年壬戌(1862年),戴万生侵扰台湾嘉义地方,欲攻打北港。北港人心惶惶,齐祷于神,于妈祖神坛扶乩,妈祖书"战吉矣"三字。北港人得到妈祖神示,人心大振,团结战斗,打着妈祖及金精大将军、水精大将军的旗帜抗敌。敌人看见妈祖神帜,知是妈祖之师,无不丧胆,不战而退。此外,在第二次世界大战期间,日军侵略台湾,轰炸北港时,日军飞行员在云层中看见一个红衣女子以裙子接住了日军投下的所有炸弹,因此虽然日军日夜轰炸北港,但北港却毫发无损,由此,日军知北港有神助,故惊惧非常！北港人也因此更加信奉妈祖，把北港朝天宫建设成了台湾主要的妈祖信仰中心之一。

5）助中国人抗击外族与外国侵略者入侵得胜

助中国人抗击外族与外国侵略者入侵得胜的传说有"紫金山助战显神威"、"荡贼舟神助灭倭"、"借神助收复台湾"等。"紫金山助战显神威"即旧称"紫金山助战"或"金山助战"，它是叙述宋朝抵抗金人入侵的的故事。事件发生在南宋宁宗开禧元年乙丑（1205年），那年冬天，金人入侵淮河流域，宋军北上抵抗，因事先祈祷于妈祖，妈祖应答"当助威以佐天子"。因此在花黡镇、紫金山、合肥几次战役中，妈祖都率神将现于云端助威、助战，终于击败金人，使其退却，宋军获胜凯旋，皇帝得知顺利的消息，加封妈祖"显卫"，以答神庥。

"荡贼舟神助灭倭"即旧称的"助战破蛮"或"破倭寇"的故事说，明朝倭寇猖獗，为害我国沿海地区。永乐十八年庚子（1420年）正月，倭寇欲侵扰浙江定海县，钦差都指挥张翥统领定海卫水军防御，与倭寇隔海相持。日本惯习海战，分舟师据海口侵扰。我师水军处之劣势，士气不振，张指挥向妈祖祈祷，拜请女神助佑。忽见波心撼激，贼舟荡漾浪中，撑东涌西，阵脚大乱，我水军见之士气大振，主动出击狠揍贼舟。半晌间，贼船绳断帆落，官船中一士兵跳跃大呼："速越舟破贼！"张指挥发令曰："此神所命，先登者重赏。"于是，水军士兵奋勇冲杀，擒获甚多，倭贼投水死者不计其数！我军大获全胜。

又如"借神助收复台湾"的故事云：在明朝，荷兰人曾一度盘踞台湾。郑成功收复台湾是我国历史上的一件大事。郑成功说，他在收复台湾的过程中，是得到妈祖的神助而打败荷兰兵的。这是因为台湾鹿耳门港外有十里浅滩，船不能进，人不能行。郑成功虽有战船过百，云帆蔽日，勇士千万，士气冲霄，却全无用武之地，荷兰兵恃此天险，高枕无忧。郑成功无计可施，唯有向妈祖祈祷，妈祖示之，借水借风，克敌制胜！于是那天入夜，虽值退潮之际，不料鹿耳门港的潮水不退反涨，老天又刮起了顺风，见此异象，郑军上下知道是天妃神助，无不奋勇，顺风顺水通过鹿耳门港登陆。此时荷兰兵犹在梦中，所以被郑军杀个措手不及，大败而逃。因为荷兰兵做梦也没想到，郑成功的大船能顺利入港。郑军乘胜追击，一路上都得到了神助，终于将荷兰兵赶回老家，收复了台湾，统一祖国！郑成功为酬谢妈祖，在台湾大修天妃庙宇，以感谢与彰显妈祖神勋！

此外据说清朝道光二十一年辛丑（1841 年），侵华英军进驻上海潮州会馆，因裸卧于天后神前，夜里梦见受到棍击，个个惊喊救命，等等。

6）助清军统一中国时的海战胜利

助清军统一中国时海战胜利的故事有"示神梦上风取捷"、"祈赐水枯井泉师"、"牵舟船湄澳避风"、"征澎寇衣冠尽湿"等。如"示神梦上风取捷"即旧称"助顺加封"故事云：清康熙十九年庚申（1680 年）二月十九日，将军万正色率舟师从崇武出发征讨厦门，夜梦天妃告之曰："吾佑一航占上风取捷。"次日，万正色一早起来察看天色，仍是万里晴空，无一丝云儿；万正色心中纳闷，半信半疑。说来也真奇，当清军与敌军对垒摆阵之际，突然天色说变就变，事前不显半点痕迹，眨眼间北风骤起，清军处在上风，敌军在下风，敌船被强劲的北风吹得东歪西倾，人不能立，船不能进。清军顺风攻击，敌军大败，仓皇退走。清军乘着风势继续进军，至二十六日会师厦门，万将军大感神助，奏闻皇上，朝廷遣官致祭，酬谢神恩。

又如"祈赐水枯井泉师"即旧称"涌泉给师"或"甘泉济师"的传说云：清康熙二十一年壬戌（1682 年）十月，靖海侯施琅将军奉命收复台湾，率领几百战船与三万水军驻扎于平海湾。当时天旱，平海一带又地多盐卤，水井干枯，饮水艰难，施琅的三万大军连煮饭的水也找不到，无以为炊，饥渴难忍。若不解决饮水问题，大军只好撤退，无法出征台湾，贻误战机。施琅四处察看，真的滴水难觅，最后来到天妃宫，只见宫前虽有一口枯井，但却干无滴水；施琅见状毅然入宫，于妈祖神像前祈祷妈祖赐水，"……俾源源可足军需"即可。祷后，来到枯井一看，竟然清泉溢沸，千军万马取用不竭。由于解决了用水问题，施琅的大军得以在平海驻扎下来，等待季风，以便借风一鼓气渡海，收复台湾。后来，施琅统一台湾，胜利回师，因诚感妈祖的神助，故在庙前以石碣刻《师泉》，并作《师泉井纪》以志纪念与感恩。

再如"牵舟船湄澳避风"即旧称"灯光引护舟人"或"佑助收艇"的传说云：施琅在收复台湾的过程中，曾多次得到妈祖的神助。康熙二十一年壬戌（1682 年）十二月二十六日，施琅夜间率军从平海启航向台湾进发。船行一日一夜仅到乌丘洋面,因无风鼓帆,船行艰难,故只好返回平海。还未到澳时忽遇大风骤起,巨浪滔天,船只随涛飘荡外洋,天水森茫,断定十无一存。次日风定,差船寻觅,及到湄洲澳中,见大船小舟尽在澳中,而且人船无损。差官且喜且骇,忙询问:如此风波,安得两全。军人报告说:"昨夜风波之中,我等原想必为鱼腹中物,无意中见船头有灯笼火光,似有人挽揽至此,此皆天后默佑之力也。"因此,施琅于康熙二十二年正月初四,亲率各镇营将领,齐赴湄洲祖庙致谢,见一些殿宇年久失修,于是捐金帛,雇工匠,估价买料,重修了祖庙的梳妆楼、朝天阁,以谢惠灵!

复如"征澎寇衣冠尽湿"即旧称"澎湖神助得捷"或"澎湖助战"的故事曰:清康熙二十二年癸亥(1683年)六月,施琅将军征台时经过澎湖,崔苻窃踞要津,难以过渡。两军对战时,初清军失利,施琅只好再次整奋大军,严肃军纪再战。此次,舟中的士兵都说恍如妈祖伴随左右,故个个奋勇向前,炮声、喊声震天,烟雾迷海,战舰衔尾而进,左冲右突,神威震慑,杀敌无数,敌军淹者不计其数。海战后,见尚有敌军头目踞于别屿,清军于是发炮攻击,终于全歼敌军。蹊跷的是,在未克澎湖之前,署左官千总刘春曾梦见天妃告之曰:"六月二十二日必得澎湖,七月可得台湾。"后果然于二十二日克捷。此外,此事还有一奇事佐证,当日方闻开战时,有平海乡人入天妃宫,咸见天妃衣袍透湿,其左右两将的两手起泡,故观者如市。后来得报该日澎湖获得大捷,人们这才知道此役的胜利乃是妈祖默助之功。

复又如"改王府天后赐泉"的故事说:施琅收复台湾后,驻军于明代宁靖王朱术桂官邸,邸中仅有一口井只供百人饮用,施琅再祷于神,泉水立即极汪,足资万人饮用。施琅表奏康熙,将官邸改为妈祖庙,并由"天妃"晋封为"天后"。康熙准奏,封妈祖为"护国庇民妙灵昭应仁慈天后",赠《辉煌海滋》匾,立"平台纪功碑"。庙宇具有王爷等级格局,庙中刻有石狮、八骏马、龙墙、虎壁等,名"台南大天后宫",并派礼部尚书到庙祭祀。

7)助政府军队行使行政权力时从事海上行动的安全与胜利

助政府军队行使行政权力时从事的海上行动的安全与胜利的故事有"拥浪济舟"、"海岸清泉"、"神示梦化险为夷"等。如"拥浪济舟"的故事讲,明代洪武七年甲寅（1374年）泉州卫周指挥乘着战船在海上巡哨，突遇飓风而触礁搁浅，危急之中，舟人大呼神妃救庇。夜里，忽见妈祖的神火悬空照亮海域，俄而又巨浪跃起，将船从礁盘间荡起，并向北一直送至岸边，从而一船人均平安得救。故周指挥在泉州立庙祭祀妈祖，并出资沟材料修葺湄洲祖庙。

"神示梦化险为夷"即旧称"托梦护舟"故事曰：清康熙二十二年癸亥（1683年），福建总督姚启圣继平台湾之后，委任随征同知林升为台湾巡抚，率官兵巡逻澎湖列岛、台湾等地。九月初五日，林升率兵由湄洲出洋，初六晚到台湾巡查，于九月十六日启程返航。十八日夜，林升梦见天妃来到兵船之上，有四个人头戴红帽跟从，林升问他们是从哪里来的？他们说，你们船只将会发生危险，特地来保护你们的。林升醒后倍加小心。十九日早上，船队经过甘吉屿时，突然搁浅，并且船舵折断，众人见状惧惊万分，一齐跪拜于神坛之前，恳求天妃娘娘庇佑。当众人正在求神之际，忽见凤冠霞帔的天妃现身，降灵保佑，林升船队才摆脱搁浅，得以平安返航。

又如"夜平乱退潮反涨"即旧称"潮迟再涨"的传说云：清康熙六十年辛丑（1721年），台湾朱一贵造反，清廷派出水师提督蓝廷珍兴师征战。造反者盘踞鹿耳门港，由于港外水浅多滩，官船无法进入，屡攻不下，无计可施，只有祈求于妈祖。祈求之后，正值十六日晚潮退之际，造反者以为潮退水浅，官船必不能犯，因之高枕无忧，不作戒备。不料退潮之时，水反而涨高六尺，又有顺势之风，官船群集顺利通过鹿耳门，直捣安平镇，造反者惊骇不已，以为神兵下凡，故落荒而逃。"海岸清泉"的故事讲：康熙六十年辛丑时台湾朱一贵造反，提督蓝廷珍率师前往弹压，于六月会师于台南的七鲲身，时值炎热酷暑，万军苦渴，因祷于神，军士在海边沙滩上扒开尺许，即有淡水可餐，解决了清军的口渴问题。人们都说咸滩出清泉，堪为奇迹，此乃神女显灵的表现。平定台湾朱一贵造反后，提督蓝廷珍于雍正三年乙巳（1725年）十一月入京面奏妈祖神助平定台匪之功，仰恳赠匾联，并追封先代。

再如乾隆五十二年丁未（1787年）钦差大臣福康安等赴台镇压林爽文起义后返回，船队至大担时迷失航向，后因求妈祖保佑得到神火引导而顺返。乾隆五十二年，张均等率水兵剿海贼，遇风得神助，脱险并擒贼五十余名。嘉庆十一年丙寅（1806 年），官军在鹿耳门赖妈祖佑助，击败蔡牵，等等，也都在海事危机中得到妈祖的神助而平安。

3. 其他方面的救苦救难的显应事迹

妈祖显应的故事的第三大类是其他方面的救苦救难的显圣显应事迹，如"赐甘泉白湖除瘟"、"除旱魔神送甘霖"、"祷上苍闽浙回晴"、"退海潮江堤斯成"等。"赐甘泉白湖除瘟"即旧称"圣泉救疫"的故事云：南宋孝宗干道二年丙戌（1166 年）春，莆田地区发生瘟疫。病者无数，人心惶惶，官府束手无策。妈祖托梦于白湖旁的居民李本说："瘟气流行，我为本郡向玉皇大帝请命，在离湖旁一丈的地方有甘泉，可治瘟疫，饮之能痊愈。"众人知是神命，赶紧挖掘，掘至很深，仍不见泉水。大家都说，这是神赐，一定会有，故努力再往下掘了数锄，忽见清泉涌出，取而饮之，竟为甘醴。汲水之人络绎不绝，早上喝了，晚上就好。一郡之瘟疫终得以根治，受恩惠之人皆拜谢神恩！宋孝宗皇帝听了地方的奏报，封妈祖为"灵惠昭应崇福夫人"。①

又如"除旱魔神送甘霖"即旧称"救旱进爵"或"救旱"的事迹云：妈祖生前能呼风唤雨，远近驰名，每逢大旱或大涝，乡人以至州官，皆祈求之，甚至皇帝也都要下旨，请妈祖赐雨解旱或止雨遏涝。妈祖升天之后，南宋光宗绍熙元年庚戌（1190 年）夏天，莆田大旱，溪塘皆涸，田土龟裂，春不能耕，夏不能长，何来秋收？州官束手，百姓哀号，同祈于天妃庙。妈祖示梦于郡邑长说："旱魔为虐，我为君为民请命于天，某日甲子应当下雨。"郡邑长得梦，告之于民，全邑雀跃。当日，百姓一早就出来等雨。时辰一到，原是万里晴空，突然乌云翻滚，轰雷声声，万道电光，恰如天崩地裂，倒下一江之水。"下雨啦！""下雨啦！"百姓久旱遇甘霖，激动得在雨中起舞、欢呼、拥抱……宋光宗皇帝得知此消息，封惠民的妈祖为"灵惠助顺妃"。② 此外，南宋嘉定十年丁丑（1217 年），兴化大旱，百姓祈求于妈祖，神示梦某时将下雨，后果然十分灵验。此外，南宋宝祐元年癸丑（1253 年），莆、泉大旱，两地人民共祷于神以后，旱情即刻得以解除。

---

① 此故事形成于南宋绍定二年（1229 年）左右，见丁伯桂《顺济圣妃庙记》。
② 此故事在南宋绍定二年（1229 年）左右已存在，见丁伯桂《顺济圣妃庙记》。

再如"祷上苍闽浙回晴"即旧称"瓯闽救潦"或"救瓯闽潦"的传说云:南宋庆元四年戊午(1198年),浙江、福建一带,一连数月阴雨霏霏,导致山洪暴发,江河横溢,汪洋处处,尽为泽国,稼穑皆毁,民不聊生。州官奏请朝廷,皇上下旨祷告,祈天止雨,但却无济于事,皇上只好亲自求救于默娘。默娘说:"人间罪孽深重,积恶太多,故上天降灾,以示惩戒。既然皇帝肯为民祈天,我也只好求上苍饶恕。"她当即焚香画符,当空祷告。说时迟,那时快,转眼间大风骤起,吹散了满天乌云,雨过天晴,朗日万里。惊得那州官们目瞪口呆,又惊又喜,无不被妈祖的神异所镇服。是年闽浙两省虽大涝之年,却是五谷丰登,故皇帝下旨,褒封林默娘![①]

复如"退海潮江堤斯成"即旧称"钱塘助堤"的传说曰:浙江的钱塘江潮蔚为天下奇观,从"钱塘江潮连天雪"的名句,就可以看出它是如何的汹涌澎湃。钱塘江潮来的时候,恰似千军奔腾,万马驰骋,铺天盖地,滚滚而来。临其境,直感地动山摇,震耳欲聋,其势壮哉!然而每次潮来,也带来灾难,如堤崩岸裂,屋溃房坍,农田淹没,人畜俱殃。所以钱塘江潮既是杭州的奇观,也为杭州之患。宋理宗嘉熙元年丁酉(1237年),朝廷下旨筑堤挡潮,但潮水激荡,波涌潮摧,无法顺利施工。筑堤官只好到艮山门外的顺济圣妃庙中祷告,祈求天妃帮忙。天妃示之退潮五天,以便筑堤。官祷后出来,看到艮山祠前,潮水似有所限,继而退潮。筑堤官见神应允的奇迹出现,赶快督促军民日夜赶工,五天而成,潮水复至。筑堤官见天妃灵应如此,即据实奏明皇上。皇上下旨重修艮山祠,加封妈祖为"灵惠助顺嘉应英烈妃"!钱塘江自此无泛圮之忧!据称在南宋宝祐四年丙辰(1256年),杭州人民又得妈祖一次神助而加固了浙江钱塘江堤。

复又如"济粮荒米船齐至"即旧称"拯兴泉饥"或"济兴泉饥"的故事云:南宋理宗宝祐元年癸丑(1253年),兴化、泉州地区大旱,农田颗粒不收,米价腾贵。百姓老幼,饥困难支,成群结队到妈祖庙里祈祷。妈祖于夜里向乡人托梦:"不要忧虑了,米船即将到来。"而在当时的广州,米商正在装米下船,准备运往浙江、上海。妈祖托梦于广州商人:"兴泉饥荒,速速前去,可获倍利。"广州众

[①]　此故事在南宋绍定二年(1229年)左右已存在,见丁伯桂《顺济圣妃庙记》。

多商人都同发一个梦,故一齐发运米船前往兴泉。由于大家一窝蜂运粮同至兴泉,米价不贵反平。米商见状略有微言,说妈祖不灵,但后来仔细想想,这是为了解救二郡的饥荒,当是大功德一件!于是心态也平复了下来。百姓解决了饥荒之困,无不感激妈祖的再生之德,纷纷焚香拜谢。天子闻之此等维护社会稳定的好事,即诏封妈祖为"灵惠助顺协正嘉应英烈妃"。

复再如"医吕德异梦受丹"即旧称"药救吕德"的传说云:相传明洪武十八年乙丑(1385年),由于常有海盗出没,守卫官吕德要在海边镇守,以防海盗侵扰百姓。吕德责任重大,却不幸得了重病,卧床不起,守候官员没有办法,唯求祷于妈祖。之后,吕德夜发一梦,梦见一女神,命侍女持一辉若晶珀的丸药给吕德,并告诉他:"服此丸药,即可去除此病。"吕德接了药丸吞下,便醒了过来,屋中香气,迟迟未散;吕德觉得口渴,取汤饮下后,吐出了两块物体,顿觉神气爽豁,宿疾皆除,遂平复如常。吕德痊愈之后,又梦见女神告诉他:"救你者是观音大士指示,你应当敬奉观音!"所以吕德捐金在湄洲祖庙兴建观音堂,以感谢观音的救命之恩!

又如"点书生殿试中榜"的故事说:明朝福建漳浦书生林士章入京应试,经惠安九曲村妈祖庙,入庙祈佑,于庙前遇一红衣女子,她问林士章道:"书生上京应试吗?有一对联,只有下联,请教上联。"林士章自诩文章盖世,故曰:"请你道来。"红衣女子指着花鞋:"鞋头梅花朝朝踏露花难开。"林士章一时竟对不上,羞愧万分,红衣女子劝道几句走了。林士章始知学问不足,日行夜读,中了进士。殿试时皇帝手摇纸扇出题曰:"扇中柳枝日日摇风枝不动",士章在为难处忽然想起红衣女子的那句下联正好配对,就抢先作答。皇帝一听笑道:"嗳!真是个探花郎。"君无戏言,此话一出,林士章连忙谢恩,于是他便成了钦点的"探花"。事后,林士章心知这是红衣女子点化之功,回家省亲时,特到九曲村一谢妈祖,二谢红衣女子,焉知入庙焚香,竟吓傻了,那妈祖神像与那红衣女子容貌衣裳竟是一样,遍访九曲村又无红衣女子,这时他才恍然大悟,原来红衣女子乃妈祖化身。所以他赶紧请尊妈祖回漳浦供奉,尊为"姑婆祖"。此后,漳浦才有了妈祖庙。

再如"治严嵩忠臣得梦"即旧称"托梦除奸"的故事曰:明嘉靖元年壬午

（1522 年），奸臣严嵩专权朝政，为害朝野，百姓水火，怨声鼎沸。御史林润为人正直，且忠贞清廉，他不忍严嵩贪污腐败等劣迹，意欲草拟奏章弹劾严嵩，但又担心严嵩势力浩大，若圣上不准，必受加害。正在不决之际，一日夜得一梦，梦见妈祖告之："公信忠诚，弹劾严嵩，奏本一上，必得批准。"林润梦醒，知是妈祖神示，皆因严嵩积恶，人神共愤，天理不容，故大胆上疏，弹劾严嵩。果得皇上准奏，为国除奸，为民除害，天下称庆！为此，朝廷为妈祖建庙于涵江，四时祭祀，以谢妈祖惩恶除奸之恩！

由此可知，妈祖不仅能在海上救危济困，在陆上也能救民于水火，因此妈祖不仅是海神、水神，也是有求必应的万能之神。而关于妈祖有求必应的故事，清朝史学家赵翼也记下了一个很有趣的闽南人的妈祖传说。即人们认为，在海难时向海神天上圣母呼救，如称其"妈祖"，妈祖就会立刻不施脂粉地来救人。若称其"天妃"或"天后"，则妈祖就需盛装打扮，穿上官服雍容华贵地来救人，这样就会耽搁一些时间，故闽南人在海上遇难呼救时都称"妈祖救命"，而不敢称"天妃救命"或"天后救命"，也就是说，大家都希望妈祖能在瞬间就可以赶到出事地点来救海难中的船只与人员，毕竟海难与其他灾祸相比有所不同，时间就是生命，时间越短获救的可能就更大。

二、显应故事早于天生神异故事形成，亦是妈祖为官方的象征的一种表述

从上述的情况看，这些传说是按年代顺序从古至今排列的，好像这些传说是顺时间的序列逐步建构的，然而，如果我们检视历史文献，就可以发现，妈祖显圣显应的传说故事的形成都早于妈祖生平神异的传说故事。

因为在目前我们可以读到的早期史料中，通常只记载妈祖生前是一位巫女，并没有生平神异传说故事中所说的那么天生异禀。如南宋绍兴二十年（1150 年）廖鹏飞撰写的《圣墩祖庙重建顺济庙记》是目前找到的最早记载妈祖事迹的文字史料，其云："郡城东宁海之旁，山川环秀，为一方胜景，而圣墩祠在焉。墩上之神，有尊而严者曰王，有皙而少者曰郎，不知始自何代；独为女神

人壮者尤灵,世传通天神女也。姓林氏,湄洲屿人。初以巫祝为事,能预知人祸福;既殁,众为立庙于本屿。"①这表明,在南宋人的眼里,妈祖生前只是一"巫祝",但可能是因为她习得的法术比较高强,"能预知人祸福",所以在公元987年她升天后即为人们所崇拜和信仰,并且有求必应,故到她过世的163年之后,就被人们建构成"通天神女"、"神女"、"女神"了。

黄公度大约写于南宋绍兴二十一年辛未(1151年)的《题顺济庙》也是我们目前能看到的最早记述妈祖事迹的文字资料,它也说妈祖生前为"巫媪"。其云:"枯木肇灵沧东海,参差宫殿崒晴空。平生不厌混巫媪,已死犹能效国功。"②也就是说,在默娘升天164年后,黄公度认为妈祖生前是一巫女,她能成为远近闻名的神明,是因为她在升天后还能显灵为国家效力,为人民做好事。

南宋嘉定七年(1214年)左右李俊甫写的《神女护使》文章也表达了相同的意思,其曰:"湄洲神女林氏,生而神异,能言人休咎,死庙食焉。今湄洲、圣屯、江口、白湖皆有祠庙。"也就是说,在妈祖升天230年后,就开始有人认为妈祖是"生而神异"的"湄洲神女",并说对妈祖的信仰已遍及莆田,而且已被朝廷封为"灵惠助顺显卫妃"。③ 但这时的所谓"生而神异"可能还是指巫女的作为,即"能言人休咎",而非后来的生平神异故事那么具体。

丁伯桂写于绍定二年(1229年)的《顺济圣妃庙记》也云:"神莆阳湄洲林氏女,少能言人祸福,殁,庙祀之,号通贤神女。或曰龙女也。"④也就是说,在离林默娘殁后242年说其"生而神异",主要是讲她生前"少能言人祸福",所以殁后,人们仍信仰她,称其"通贤神女"或"龙女",而没有后来所说的能神游、降妖伏魔、祈雨、驱旱魔等的作为。

当然,到后来,由于妈祖显圣显应的事迹多了,一方面是促使妈祖信仰的范

---

① 廖鹏飞:《圣墩祖庙重建顺济庙记》,载《白塘李氏族谱》忠部。转引自蒋维锬编校:《妈祖文献资料》,第1页。

② 黄公度:《题顺济庙》,载《知稼翁集》卷五。转引自蒋维锬编校:《妈祖文献资料》,第3页。

③ 李俊甫:《白湖庙碑》,载《莆阳比事》卷七。转引自蒋维锬编校:《妈祖文献资料》,第9页。

④ 丁伯桂:《顺济圣妃庙记》,载咸淳《临安志》卷七十五,转引自蒋维锬编校:《妈祖文献资料》,第10页。

围逐步扩大,另外就是使其称号越来越显赫。

由此看来,妈祖显圣显应的传说故事应先形成于其生平神异传说的形成。实际上,我们从早期文献的记载来看,一位神明的历史建构应该是如此的。

如廖鹏飞写于1150年的《圣墩祖庙重建顺济庙记》曾提到三则妈祖显圣显应的故事,其一是莆田宁海的圣墩妈祖庙是如何建立起来的,其云:"圣墩去(湄洲)屿几百里,元祐丙寅岁(1086年),墩上常有光气夜现,乡人莫知为何祥。有渔者就视,乃枯槎,置其家,翌日自还故处。当夕遍梦墩旁之民曰:'我湄洲神女,其枯槎实所凭,宜馆我于墩上。'父老异之,因为立庙,号曰圣墩。岁水旱则祷之,疠疫祟降则祷之,海寇盘亘则祷之,其应如响。"这表明圣墩庙大约是在北宋元祐元年丙寅(1086年)设立的,此时离妈祖升天已经有99年了。换言之,由这一记载看,妈祖信俗是在默娘升天后的99年后传播到莆田宁海镇的圣墩。其二,该记载说圣墩庙建立后由于"其应如响,故商船尤借以指南,得吉卜而济,虽怒涛汹涌,舟亦无恙。"对航海者有庇佑之功,如"宁江人洪伯通,尝泛舟以行,中途遇风,舟几覆没,伯通号呼祝之,言未脱口而风息。既还其家,高大其像,则筑一灵于旧庙西以妥之。宣和壬寅岁也。"也就是说,至迟到南宋绍兴二十年(1150年)时,就已有了妈祖在海上为商船救难护航的传说故事了,并且通过这一故事,妈祖的信仰也扩展到了商人洪伯通的故乡宁江。其三,该文也记载了宣和五年癸卯(1123年)妈祖保佑官员路允迪出使高丽而为国家认可的事迹,其云:"(宣和)癸卯,给事中路公允迪使高丽,道东海,值风浪震荡,舳舻相冲者八,而覆溺者七,独公所乘舟,有女神登樯竿为旋舞状,俄获安济。因诘于众,时同事者保义郎李振,素奉圣墩之神,具道其祥,还奏诸朝,诏以'顺济'为庙额。"①也就是说,妈祖保护官员出使安全,从而也使妈祖首次为中央政府(朝廷)认可,因而皇帝赐圣墩妈祖庙的庙额为"顺济"。换言之,妈祖信仰在其升天后的136年时为国家认可。

此后,妈祖信仰迅速扩展至中国沿海各地,如大约成书于南宋嘉定七年

① 廖鹏飞:《圣墩祖庙重建顺济庙记》,载《白塘李氏族谱》忠部。转引自蒋维锬编校:《妈祖文献资料》,第1—2页。

(1214年)的《梦粱录》则记载,在此之前,杭州的艮山门外就建有"顺济圣妃庙",此外,在杭州城南的萧公桥和候潮门外瓶场河下市舶司侧也有妈祖的"行祠",而且说当时妈祖已被朝廷封为"灵惠协应嘉顺善庆圣妃",妈祖在当时的"灵着多于海洋之中,佑护船舶,其功甚大,民之疾苦,悉赖帡幪。"①换言之,在南宋嘉定七年以前,妈祖信仰已由福建商船等船舶传播到杭州等地。

而根据丁伯桂《顺济圣妃庙记》所云"神虽莆神,所福遍宇内,故凡潮迎汐送,以神为心;回南簸北,以神为信;边防里悍,以神为命;商贩者不问食货之低昂,惟神之听。莆人户祠之,若乡若里悉有祠,所谓湄洲、圣堆、白湖、江口特其大者尔。神之祠不独盛于莆,闽、广、江浙、淮甸皆祠也"可知,到南宋绍定二年(1229年)时,妈祖信仰已遍布中国沿海地带,妈祖也已有了"妃"或"圣妃"的身份地位或衔头。

当然,妈祖信仰在南宋时代就遍传沿海地带,也与她的显圣显应故事有关。据丁伯桂的《顺济圣妃庙记》记载:到1229年时,妈祖显圣显灵的传说故事有:"莆宁海有堆,元祐丙寅(1086年),夜现光气,环堆之人,一夕同梦曰'我湄洲神女也,宜馆我。'于是有祠曰圣堆。宣和癸卯(1123年)给事路公允迪,载书使高丽,中流震风,七舟沉溺,独公所乘,神降于樯,遂获安济,归奏于朝,锡庙额曰'顺济'。绍兴丙子(1156年),以郊典封'灵惠夫人'。逾年,江口又有祠;祠立二年(1159年),海寇凭陵,效灵空中,风掩而去。州上厥事,加封'昭应'。其年白湖童、邵,一夕梦神指为祠处,丞相陈公俊卿闻之,乃以地券奉神立祠,于是白湖又有祠。时疫,神降,且曰:'去潮丈许,脉有甘泉,我为郡民续命于天,饮斯泉者立痊。'掘泥坎,甘泉涌出,请者络绎,朝饮夕愈,甃为井,号'圣泉'。郡以闻,加封'崇福'。越十有九载,福兴都巡检使姜特立捕寇舟,遥祷响应,上其事,加封'善利'。淳熙甲辰(1184年),民灾,葛侯郛祷之;丁未(1187年)旱,朱侯端学祷之;庚戌(1190年)夏旱,赵侯彦励祷之,随祷随答,累其状闻于两朝,易爵以妃,号'灵惠'。庆元戊午(1198年),瓯闽列郡苦雨,莆三邑有请于神,获开霁,岁事以丰。朝家调发闽禺舟师

① 吴自枚:《顺济圣妃庙》,载《梦粱录》卷十四。转引自蒋维锬编校:《妈祖文献资料》,第10页。

平大奚寇,神着厥灵,雾障四塞,我明彼晦,一扫而灭。开禧丙寅(1206年),金寇淮甸,郡遣戍兵,载神香火以行;一战花靨镇,再战紫金山,三战解合肥之围。神以身现云中,着旗帜,军士勇张,凯奏以还。莆之水市,朔风弥旬,南舟不至,神为反风,人免坚食。海寇入境,将掠乡井,神为胶舟,悉就擒获。积此灵贶,郡国使者陆续奏闻。庆元四年(1198年),加'助顺'之号;嘉定元年(1208年),加'显卫'之号;十年(1217年),加'英烈'之号。"①

由这一记载,我们可以看到,在南宋绍定二年(1229年),也就是林默娘升天242年后,人们已经建构了枯槎显灵圣墩建庙、朱衣着灵额赐顺济、郊典特封灵惠夫人、江口妈祖御寇封昭应、白湖托梦丞相建庙、白湖显灵圣泉救疫、温台剿寇加封善利、多次救旱进爵灵惠妃、瓯闽救潦喜获丰年、平大奚寇神着厥灵、紫金山助战合肥解围、神助拯救兴化饥荒、显神威助擒海寇等,并因为这些事迹而加封为"灵惠助顺显卫英烈妃"。

此外,从一些南宋的文献看,政府对妈祖的封赐始于北宋宣和五年(1123年):"宣和癸卯,给事路公允迪,载书使高丽,中流震风,七舟沉溺,独公所乘,神降于樯,遂获安济,归奏于朝,锡庙额曰'顺济'。"②"莆田县有神女祠,徽宗宣和五年赐额'顺济'。"③以后,随着妈祖显圣显应的事迹越来越多,其受政府的封赐也越来越多,爵位越来越高。

下面将历代封赐大致列出,以便讨论:

北宋徽宗宣和五年(1123年)(给事路允迪使高丽,感神功奏上)赐额"顺济"。④

南宋高宗绍兴二十五年(1155年)封崇福夫人

高宗绍兴二十六年(1156年)封灵惠夫人⑤

高宗绍兴三十年(1160年)　封灵惠昭应夫人⑥

孝宗干道三年(1167年)　　封灵惠昭应崇福夫人⑦

孝宗淳熙十二年(1185年)　封灵惠昭应崇福善利夫人

---

① ② 丁伯桂:《顺济圣妃庙记》,转引自蒋维锬编校:《妈祖文献资料》,第11页。

③ ④ ⑤ ⑥ ⑦ 《宋会要·神女祠》,转引自蒋维锬编校:《妈祖文献资料》,第9页。

光宗绍熙四年（1194 年）	封灵惠妃①
宁宗庆元四年（1198 年）	封灵惠助顺妃
宁宗开禧元年（1205 年）	封灵惠助顺显卫妃
宁宗嘉定元年（1208 年）	封灵惠护国助顺嘉应英烈妃
理宗宝祐元年（1253 年）	封灵惠护国助顺协正嘉应英烈妃
理宗宝祐三年（1255 年）	封灵惠护国助顺协正嘉应慈济妃
理宗宝祐四年（1256 年）	封灵惠护国助顺协正嘉应善庆妃
理宗开庆元年（1259 年）	封灵惠护国助顺协正嘉应显济妃
元朝世祖至元十八年（1281 年）	封护国明着天妃
世祖至元二十六年（1289 年）	封护国显佑明着天妃
成宗大德三年（1299 年）	封护国辅圣庇民显佑明着天妃
仁宗延祐元年（1314 年）	封护国辅圣庇民显佑广济明着天妃
文宗天历二年（1329 年）	封护国辅圣庇民显佑广济灵感助顺福惠徽烈明着天妃
明朝太祖洪武五年（1372 年）	封昭孝纯正孚济感应圣妃
成祖永乐七年（1409 年）	封护国庇民妙灵昭应弘仁普济天妃
清朝康熙十九年（1680 年）	封护国庇民妙灵昭应弘仁普济天妃
康熙二十三年（1684 年）	封护国庇民昭灵显应仁慈天后
乾隆二年（1737 年）	封护国庇民妙灵昭应宏仁普济福佑群生天后
乾隆二十二年（1757 年）	封护国庇民妙灵昭应宏仁普济福佑群生诚感咸孚天后
乾隆五十三年（1788 年）	封护国庇民妙灵昭应宏仁普济福佑群生诚感咸孚显神赞顺天后
嘉庆五年（1800 年）	封护国庇民妙灵昭应宏仁普济福佑群生诚感咸孚显神赞顺垂慈笃佑天后

---

① 《宋会要·神女祠》，转引自蒋维锬编校：《妈祖文献资料》，第 9 页。

道光六年（1826 年）　　　封护国庇民妙灵昭应宏仁普济福佑群生诚感
　　　　　　　　　　　　　咸孚显神赞顺垂慈笃佑安澜利运天后

道光十九年（1839 年）　　封护国庇民妙灵昭应宏仁普济福佑群生诚感
　　　　　　　　　　　　　咸孚显神赞顺垂慈笃佑安澜利运泽覃海宇
　　　　　　　　　　　　　天后

道光二十八年（1848 年）封护国庇民妙灵昭应宏仁普济福佑群生诚感
　　　　　　　　　　　　　咸孚显神赞顺垂慈笃佑安澜利运泽覃海宇恬
　　　　　　　　　　　　　波宣惠天后

咸丰二年（1852 年）　　　封护国庇民妙灵昭应宏仁普济福佑群生诚感
　　　　　　　　　　　　　咸孚显神赞顺垂慈笃佑安澜利运泽覃海宇恬
　　　　　　　　　　　　　波宣惠导流衍庆天后

咸丰三年（1853 年）　　　封护国庇民妙灵昭应宏仁普济福佑群生诚感
　　　　　　　　　　　　　咸孚显神赞顺垂慈笃佑安澜利运泽覃海宇恬
　　　　　　　　　　　　　波宣惠导流衍庆靖洋锡祉天后

咸丰五年（1855 年）　　　封护国庇民妙灵昭应宏仁普济福佑群生诚感
　　　　　　　　　　　　　咸孚显神赞顺垂慈笃佑安澜利运泽覃海宇恬
　　　　　　　　　　　　　波宣惠导流衍庆靖洋锡祉恩周德溥天后

咸丰五年（1855 年）　　　封护国庇民妙灵昭应宏仁普济福佑群生诚感
　　　　　　　　　　　　　咸孚显神赞顺垂慈笃佑安澜利运泽覃海宇恬
　　　　　　　　　　　　　波宣惠导流衍庆靖洋锡祉恩周德溥卫漕保泰
　　　　　　　　　　　　　天后

咸丰七年（1857 年）　　　封护国庇民妙灵昭应宏仁普济福佑群生诚感
　　　　　　　　　　　　　咸孚显神赞顺垂慈笃佑安澜利运泽覃海宇恬
　　　　　　　　　　　　　波宣惠导流衍庆靖洋锡祉恩周德溥卫漕保泰
　　　　　　　　　　　　　振武绥疆天后。

同治十一年（1872 年）　　封护国庇民妙灵昭应宏仁普济福佑群生诚感
　　　　　　　　　　　　　咸孚显神赞顺垂慈笃佑安澜利运泽覃海宇恬
　　　　　　　　　　　　　波宣惠导流衍庆靖洋锡祉恩周德溥卫漕保泰

振武绥疆嘉佑天后。

光绪元年（1875 年）　封护国庇民妙灵昭应宏仁普济福佑群生诚感咸孚显神赞顺垂慈笃佑安澜利运泽覃海宇恬波宣惠导流衍庆靖洋锡祉恩周德溥卫漕保泰振武绥疆嘉佑敷仁天后。

中华人民共和国政府将妈祖誉为"海上和平之神"。

我们知道，神庙中的妈祖神像的形象表达是根据政府封赐的称号的改变而改变的，而封赐称号的改变则与妈祖的显应故事相关。换言之，显应故事的增多，导致政府封赐的称号的改变，而且越来越显赫，从而这种改变也导致了历代妈祖神像的形象改变。纵观妈祖神像的形象演变历史，我们可以看到，妈祖神像的形象表达有一个从民女装束，并经"神女"、"夫人"、"妃"、"圣妃"、"天妃"到"天后"的变化的过程。而这一过程显现出来的这种变化也象征着妈祖从民间的巫女向官府象征的转化。也就是说，北宋时妈祖神像的形象应该多是民女打扮，而自从南宋绍兴二十五年妈祖被封夫人后，妈祖神像的形象就开始向政府的象征转化了。到了清代康熙朝以后，妈祖就完全是人间皇后或天上圣母的装束打扮了，再也看不到民间女子或巫女装束的神像了。所以，从妈祖神像的形象表述的演变，我们可以看到，从南宋以后，妈祖神像的形象表述其实就是一种官府象征的表述。实际上，目前我们所能看到的民间信仰的神明的现存形象表述绝大多数都是官府成员的打扮，如诰命夫人、妃子、皇后、将军、官员、皇帝等。这种表象清楚地表明，中国民间信仰的神明几乎都是官方的象征，或代表着官府或政府，因此民众崇拜神明，实际上就是对官府（政府）的崇拜。

三、简略的讨论与结论

综上，我们可以看到，每一位神明的这些灵异与显应的传说及形象表述，都是人们建构出来的。实际上，这种建构代表着人们的一些希冀，代表着一个社会对某些人的道德要求。换言之，在中国社会中，作为神明实际上就是一种道德的凝聚或化身。也就是说，人或物只要为人们做好事，就是有道（德）之人，就可能成为人们心目中的神明。以妈祖为例，我们在上面把有关妈祖的传说做了一些分类分析，从中我们可以看到，妈祖从一位民间的"里中巫"、"巫女"或"巫媪"成为当地人崇拜的地方神明"通天神女"、"湄洲神女"是因她"能预知人祸福"，"能言人休咎"，为人们做了一些好事，为人们解危济困，从而被当地人尊奉为地方神明。然后，又因为人们"岁水旱则祷之，疠疫祟降则祷之，海寇盘亘则祷之，其应如响"①，由此，人们建构的救危济困的做好事行为也逐渐扩展，从而使妈祖逐渐从"神女"、"夫人"转化为"妃"、"圣妃"、"天妃"、"天后"、"天上圣母"；而对妈祖的信仰也从湄洲岛传播、扩展至莆仙，乃至中国沿海地带以及中国内陆地区，甚至随中国人的向外移民、侨居、定居而传播至世界各地。从宋代的一些记载如丁伯桂的《顺济圣妃庙记》中，我们似乎也能看到，妈祖为人们救危济困的传说故事是首先建构出来的，如"救商人洪伯通"（神女搭救洪伯通）、"救护福州商人郑立之"、"神女救船"（护路允迪出使高丽）、"江口御寇"（振神威海口逮寇）、"白湖圣泉除疫"（赐甘泉白湖除瘟）、"温台剿寇"（显神威擒获贼酋）、"救旱进爵"（除旱魔神送甘霖）、"瓯闽救潦"（祷上苍闽浙回晴）、"助平大奚寇"（封合家誉满天下）、"紫金山助战"、"助擒周六四"（魔天将尽灭周贼）等传说故事，在妈祖升天成为神明后的 242 年之后就已经陆续出现与形成。而从这些妈祖显应的传说中，我们可以看到，它们主要都在表述以妈祖为代表的中国汉族的神明都具有有求必应、为人民服务的精神，也就是说，人民对神明的道德希冀，就是他们应具备为人民服务的精神，应为人民救危济困、做好事，解决人民的各种困难。这些表述这一种精神的传说故事，也是导致"显梦辟地"（托梦建祠刻像）、"枯槎显圣"（发异光圣墩建庙）、"圣槎示现"、"铜炉溯流"（浮铜炉枫亭显圣）、"托梦建庙"（神示梦宰相建庙）等扩大妈祖信仰范围传说的基础。而后，人们再反过来建构妈祖生来灵异与少年时就已神通广大等传说故事，以便为妈祖能或可以具备为人民服务的精神建构出更加坚实的基础。如妈祖生来神异，而且她就与一般的女孩不一样，能很努力地学习今

---

① 廖鹏飞：《圣墩祖庙重建顺济庙记》，载《白塘李氏族谱》忠部。转引自蒋维锬编校：《妈祖文献资料》，第 1 页。

后为人民服务、救危解困的本事,并获得了神奇的超自然力量。因此,她能在短暂的一生中收伏妖怪为其下属将官,能救旱、救潦,能驱除邪煞、鬼魅,能驱除瘟疫,能救海难等等。这些生前显应故事的建构,又为人们建构不同时代的妈祖显应故事增加了可能性与可信性。因此,不管怎么说,我认为,以妈祖为代表的神明所具备的道德,简单地归纳一句,就是现代我们所说的或所推崇的为人民服务。换句话说,人们塑造、建构神明,就是希冀他们是具有公认的社会道德的代表或象征,是希冀他们为人民服务,为人民排忧解难。

其次,从妈祖神像的形象表述的演变,我们可以看到,现今的妈祖神像的形象表述,都是头戴着九旒冕或十二旒冕的皇冠,身穿皇后的服饰,一种人间皇后的样子。这清楚地表明,自从妈祖成神后,就逐渐从民间的巫女、神女转换为官府象征的夫人、妃、圣妃、天妃、天后、天上圣母,而且随着时间的推移,妈祖作为官府象征的级别是逐渐上升,以致最终形成为女性中的最高级别。因此,我们可以看到以妈祖为代表的中国汉族神明,他们都可以视为官府的象征或官府的代表。由此,我们可以看到,以妈祖为例来看待人们建构的神明传说及逐步形成的神像的形象表述等所内涵的象征意义是:人们希冀官府为人民服务,为人民排忧解难、救危济困。

石奕龙　　厦门大学人类学与民族学系教授(厦门　361005)

Tao do pongso:雅美人的自然与历史经验[*]

高信杰

摘　要：本文试图对当代雅美文化的形成背景进行概略的勾勒,包括造成兰屿周期性对外隔绝的地理环境,在生计上可谓丰裕、对殖民统治而言却几近匮乏的当地自然资源,殖民者在"异邦"(heterotopia)概念下发展出的统治方针,以及正在进行中的、外界透过市场经济而在当地社会结构之中嵌入的各种依赖关系。上述的自然与历史经验为雅美人塑造出一种崇尚独立自主的文化精神:兰屿的自然环境确实提供了他们实现自给自足、全无依赖的生活方式所必备的一切。而在雅美人的历史记忆里头那些不愉快的遭遇,甚至是他们当前正乐在其中的现代化生活方式,本质上皆为外来者对于此一独立自主精神的严重威胁。

关键词：雅美　兰屿　殖民　观光　经济

雅美人(Yami),或称达悟人(Tao),是台湾原住民族的一支,世居于台湾东南方的兰屿岛。雅美人目前的总人口约四千余人,不仅在台湾原住民族当中属于少数,在台湾社会里更是少数中的少数。尽管如此,他们却在许多当代台湾的政治与社会议题上,占据着极为特出的象征地位;他们的公众影响力,则是透过一连串的历史偶然,十足被动地累积而成的。对于这样的意外结果,或许就连雅美人自己都感到有些不解与无奈。

依照对话脉络的不同,雅美人使用 *tao* 或是 *tao do pongso* 作为他们的自称。在雅美语里,*tao* 这个字可以用来指涉生物意义上的、相对于其他物种的人

　＊　基金项目:国家社科基金重大项目"闽台海洋民俗文化遗产资源调查与研究"(13&ZD143)。

类（human being），或是社会意义上的、相对于其他群体的人民（people），抑或是文化意义上的、表现出特定人格特质的人物（person）；这三种意义之间并无严格的区分。*Tao do pongso* 的意思则是"岛上之人"，而这个说法主要是用来跟 *dede*（外人、外来者）作一明确对比。至于 Yami 一词，根据考证，可能是一个雅美人自己甚少使用的外来名（exonym），只有菲律宾的巴丹人（Ivatan people）才用这个词来称呼兰屿岛民。① 然而，当日本民族学家鸟居龙藏在 1897 年首度来到兰屿进行调查时，却不知在何种情境之下，把 Yami 当成是兰屿岛民的自称记录了下来。② 自此之后，"雅美"便成了兰屿岛民的官方中文族名，泛见于各类书刊与档案之中，至少在 1990 年代之前都毫无争议。为了行文与引用方便起见，我个人通常循例沿用"雅美"一词，不过对此并不十分坚持。

自 1990 年代以来，随着台湾原住民人权运动的蓬勃发展，部分兰屿青年开始推广以中文的"达悟"来取代"雅美"，作为他们的"正确族名"。他们认为"雅美"只是鸟居龙藏所犯下的一个历史错误。③ 时至今日，不仅是台湾的一般大众，就连学术界也开始普遍使用"达悟"一词，以示对于原住民族自决的尊重。不过有点讽刺的是，兰屿岛民自己都一直没能对此达成任何共识。在 1998 年，台湾的原住民委员会曾经召开过一次"兰屿族群正名座谈会"，公开征询乡民意见，但最后并没有得到一个具体的结论——在场的与会者当中，"雅美"的支持者几乎就跟反对者一样多，还有一些人觉得正不正名根本就不重要。④ 于是，"正确族名"的争议就这么延续，或是说搁置了下来，结果则是衍生出一种稍嫌累

---

① D. H. Rau and M. N. Dong：*Yami Text with Reference Grammar and Dictionary. Language and Linguistic Monograph Series Number A–10.* Taipei：Institute of Linguistics，Academia Sinica，2006，p. 79. 亦见《雅美族与达悟族的区分》，载《兰屿双周刊》（1997. 6. 15）、（1997. 7. 6）；《探讨雅美族名"达悟"或"雅美"正名之思索》，载《兰屿双周刊》（1997. 7. 27）。夏曼·莎粒外以两首巴丹人所唱的歌谣作为佐证，歌词中的 *yami* 均指兰屿岛民。夏曼·沙索蓝（张堂村）则转述其菲律宾籍媳妇所言：在菲律宾巴丹群岛的第五岛屿，兰屿被称为 Yami。

② 鸟居龙藏是首位研究雅美文化的民族学家，其著作《人类学写真集 台湾红头屿之部》，记载红头屿（即兰屿）岛民自称为 Yami-kami。

③ 例如当时青年领袖之一的谢永泉，便认为鸟居龙藏必定是把 *yamen*（意为"我们"）当成当地人的族名，后来又把发音误记为 *yami*。他所引述的则是早期旅居兰屿的汉人刘振河的说法。见《"雅美"族的名称来源》，载《兰屿双周刊》第 140 期（1993. 8. 15）；刘振河：《兰屿今昔》，台北县三重镇民间知识社，1961 年。

④ 见《雅美 VS 达悟 自家人各说各话！》，《兰屿双周刊》第 246 期（1998. 9. 13）。

赘的书写方式:"他们是雅美(达悟)人。"

事实上,许多雅美人对于族名并没有抱持着太多想法,也不觉得那会造成什么问题,因为在汉语会话的场合中,他们其实都称呼自己为"兰屿人"。仔细思考,"兰屿人"这种以地域为焦点的汉语自称,确实还比较接近雅美语里原本的说法。至于所谓的族名,不管是"雅美人"一词,甚至就连"达悟人"三个字,都不是他们会用来自称或是称呼自己人的方式。他们最自然的措辞是:"原来你也是 *tao* 啊!"①*Tao* 就是 *tao*,不需要再加个累赘的"人"。

所以,问题其实很明显。重点并不在于"雅美"和"达悟"谁比较于史有据、谁比较"正确",而是在于兰屿岛民对于族名的概念———一种对于人群的特殊认识方式——其实是陌生的。要他们使用族名,就等于是要他们承认自己只是诸多族群当中的一支,就如同"几分之一"这样的概念;而每个"几分之一"在观念上的位阶都是对等的,并没有哪个比较特别。不过兰屿岛民的自我认知显然是另一回事。他们向来都是以 *tao/dede* 的二元架构来认识人群的(图一)②。对他们来说,真正重要的是自身/异己(self/others)的区分,能够确定这条界线,区分出谁是 *tao*、谁又不是 *tao*,就足以在一定程度上维持他们的社会秩序。因此,即使是把用字原封不动地采借过去,雅美社会里的 *tao* 和台湾社会里的"达悟人",基本上仍然是不同脉络之下的不同概念。

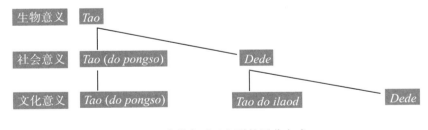

图一 雅美人对于人群的区分方式

① 本例见《"雅美"族的名称来源》,《兰屿双周刊》第 140 期(1993.8.15)。
② 尽管我也听过雅美人用 *tao do ilaod*(外地的人)来称呼台湾人,而用 *dede* 来称呼台湾人以外的外来者的说法。不过 *tao do ilaod* 之中的 *tao*,其指涉似乎在生物意义与社会意义之间浮动着。台湾人当然也是 *tao*(人类),但台湾人也是 *dede*(外人)而不是 *tao*(*do pongso*)(自己人)。不过,在所有的 *dede* 里面,还是台湾人比较接近于 *tao*(*do pongso*)。

也因此,寻找一个权威性的"正确族名"的任务及其失败,本质上乃是一个政治事件,反映出雅美人对于他们身边的外来者所抱持的两种心态。有些人不喜欢外人为他们贴上的旧标签,于是给自己贴上了一个新标签,尽管这种反客为主的做法,只是默认了"他们需要一个标签"的政治现实。另外有些人则是认为,不管什么标签都无关紧要,反正他们清楚知道自己是谁,他们是这世界上独一无二的存在。倘若要为其心态设想出一个历史上的根源,那么雅美人对于外人的抗拒感,或许是和当年的殖民政权在他们的生命中所烙下的种种创伤记忆有关;那份不寻常的疏离感也许要更为根深蒂固,是源自于他们在兰屿岛上的生活经验,随着世代积累而逐渐形成的一种集体性格。

在这篇文章之中,我将试着勾勒出当代雅美文化的形成背景,特别是一些关键性的自然与历史条件。其中包括了造成兰屿周期性对外隔绝的地理环境,在生计上可谓丰裕、对殖民统治来说却几近匮乏的当地自然资源,殖民者在"异邦"(heterotopia)概念下发展出的统治方针,以及正在进行中的、外界透过市场经济而在当地社会结构之中嵌入的各种依赖关系。当余光弘将"独善其身"视为雅美文化的基调①,我透过上述事件与现象所见到的,则更接近于一种独立自主(autonomy)的文化精神:在这岛上生活的每个人都必须能够照顾好自己,因为没有任何人能够随时随地让你依靠。兰屿的自然环境确实提供了雅美人实现自给自足、全无依赖的生活方式所必备的一切。而在他们的历史记忆里头那些不愉快的遭遇,则可以理解为外来者对于此一独立自主精神的严重侵犯。雅美人并不恐外(xenophobic),但是他们拒绝在一种丧失尊严的状态下与外界建立关系。

兰屿,*pongso no tao*

在历史上,兰屿曾经有过许多名字。在早期的中文与日文文献里,兰屿一

---

① 余光弘:《雅美社会文化简介及其维护与发展》,《台湾文献》1989 年第 40 期第 4 号,第 8 页。

度被称作红头屿,西方人则称它为 Botel Tobago①。1947 年,台湾省政府因岛上产有五叶蝴蝶兰,遂将红头屿更名为兰屿,而后沿用至今。当地人对于兰屿这个官方中文地名并不觉得排斥。尽管如此,在雅美人自己的语言里,他们一直都是以相同的措辞来称呼他们的家乡。呼应着他们的自称 *tao do pongso*,雅美人称兰屿为 *pongso no tao*,意为"人之岛"。这种明示着人岛之间密不可分关系的字面表现,不仅是种颇具诗意的修辞,更有其事实上的基础。虽然我并不主张自然足以决定文化的天真观点,但无可否认的是,兰屿的自然环境确实是让雅美文化呈现出今日样貌的必要条件。而在另外一种意义上,雅美社会的历史发展,或许还包括了雅美人的性格塑造,也和兰屿岛的地理位置息息相关。

兰屿是个面积约 45 平方公里的小岛,坐落于西太平洋的边缘,位于经度 E121°30'—E121°36',纬度 N22°00'—N22°05' 之间。台湾的台东市在兰屿西北方 40 海里处,是人员与货物进出兰屿的主要门户,两地之间搭乘 19 人座的轻型飞机大约是 20 分钟左右的航程,搭乘客轮则需要两个半小时。近年来,每天都有来回各六个飞机航班往返于台东—兰屿之间。在夏天旅游旺季时,每周另有两班载客量达 300 人的客轮,以疏运大量的观光客。虽然雅美人以身为海洋民族而自豪,但飞机仍是他们偏好的交通方式,因为搭飞机不但省时,票价也因为离岛居民交通补助而只要船资的一半,而最重要的是不会晕船——并不是海洋民族就不会晕船。菲律宾的巴丹群岛(Batanes Islands)在兰屿南方 54 海里处,不过两地因国界关系,目前并没有直接的往来。

岛上遍布着海拔 450 米以下的丘陵地,地表上大半覆盖着热带植物相,是雅美人制造传统拼板舟与地下屋的建材来源。整座岛上只有零星的小块可耕地,分布于丘陵与海岸之间的环状狭长地带,而当地的部落、农田以及环岛公路

---

① 在荷兰传教士弗朗索瓦·范伦丁(Francois Valentyn)所著《新旧东印度及荷兰贸易记事》等书所附的地图中,兰屿被称为 t'Eyl Groot Tabaco,见林熊祥:《兰屿入我版图之沿革(附绿岛)》,台湾省文献委员会,1958 年,第 1 页。另,英国人类学家 Edmund Leach 曾在 1933 年左右至兰屿进行过短暂的田野工作,而在他对当地物质文化所做的田野记录里头,同样使用了 Botel Tobago 这个地名。见 Edmund Leach:'Boat Construction in Botel Tobago', *Man* 1937, 37(Dec.), pp. 185–187; 'Economic Life and Technology of the Yami of Botel Tobago', *Man* 1938, p. 9; 'Stone Implements from Botel Tobago Island', *Man* 1938, 38(Oct.), pp. 161–163。

都集中在这块适于人居的区域。环岛公路是全岛的交通命脉,尽管它蜿蜒又狭隘,而且总是路况不佳,肇事率颇高。一旦豪雨引发土石流淹没路面,轻则行车危险,重则交通阻绝,当地学校亦有因此而停课的记录。在1973年环岛公路竣工之前,岛内交通仅以草丛中的小径勉强串连各部落。在一份早期的记录中便有着这样的描述:

> 这些羊肠小道,多是野草没胫,几乎没法辨出道路的所在。至今在陆路上还没有什么交通工具,只好全赖徒步往来,相当艰难……实际上,各社的雅美族人大多保守,性不好动,平时绝少与外社人往来,也就无须多走动。倘要与各社往来,就多采取水路,用雅美族人自制的木船,自己划于沿海岸边。①

时至今日,骑摩托车环岛一周,只需要一个多小时的工夫。部落间的交通往来,也早已是当地日常生活中不可或缺的一部分。价格相对低廉又不占空间的摩托车,是岛上最普遍的交通工具,每个家户都至少有一辆,经常是一辆以上。四轮的汽车和卡车因为体积大、价位高、岛上又只有一家汽车维修厂的缘故,不是对所有人而言都实用。它们主要是用来将货轮在椰油的开元港所卸下的大宗货物分运到各部落。至于传统的小拼板舟(*tatala*),目前仍是当地中老年人出海捕鱼时所使用的生产工具。而它最近发展出来的新功能,则是供当地青年以"拼板舟体验"名义提供付费的旅游服务,成为另一种意义上的生产工具;②其中干犯传统禁忌、让女性乘船的情况并不在少数。小拼板舟作为交通工具的功能,则已经成为历史。

兰屿属于热带海洋性气候,终年高温高湿。据统计,当地的年均温为摄氏22.6度,年平均雨量则有3082厘米③。当地的季节变化,主要是随着东南亚地

---

① 陈国钧:《兰屿的地理资料》,《大陆杂志》1955年第10期第2号,第368页。
② 参见卡洛普·达玛拉山:《跨越、转化与持续:论兰屿朗岛部落拼板舟的社会文化脉络》,台东大学南岛文化研究所硕士论文,2007年,第71页。
③ 见台湾中央气象局兰屿气象站统计资料1971—2000,http://www.cwb.gov.tw/。

区的盛行季风而改变。① 兰屿的夏季(*teyteyka*)从每年的6月份开始至9月份结束,以炎热晴朗的天气和午后对流雨为主要特征。此时,强劲而富含盐分的西南季风(*avalat*)经常对农作物造成损害,让车辆、电器等金属器物严重锈蚀。在兰屿,科技产品的寿命通常都不长。不过很特别的是,西南风掀起的风浪虽大,却甚少影响航空运输。夏天同时也是台风(*towaza*)肆虐的季节。台风所引发的巨浪、豪雨和土石流,往往会在岛上造成严重的财物损失。最近的一次重大灾害,是在2012年8月两度侵袭兰屿的天秤台风。当时的巨浪冲毁了开元港内的候船室,将租车业者停放在港口的摩托车全数卷入海中,就连港内停泊的船只都被冲到码头上。位于环岛公路旁、由铁皮搭建而成的农会合作社,则是在一瞬之间被滔天巨浪给夷为平地。

当风向开始由南转北,兰屿的冬季(*amyan*)也随之来临。在每年10月份到翌年2月份的五个月当中,东北季风(*ilaod*)经常会在兰屿周围海域掀起大浪,并且带来持续长达一两周的降雨。从过去到现在,冬天对于当地人来说一直都是个难熬的季节。在过往的年代,由于雅美人缺乏有效的保暖方式,他们可能会在冬天因饥寒交迫而死②。现代的生活条件相对丰裕,因此冬季所威胁的也已经不再是雅美人的生命,而是他们的现代化生活方式。当东北风一起,兰屿的对外交通就必然受到风浪的影响,货轮停航,班机停飞,其间只有影响时间长短的差别。一旦货轮两周不来兰屿,岛上的米和其他进口食物全部售罄,当地人就只好不太情愿地开始吃他们的传统主食:地瓜和芋头。当每日航班因天候不佳而接连取消,不出两三天,滞留的旅客便会将兰屿、台东两地的航空站同时塞满③。长久以来,冬季运输始终是兰屿交通发展上的一大致命伤。即使人们经过半个世纪的努力,也只不过把问题的规模缩小了些,而自然障碍始终

---

① 雅美人对于空间方位的判定方式,和以兰屿为中心的 *teylaod/teyrala*(外/内;向海/向陆),以及各种风的方向有关。关于雅美人对于季节与风向的分类,详见夏曼·蓝波安:《原初丰腴的岛屿——达悟民族的海洋知识与文化》,台湾"清华大学"人类学研究所硕士论文,2003年。

② 谢春英编:《雅美族传统祭仪》,兰屿乡公所,2007年,第74—78页。

③ 这里有一些统计数据可以显示兰屿冬夏运输的明显落差。台东—兰屿航线2009年1月份的飞行班次计192个航班,载客数2915人;7月份的飞行班次计437个航班,载客数7866人。若以每月平均出飞班次360个航班来计算,冬季有将近五成的航班遭取消,而夏季则必须加开两成的班次以疏运旅客。见台东县第三期(2011—2014)离岛综合建设实施方案《兰屿篇》,第3—13页。

都在。①

兰屿的春季(rayon)主要是由洋流变化所决定的。在每年的 3 月份到 5 月份,都有大量的洄游鱼群随着黑潮北上,经过兰屿海域。其中包括不同品种的飞鱼(alibangbang),以及鬼头刀(arayo)、鲔鱼(vaoyo)等猎食飞鱼的大型鱼种。对于雅美人来说,飞鱼季里取之不尽的渔业资源乃是上天所赐予的珍贵礼物。飞鱼渔捞所生产的大量食物盈余,不仅能让家户所需的蛋白质在六个月之内不虞匮乏②,而且还为雅美人创造余暇,让他们得以在夏天进行建屋造船、仪式庆典等产食以外的活动。飞鱼干同时也是群体内交换活动必要的礼物。因此,黑潮堪称是雅美文化的奶水,而雅美人则是注定要成为杰出的渔人。传统上,捕鱼也是雅美男人最重要的生活技能,能够直接影响到一个男人的社会地位:不会捕鱼,就不受尊重。当地这种以直接产食能力判断个人价值的倾向,直到今天仍然相当显著。③

近年来,当地饮食因为肉类、蔬果和其他进口食物的引进而变得更为充裕多元,年轻一辈的雅美人早已不再餐餐吃鱼。同时,渔法的进步,特别是机动船的应用④,则让飞鱼渔获量大为提升。用经济学的说法则是:飞鱼的供给上升、需求下降。尽管飞鱼仍然是当地象征丰裕的重要文化符号,而飞鱼季也依旧是一年之中禁忌最为繁复的时期,然而飞鱼在经济意义上的实质贬值,导致了越

---

① 陈国钧如此描述了 1950 年代往返于高雄—兰屿—花莲的轮船营运状况:"这种轮船虽规定每月一日、十一日、二一日,在高花对开,但是常有几个月不来一次的,尤其影响岛上工作的公教人员心理很大,使他们来往的公文信件,往往辗转费时,无法把握时效,更使他们食粮经常不继,常有断炊之虞,深感不安。"见陈国钧:《兰屿的地理资料》,《大陆杂志》1955 年第 10 期第 2 号,第 368 页。

② 传统上,雅美人会以熏制的方式来延长飞鱼的保存期限,不过在飞鱼终食节(panoyotoyon,约在每年的中秋)的飨宴过后,所有未食尽的飞鱼干都必须丢弃。四到六个月似乎就是这种食物保存的极限。然而,随着电冰箱的引进,少部分当地人也开始借由冷冻方式再度延长飞鱼干的保存期限——即使雅美人自己因为文化禁忌而不吃,也可以拿来和外人交易。参见郑汉文:《兰屿雅美大船文化的盘绕:大船文化的社会现象探究》,台湾"东华大学"族群关系与文化研究所硕士论文,2004 年,第 69 页;谢春英编:《雅美族传统祭仪》,第 59—63 页。

③ 例如夏曼·蓝波安的证言:"我发现,在达悟传统的生产劳动中不被肯定时,也跟着否定这个人,如:'连抓飞鱼都不会抓,还讲什么话!'不管他其他方面的贡献怎样。"见卢幸娟:《发展中的台湾原住民自治——以兰屿达悟族为例》,台湾"东华大学"族群关系与文化研究所硕士论文,2001 年,第 115 页。

④ 在 1980 年代,兰屿乡公所以公共造产方式为当地部落添购机动船。自此之后,当地传统上以渔船组一大拼板舟(cinedkeran)组合所进行的飞鱼渔捞快速地消失,被高效率的机动船堂而皇之地取代。见郑汉文:《兰屿雅美大船文化的盘绕:大船文化的社会现象探究》,第 90—91 页。

来越多的青壮年转而从事其他类型的生产活动：

> 以前会比谁钓大鱼最多，现在都不去理会它了。现在想的是如何去赚钱。捕飞鱼也如是，不再比谁捕的飞鱼较多。大家把时间花在山上及赚钱的工作上。现在的方法，一次就捕很多，不用常出海，捕那么多又吃不完，到时候还不是拿去丢掉，白忙一阵。去年就不太喜欢捕飞鱼了。①

岛上温血动物的种类并不多，其中又只有特定几种才和人类活动密切相关。当地的家户通常会饲养猪（*kuis*）、鸡（*manok*）和山羊（*kagirin*），任这些牲口在部落内外的一定范围自由活动与觅食。不过近年来随着"污染"意识的引进②，已经有些部落开始经营猪只的集体圈养，避免污水与恶臭影响小区环境。这些牲口与其说是食物，不如说其社会意义更接近于财产。雅美人从不为了每日餐食而宰杀牲口，只在特定的场合宰杀牲口作为馈赠其他家户的贵重礼物，或是禳祓之用。③狗（*ino*）和猫（*cito*）分别由日本人和台湾人引进兰屿，主要被当成宠物来饲养。附带一提，雅美人并不擅长陆上狩猎，山林里的果子狸（*pahapeng*）是岛上唯一的猎物，不过会花工夫在它们身上的人并不多。捕鱼仍是男人的主要工作。

海风和土壤里的盐分严格限制了岛上能够种植的作物种类。传统上，雅美人的主食作物是生长条件较为宽松的水芋（*soli*）和地瓜（*wakay*）。小米（*kadai*）由于易于储存，在过去一度是重要的生计作物，但现在雅美人单纯只为举行祭典而种植小米。④ 台湾政府在 1960 年代曾经尝试在兰屿推广水稻种

---

① 张灿稳：《兰屿椰油村雅美族人仪式性渔捞活动之渔场利用形态》，《台湾师范大学地理研究所地理研究报告》1991 年第 17 期，第 185 页。

② 郑汉文：《兰屿雅美大船文化的盘绕：大船文化的社会现象探究》，第 94 页。

③ 举凡招鱼祭、落成礼等重要公开仪式之中，多有杀鸡取血或杀猪分肉的步骤。倘若是个人触犯禁忌或是重病不愈，也可以透过杀鸡或杀猪来作为净化的代价。只是，随着台湾猪只和鸡只的进口，猪和鸡反倒成了当地人挑战传统禁忌时的简易脱手段。参见郑汉文：《兰屿雅美大船文化的盘绕：大船文化的社会现象探究》，第 38、69 页；卡洛普·达玛拉山：《跨越、转化与持续：论兰屿朗岛部落拼板舟的社会文化脉络》，第 57—58 页。

④ 小米收获祭（*mivaci*）一般在飞鱼季结束的好月节（*apiya vehan*）当天举行，部落男性手持木杵，以舞蹈形式围绕木臼一齐舂捣小米，传统上是个庄严的仪式，参见谢春英编：《雅美族传统祭仪》，第 49—58 页。但近年来部落也会举办以娱乐为目的、非正式的捣小米活动，当地女性和观光客都能加入。

植,但以失败告终。因此,虽然近年来当地家户对于白米的需求有增无减,但是白米的供应却始终只能仰赖台湾进口。部分当地人也种植一些香蕉、西瓜、椰子之类的热带水果,只是其产量和质量都很难作为外销之用。

基本上,自从 1980 年岛上的椰子蟹(*meypeyso*)、罗汉松(*pazopo*)等濒危物种被明令禁止出口之后,目前兰屿并没有可供外销的自然资源。就连当地人最自豪的飞鱼渔获,也因为运输时程过长、成本过高而难以外销①,遑论飞鱼在台湾鱼市并不算是高价鱼种。整体而言,这种商品"只进不出"的贸易趋势,特别是粮食与能源的单向输入,正在持续强化兰屿对于台湾的片面依赖。

兰 屿 人

根据户籍记录,兰屿岛上的人口在 2008 年之后便超过了 4000 人,而 1998 年的当地人口仅有 3093 人②。这意味着目前总人口的四分之一,是在过去十年之间成长的。在人口比例上,雅美人占了当地总人口的 88.4% ,其他则是身份与迁徙动机各不相同的台湾移民,包括当地人的台湾配偶、退伍军人、学校教师、台湾电力公司(简称台电)的工作人员等等。这些台湾移民当中又有一大部分属于流动人口,他们在兰屿居住了两三年之后,就会因为职务调动而离开兰屿。这些人和当地居民之间往往没有太多亲密互动,经常是自成一群。至于在过去十年之间数量惊人的人口增长,主要是和台电的"好邻居"政策有关:只有户籍在兰屿乡的居民,才有资格申请台电所提供的各种津贴(见下文)。简单来说,那是一大笔钱。这种令人难以抗拒的诱因,使得那些早已定居台湾的雅美人开始大规模回流至兰屿。不过充其量只造成了户籍数字上的变化,实际定居兰屿的人口很有可能在 2000 人以下,甚至更少。③ 因此,在夏天以外的时节,兰屿的巷弄街道经常是

---

① 在 1970 年代,台东县成功镇渔会曾经试图将兰屿的渔获以船运回台东鱼市贩卖,但因为货源不稳定加上运费过高,不久之后便宣告失败。见郑汉文:《兰屿雅美大船文化的盘绕:大船文化的社会现象探究》,第 90 页。
② 见台东县第三期(2011—2014)离岛综合建设实施方案《兰屿篇》,第 3—3 页。
③ 参见蔡友月:《迁移、挫折与现代性:兰屿达悟人精神失序受苦的社会根源》,《台湾社会学》2007 年第 13 期,第 9 页。

冷冷清清,见不到几个行人走动,也见不到几间店铺开门。许多为了工作求学而旅居台湾的雅美青年,只在农历春节假期时才会返乡过节,而那时的兰屿则又是另一番热闹景象。于是在某种意义上,台湾社会成了兰屿人口压力的缓冲垫:雅美人口持续在增长当中,但在一年之中的大多数时候,你都不会在兰屿见到那么多的人。这便造成了一种认知上的假象,掩饰了雅美社会迟早必须面对的人口问题,以及随之而来的资源分配问题。当前,除了偶然发生的天然灾害之外,雅美人似乎还没能充分地意识到,他们在岛上的生计活动终将面临某种无法超越的自然限制;届时,一分耕耘将不再带来一分收获。也因为缺乏危机感的缘故,他们对于自然资源的乐观想象才得以继续延续下去:大自然总是慷慨地为他们提供取之不尽的资源,作为他们努力工作的奖赏。

在语言学上,雅美人是南岛语族(Austronesian peoples)的一支,他们的语言是台湾的南岛语言当中唯一的菲律宾语,属于巴丹语群(Batanic language)。[①] 虽然雅美人始终在官方上被视为台湾原住民族之一,但他们和其他居住在台湾本岛的原住民族之间的文化亲缘性却相对较弱。比方说,雅美人完全没有一些在台湾本岛原住民族之间相当普遍的文化特征,如猎首、纹面、制造与使用弓箭等。在殖民时期以前,雅美人对于在台湾十分常见的稻米、牛只、烟草和酒,同样是一无所知。[②] 即使到了今天,雅美人对于"台湾原住民"这样的笼统身份还是没有太多认同——对他们来说,其他台湾原住民族同样是 *dede*(外人)。目前岛上共有三种语言流通,而分布情况则标志出雅美人世代之间的教育差异。大致上,现年 70 岁以上的老人,还能够说流利的雅美语和简单的日语。现年 70 岁以下的成年人能够说雅美语和汉语,但年纪越轻,其雅美语能力也就越低落。现年 30 岁以下的年轻人几乎都说汉语,儿童仅仅通过学校教育来学习简单的雅美语。因此,同一家族祖孙之间难以沟通的情况相当普遍。[③]

---

① D. H. Rau and M. N. Dong: *Yami Text with Reference Grammar and Dictionary. Language and Linguistic Monograph Series Number A－10.* p. 79.

② T. Mabuchi: 'On the Yami People', in Kano and Segawa, *An illustrated Ethnography of Formosan Aborigines*, Vol. I, *The Yami*, 1956, p. 18. 亦见余光弘:《雅美族》,三民书局,2004 年,第 3 页。

③ 参见李壬癸、何月玲:《兰屿雅美语初步调查报告》,《汉学研究通讯》1988 年第 7 期第 4 卷;蔡友月:《迁移、挫折与现代性:兰屿达悟人精神失序受苦的社会根源》,《台湾社会学》2007 年第 13 期,第 23 页。

雅美人属于马来-玻利尼西亚人种（Malayo-Polynesian），外貌为黑色眼珠、黑色直发、深色皮肤和较矮的体型。成年雅美男性的身高多半是在 160—170 公分之间，而女性则矮于 160 公分。一般说来，他们身体强健，甚少有明显的残疾或肥胖问题。雅美青年精力充沛，拥有足以承担粗重工作的过人耐力。由于经年累月的体力劳动，连雅美老人都能维持着瘦而结实的体态。雅美人最常面临的健康问题包括外伤、蜂窝性组织炎以及关节炎，死因则以衰老和意外为主。① 和台湾的汉人相较，雅美人有着明显的双眼皮、深邃五官等面部特征，而肤色则是区分两者的另一个线索。有些雅美人宣称他们的黝黑肤色并非天生，而是日晒所致。所以当他们离开兰屿、到台湾去生活几周，他们就会变得"和台湾人一样白"。不过，雅美人并不像台湾人一样，把白皙的皮肤当成是美的标准，因为日晒正是活力与勤劳的证明。"和兰屿人一样黑"才算是种好看的外观。

这些体质上的特征，或许是雅美人的外表上，唯一还没被台湾人同化的部分。如今，雅美人不分性别都穿着轻便的 T 恤、短裤和拖鞋，一年到头都作如此休闲的装扮。他们的衣物大多从台湾购得，少部分是当地社会福利机构所捐赠的旧衣。至于雅美传统服装（kekjit）——男性的丁字裤和女性的肚兜，其功能已经从日常穿着擢升为正式礼服。除了少数男性老人还会在生活起居当中穿着丁字裤之外，绝大多数的雅美人只会在隆重的仪式场合穿着传统服。就跟拼板舟、飞鱼一样，丁字裤也是雅美人的重要文化符号。穿着丁字裤的黝黑裸身男子，则成了外界对于雅美人的一种既富野性美、又充满异国情调的刻板印象。②

雅美人的聚落数量，在历史上并不是固定的。目前，有六个部落沿着海岸线分布：椰油、渔人和红头位于西岸，东清和野银位于东岸，朗岛位于北岸。③ 其中

---

① 见兰屿乡卫生所门诊案例统计资料 1999—2003 http://lay-tth. doh. gov. tw/pub/LIT_7. asp；兰屿死因统计资料 1993—1998，于台湾基督长老教会总会研究与发展中心编，达悟族群宣教研究方案第一、二阶段报告书，http://www. pct. org. tw/rnd/tao/Tao5_1. htm。当然，这些与生活方式直接相关的伤病原因，不会是一成不变的。

② 参见蔡友月：《迁移、挫折与现代性：兰屿达悟人精神失序受苦的社会根源》，《台湾社会学》2007 年第 13 期，第 42 页。

③ 每个部落都有一个原本的雅美名称：椰油是 *Yayo*，渔人是 *Iratay*，红头是 *Imorod*，东清是 *Iranomilek*，野银是 *Ivarino*，朗岛是 *Iraraley*。不过，当地人对于这些官方中文地名同样不感排斥。不同部落的人也会以像是"你是椰油人"、"我是野银人"这样的方式互称。

红头和渔人之间、东清和野银之间的距离相对较短,犹如成对。确实在早期的记录之中,在朗岛旁曾有 *Imawawa* 部落,在椰油旁曾有 *Ivatas* 部落,但是两者都因为天然或人为灾害,而在日治时期消失了,居民则分别徙入朗岛和椰油。① 不过,这些成对的部落并非所谓的半偶族(moieties),因为跨部落的联姻,也经常在距离更远的部落之间发生。在西岸的三个部落被当地人通称为"前山",是殖民者当年最早的据点。现在,前山则是一些主要公共设施坐落之处:邮局和卫生所在红头,航空站和兰恩基金会②在渔人,开元港、乡公所、农会福利社和加油站在椰油。这些公共设施在岛上都是绝无仅有的。因此东清、野银和朗岛,即所谓"后山"的居民,为了获得货币、燃料、医疗和运输服务,甚至只是为了新鲜肉类和蔬果,都必须频繁地造访前山。后山的杂货店也贩卖一些基本的日常用品,但因为店主会把货物从前山载回后山的额外运费转嫁给消费者,因此后山所卖的商品通常要比前山稍微贵上一些。

传统上,每个雅美部落都是个自主的政治单元,由各自的成员管理部落内部的公共事务,并且独占一块部落专属的林场和渔场。1946 年,台湾省政府将渔人部落并入红头,野银部落并入东清,全岛重划为四块行政区。不过各部落的自主性并未因此一行政命令而有丝毫减损。③ 自 1997 年起,六个部落各自的小区发展协会,逐渐在实务上接管了大部分的地方事务和资源,包括一部分台电回馈金的运用(见下文)。

此外,平权主义也是雅美社会的一个显著特征④。由于缺乏领袖制度,部

① 见余光弘、董森永:《台湾原住民史:雅美族史篇》,台湾省文献委员会,1998 年,第 22—24 页;卫惠林、刘斌雄:《兰屿雅美族的社会组织》,中央研究院民族学研究所,1962 年,第 17 页。在 1897 年台东厅总务课长相良长纲的兰屿探查复命书中,记载了兰屿当时七个部落的人口概况,其中 *Imawawa* 部落仅存 3 户 15 人,此时并无 *Ivatas* 部落的记录。而 *Ivatas* 部落据传本有三四十户,因为一个寡妇纵火举家自焚,延烧他人屋舍,灾后部落人认为大不祥,遂迁并于椰油。参见洪敏麟:《光绪二十三年台东厅吏之兰屿探查史料》,《大陆杂志》1978 年第 29 期;陈国钧:《雅美族的衣食住》,《大陆杂志》1955 年第 11 期第 3 号,第 73 页。

② 基督教兰恩文教基金会是兰屿规模最大的社会福利机构,成立于 1979 年。兰恩也是地方报《兰屿双周刊》的发行者。兰恩基金会网站 http://www. lanan. org. tw。

③ 即使没有白纸黑字,划分在同一行政区内的红头—渔人以及东清—野银,对于部落彼此的自主地位亦无任何异议,而行政区首长(村长)选举也是以不同部落轮流出任为默契。

④ I. de Beauclair: 'Field Notes on Lan Yu (Botel Tobago)', in *Bulletin of the Institute of Ethnology*, *Academia Sinica* 1957, 3:104;卫惠林、刘斌雄:《兰屿雅美族的社会组织》,第 158 页。

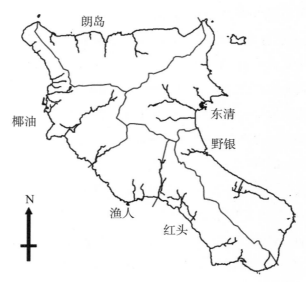

雅美各部落的传统领域

落内部公共事务的决议通常是以耆老们的协商为基础,并征询所有成年人的意见。迄今,雅美人仍然不认为那些民选的、而且是他们自己选出来的乡长、村长、县议员和乡民代表,算是某个部落或所有部落的领袖,有资格代表所有人来决定公共事务。① 尽管目前岛上的公共事务并不是那些公职人员说了算,然而他们不但拥有一份比一般乡民高上数倍的稳定薪水收入②,而且还控制了政府预算和地方资源的实际运用——这却是一份超出一般乡民想象的巨大权力。

雅美人简史

在雅美人的历史记忆里头,他们是兰屿岛上唯一的原住民,他们世代都是兰屿的主人。一直要到 19 世纪末殖民者的到来,雅美人才被迫和那些外人分享属于他们的小岛。我们并不清楚在一开始的时候,雅美人对于"被统治"这件事究竟理解到什么样的程度。但可以确定的是,不论他们的想法是不知不觉

---

① 参见余光弘、董森永:《台湾原住民史:雅美族史篇》,第 171 页。

② 一个村长的月薪大概是新台币四万元左右,乡长的月薪则高出甚多。相形之下,兰屿的一般薪资水平大概是在月薪新台币一万至两万元之间,比台湾本岛最低薪资的两万两千元还要低。

抑或是不甘不愿,他们自始至终都没有让渡过小岛的所有权。即使经过了殖民主义的多年荼毒,直到今天,雅美人的国家意识依然没有多少成长——他们始终都把自己当成是兰屿的主人,而非台湾的臣民。就历史的事实而言,雅美人的想法确实有他们的道理:毕竟外人总是来来去去,就只有他们一直把兰屿当成是自己的家。

在殖民时期以前,雅美人对于外界并非一无所知。事实上,他们和巴丹群岛的巴丹人之间,有着紧密的文化和语言亲缘性。根据雅美人的口述历史,他们的祖先乃是从巴丹群岛迁徙而来,而且直到 17 世纪为止,兰屿和巴丹之间仍然维持着以物易物的贸易关系。雅美人的传家宝(*tametamek*),包括金片(*ovay*)、银盔(*volangat*)和琉璃珠炼(*zaka*),据说其铸造的技术以及部分的素材也是来自巴丹岛,而兰屿并无这类矿产。① 根据兰屿—巴丹"寻根之旅"参与者的描述,雅美语和巴丹语之间至少有 60% 的相似性,所以当时雅美老人能够顺畅无碍地与巴丹人沟通。②

不让人意外的是,关于兰屿与其原住民的最初文字记录,是由殖民者为他们所写下的。尽管以下的年表所呈现的可能是殖民者眼中的现代历史,然而当中所列出的每一个事件,都可说是雅美人集体命运的转折点。

年代	事件
1877	清帝国派员探勘红头屿,并宣示主权。
1897	第一次中日战争(1895 年)后,清廷将台湾及其附属岛屿割让给日本。日本政府派员探勘红头屿,随后实行封岛政策。
1903	美船事件发生。日本在红头屿的殖民政策开始转为积极

① I. de Beauclair:' Three Genealogical Stories from Botel Tobago ', in *Bulletin of the Institute of Ethnology*, *Academia Sinica* 1959,7:123;' Gold and Silver on Botel Tobago: The Silver Helmet of the Yami ', in *Bulletin of the Institute of Ethnology*, *Academia Sinica* 1969,27:122–123;余光弘、董森永:《台湾原住民史:雅美族史篇》,第94—96 页。

② "寻根之旅"是由兰恩基金会所促成的兰屿—巴丹文化交流活动,由兰屿岛民组团至巴丹岛拜访。首次寻根之旅于 1998 年举办,共有 21 位雅美耆老与当地知识分子参加。见余光弘、董森永:《台湾原住民史:雅美族史篇》,第 96—98 页;《兰屿—巴丹寻根之旅心得分享》,《兰屿双周刊》第 239 期(1998. 4. 12);《兰屿巴丹第三次农经文化寻根之旅》,《兰屿双周刊》第 322 期(2003. 10. 19)。

治理。

1945	第二次中日战争(1937—1945年)后,日本将台湾及其附属岛屿归还中国。中国政府接管红头屿。
1951—1959	政府实施"山地平地化"政策,包含六年义务教育与推行国语(汉语)运动。军事单位兰屿指挥部、国有农场和管训队在同一时期设置。
1967	兰屿撤销山地管制,正式对外开放。台湾资本开始进入兰屿。
1975—1980	"改善兰屿山胞住宅计划"加速执行。雅美传统住居开始被强制拆除,原址重建钢筋水泥的国民住宅。
1982	第一批核废料运抵兰屿储存场。
1988	兰屿爆发第一次大规模反核抗争。兰屿国家公园计划核定。
1993—1995	兰屿国家公园计划撤销。兰屿国民住宅经证实为海砂屋,雅美人发起抗争,政府补助雅美人自行整修重建国民住宅所需之部分经费。
2001	台电将新台币两亿两千万元的"回馈金"拨入兰屿乡公所。

清光绪三年(1877年),恒春知县周有基为洋务考虑,偕同船政艺生游学诗、汪乔年至红头屿进行勘查,但基本上一无所获。据周有基上呈的公文中所述:

该处四围滨海,沿海均有老古石,水势极险,虽有沙湾,均属外海,并无内港,遇风涌浪极大,船只停泊殊觉未稳。自沿海埔地至山脚,或一里至二三里不等。所有泉水堪以灌溉田园之处,共约二十余甲,均经土番开垦种植水芋,其余无水沙碛之地,多无可用。其番社共计七处,均穴地砌石而居,男女老幼约千余人,均以布巾遮蔽下体,语音多不可辨,所种番薯粟子以瓦罐炊爨而食。果木则有芭蕉、甘蔗、槟榔、椰子,土产则有薯良藤等类,畜物则有羊猪鸡三项,并无牛只谷米。遍勘山场地亩更无可垦之处,唯有花点白石上山开取可为地造之用。该社番等性颇驯良,卑职到地,赏以布四、咟吱、背心、剃刀、剪刀、针线、料珠等项,男女各欣跃而至,联日随同指引道路,兼能服役,回县开船时,各番馈送羊十二只,椰子数十枚,椰种四株,前堂学生汪乔年等带呈察看情形,该处可设兵数十名,选千把中略知文字慈祥爱民者一员,管带驻扎,教以饭食起居礼节,不过一年,诸番可尽为编氓。倘若中外船只失水,又可随时救护。①

简单来说就是:兰屿岛上完全没有兴建军港、提供战略物资,甚至开垦移民的可能性。虽然周有基认为可在岛上驻军,不过朝廷并未采纳其建议。然而,兰屿就这么在笔墨之间,成了中国版图的一块,而兰屿的政治地位则被认定为"台湾的附属岛屿"。因此,当甲午战争结束,中日签订马关条约之后,兰屿就顺理成章地随着台湾,一起被"割让"给了日本。

一开始,日本殖民政府对于兰屿的态度,就和清帝国一样消极。1896 年,台湾总督府方面基于和西班牙(菲律宾)所签订的领土协议,开始策划红头屿探险。而在 1897 年的探勘之后,探险队调查工作监督、佐野事务官上呈了一份复命书,其中所呈现的大致上也是"兰屿不适合殖民"的观点:

> 该岛民赋性温顺,向无斗争杀戮事,各部落相处甚密。故目下除非急办不可之事业外,虽暂缓开办行政厅以保护岛民,渠等犹能相安无事于小天地。但将一千人左右新附之民,永弃于治外,不无影响我国威信。②

只是除了"帝国的威信"之外,再怎么看,殖民兰屿都像是个无利可图的投资。最后,日本殖民政府作出了一个经济的决定,也就是封岛政策:"凡渡航台东厅管下红头屿者,必受该厅准许,违者应处以二十五日以内之轻禁锢或二十五元以下之罚款。"③

然而 1903 年的美船事件,迫使日本政府不得不对兰屿采取更积极的殖民政策。当时,一艘美国帆船 Benjamin Sewall 号在由新加坡至上海的航程中遭

---

① 林熊祥:《兰屿入我版图之沿革(附绿岛)》,第 13 页。
② 同上,第 33 页。
③ 同上,第 33—34 页。

遇台风。部分船员所搭乘的救生艇漂流到兰屿,据说遭受到当地土著的袭击与劫掠。由于事件的严重性已经升高为国际事务,日本警察遂于1904年组织了一支搜救队和讨伐队前往兰屿,在岛上救出了两名美国船员,逮捕了十名雅美"头目"和青年,烧毁当地家屋并没收其武器。[①] 自此之后,日本人便一改原先的放任态度,开始在兰屿逐步强化政治控制,并且征用当地人力进行各种基础建设:1904年设立驻在所(警察局),1917年设立蕃人疗养所,1918年设立蕃产交易所,1923年设立蕃童教育所。这些设施的所在地若不是红头便是椰油。一直要到1932年,东清才设立了另一间蕃童教育所。兰屿东岸与西岸的开发程度,大概便是在这个时期开始出现落差,而两地居民对于外人的熟悉程度也有所不同。迄今岛上仍有"前山部落较开放,后山部落较保守"的说法。在蕃童教育所成立之后,当地儿童必须接受四年的义务教育,因此目前岛上的老人还可以说一些简单的日语,甚至接受日本研究者的访问。

雅美人也在此时开始学习使用货币(*nizpi*)。其实早在殖民势力正式进入兰屿之前,雅美人就对外人所持有的货币十分感兴趣。例如1897年台东厅官吏视察兰屿时所记录的见闻:

> 上午九时投锚于红头屿福井湾,上午十时一行人员安全登陆,投宿于 Imarosokku 村民屋,在轮船投锚之时,岛民猬传于海滨,操舳舻弯曲艇立,而颇似西洋型艇舟之奇状渔船,携模型小船,椰子果等蚁集轮船,不断求交换银币,其言笑之状,仿佛是猿猴。至小官等人之投宿民屋,继尾随围绕民屋,携来芭蕉果、夜光贝、椰子果,模型小船等,要求交换银币,宛如苍蝇群聚杂沓异常,似有顿时交易市集开始之慨。[②]

不过,当时雅美人之所以索求银币,主要是作为铸造传家宝银盔(*volangat*)之用,因此那样的交易本质上是一种银金属和其他物品之间的以物

---

① 余光弘、董森永:《台湾原住民史:雅美族史篇》,第109—114页;施添福等:《大事篇》,载《台东县史》,台东县政府,2001年,第218—221页。

② 洪敏麟:《光绪二十三年台东厅吏之兰屿探查史料》,《大陆杂志》1978年第29期,第11页。

易物。他们对于货币的数量、成色和价值之间的比例关系,则是全无概念。

　　因彼等爱好银,故我等来此旅行者予以莫大之帮助。对不知货币价值之耶美族,如与银货,彼等甚为愉快。此不仅银币,即货币或其他物,亦能与银发生效力。故能特别役使山胞,倘索取山胞之蓄品,必须多备银币。但,只有银货,亦非尽如想象,万事皆通。因彼等对数及量之观念,与文明人全不同,譬如以十钱之银币,欲购买相同之物品,若给十钱银币二枚,虽不反对,但对二十钱银币能购买更多之物品,则全不知晓。又如现在所通行之五十钱小型银币,或十钱银币五枚,均不能公平合理利用。

　　但,金比银之价值高昂,彼等则甚了解。因于此岛不易获得,故极珍视,全岛只有一家保有稍长而薄之小片,彼等所能见者惟此,其他则极为罕见。日本银币与白铜币,依其周边之雕刻而鉴定,如以纯银而制成如白铜之形时,则彼等不甚喜欢,因彼等对银、白铜,或其他之金属判断,不甚明晰。①

在蕃产交易所,日本人售有各式各样的商品,包括渔具、农具、粮食、布匹、五金等等。雅美人为了取得这些对于日常生活有极大帮助的商品,会去搜集日本人感兴趣的东西,像是药草、百合种子、鳗鱼、溪虾、章鱼、贝类和鸡蛋。在交易程序上,雅美人必须先将他们的产品在交易所换成货币,然后才能用货币在交易所消费。② 不过直到1950年代,雅美人对于货币的认识仍不深入,在当地的供销会,还是存在着要求以物易物的情况。③

对于当年日本人在兰屿的作为,当地老人有控诉其暴行的,但也有表示好感的。大体上,日本殖民者并没有对当地的日常生活进行全面性的干预。同

---

① 稻叶直通著,刘广麟译:《红头屿》,《台东文献》1952年第1期第2、3号,第10—37页。

② 余光弘、董森永:《台湾原住民史:雅美族史篇》,第128页。

③ I. de Beauclair：'Field Notes on Lan Yu（Botel Tobago）', in *Bulletin of the Institute of Ethnology*, *Academia Sinica* 1957，3：103－104.

时,他们的封岛政策也让兰屿得以遗世而独立,隔绝于当时外界动荡不安的政治与经济局势。因此在日本统治期间,雅美传统文化大致上保存得相当良好。这使得日本民族学家如鸟居龙藏、鹿野忠雄等人,得以在这个时期完成大量的重要研究。不过有一种说法,宣称日本殖民者乃是为了进行人类学研究而刻意将兰屿划为学术保护区,不过此说尚有争议。①

相形之下,台湾殖民者则更热衷于"教化蛮夷"的事业。然而他们的建设工作,到头来所造成的往往只有灾难性的结果。在 1967 年之前,台湾政府延续了日本的封岛政策,不过却是出自于一种全然不同的动机。台湾人很快就发现他们无法从兰屿榨取更多的经济利益,但是他们随即为这座小岛找到了另一种用途。自 1956 年开始,台湾政府便将兰屿当作社会边缘人的流放地,在当地设置了国有农场和管训队(监狱),专门收容重刑犯、政治犯,以及有犯罪记录的退伍军人。国有农场的管理单位横行霸道,强占雅美人的良田,任牛只践踏雅美人的农作物。监狱的囚犯也不时会欺负雅美人,窃取他们的财物。② 雅美人对于外人的不满情绪,便随着这类冲突经验的持续累积而逐渐升温,但在多数时候仍然选择忍气吞声。尽管如此,却也不是所有的外来者都会制造麻烦。其中有些人在服刑期满后,选择在兰屿永久定居,在当地经营小生意,甚至和雅美妇女结婚,因而获得了使用原住民保留地的权利。③

1960 年代,军方势力开始逐步撤出兰屿,商业资本则迅速尾随而至,成为冲击当地社会的一股全新力量。兰屿在 1967 年撤销山地管制,随后开元港和兰屿航空站亦开放民用。台湾商人得此良机,开始在兰屿投资观光业,自台湾引进观光客。而在同一时期,兰屿当地人口也开始流入台湾的劳力市场,补充当时经济发展所需的基层劳动力。④ 这个社会与文化接轨的初期阶段,对于雅美人来说并不是一次愉快的经验。在当时,部分观光客是以猎奇的心态造访当

---

① 戴惠莉:《知识的生产与传递界限:以兰屿为例》,台湾"东华大学"族群关系与文化研究所硕士论文,2007 年,第 46—47 页。
② 余光弘、董森永:《台湾原住民史:雅美族史篇》,第 163—166 页。
③ 台湾大学建筑与城乡研究所:《兰屿地区社会发展与国家公园计划》,1989 年,第 15—16 页。
④ 同上,第 16、29—32 页。

地部落,他们会在未经许可的情况下,恣意闯入民居拍摄当地人的饮食起居。亦有部分观光客在乘车进入部落后却不敢下车,便从游览车上洒下香烟、糖果任当地老人与儿童拾取。① 直到今天,摄影在兰屿仍然是一种高度敏感的行为。如果观光客在拍摄当地人和他们的住家、财物之前没有得到他们的同意,那么光是用镜头对着他们,就很有可能会引来一阵愤怒的咆哮。另一方面,和其他台湾原住民劳工的经验类似,旅居台湾的雅美人也时常在就业与工资方面遭受汉人雇主的歧视。② 整体来说,兰屿当前所处的经济模式,便是在这个时期之中逐渐成形:雅美人对台湾出口劳动力,而台湾人来到兰屿消费当地的自然资源。否则雅美人无以因应他们对于台湾进口商品与日俱增的依赖。

1970 年代,虽然雅美人的生活条件开始有了明显的改善/现代化,但他们的历史才刚要进入最黑暗的一章。在 1966 至 1980 年"改善兰屿山胞住宅计划"的执行期间,台湾政府试图要让雅美人从木材和茅草搭建的传统地下屋里迁出,住进建材为钢筋水泥、设计却不符当地需求的国民住宅,借此帮助他们"提升居住质量"。执行方针则从一开始的劝诱入住,最后演变成强制拆迁,结果造成了全岛总计 566 户传统地下屋遭到强行拆毁,仅朗岛和野银的少数地下屋,在当地居民的捍卫之下才得以幸免于难。在 1972 年,兰屿被政府秘密择定为核能发电产生之低放射性核废料的最终处置地点。兰屿储存场于 1982 年正式启用,随后交由台电负责管理。③ 在整个计划执行的过程当中,雅美人并未获邀参与政策制定,甚至自始至终都没被充分告知。在许多当地人的记忆里,当初施工单位对外宣称兴建的乃是罐头工厂,不过台电方面始终否认此一指控。④ 真相曝光之后,一群雅美青年在 1988 年组织了名为"驱逐兰屿的恶灵"

---

① 参见杨政贤:《兰屿东清部落"黄昏市场"现象之探讨——货币、市场与社会文化变迁》,台湾"东华大学"族群关系与文化研究所硕士论文,1998 年,第 11 页。

② 关晓荣:《兰屿报告 1987—2007》,人间出版社,2007 年,第 162—177 页。

③ 根据官方说明,存放于兰屿储存场的低放射性核废料主要来自于核能电厂运转、维护及除污过程中所产生的受污染衣物、过滤残渣、用过树脂等,以及部分医、农、工、研究单位所产生的放射性废弃物。参见《兰屿储存场的困境》,载《财团法人核能信息中心简讯》第 79 期 (2002.11.20);《兰屿储存场的检整重装作业》,载《财团法人核能信息中心简讯》第 114 期 (2008.10.15)。

④ 余光弘、董森永:《台湾原住民史:雅美族史篇》,第 167—168 页;关晓荣:《兰屿报告 1987—2007》,第 96—112 页。

的第一次大型反核示威活动,之后又在 1989、1991 和 1995 年发起了另外三次声势浩大的抗议活动。由于雅美人态度坚定,再加上舆论影响所及,台电终于在 1996 年停止将核废料运送至兰屿存放。自此之后,政府方面将核废料迁离兰屿的政策方针渐趋明确。①

值得注意的是,在 1988 年首次具有公众影响力的反核示威活动之后,雅美人似乎终于找到了一种能够宣泄他们郁积多年的不满情绪、同时又具有实效的手段。他们开始勇于表达自己的立场、捍卫自己的权益。1988 年,另一个官方一厢情愿的政策"兰屿国家公园计划"正式启动,而这意味着兰屿岛民对于当地林业和渔业资源的利用将大幅受限,其中包含作为雅美文化命脉的飞鱼捕捞活动。1992 年,一个官方代表团到兰屿进行政策说明,试图寻求当地人的合作,但是雅美人完全拒绝协商,让官员们碰了一鼻子灰。② 最后,兰屿国家公园计划在 1993 年宣告撤销。我们大致上可以看出,台湾政府的兰屿政策自 1990 年代起便开始退缩,逐渐采取一种被动的姿态,不再轻言尝试推动任何大规模的地方建设。1994 年,当年强迫雅美人入住的兰屿国民住宅出现墙壁龟裂、水泥成块剥落、钢筋裸露在外的现象,最终证实为使用劣质建材的海砂屋,当地人群情激愤。这回,政府平息民怨的方式已经不再是直接介入,而是以"台东县兰屿乡原住民住宅整(新)建五年计划"的名目,提供每户新台币四十五万元的补助,让雅美人自己来收拾残局。在缺乏一个整体规划的情况之下,雅美人依照他们在台湾所学到的板模工作经验,各自重建自己的家,从设计到施工完全由自己一手包办。目前在当地部落里头的那些色彩斑斓、风格迥异的水泥建筑群,便是当年雅美人在各自发挥创意之后的最终产物。它们也是一条当地政治原则的隐喻:"顾好你自己。"

时至今日,核废料储存场依然是兰屿政治与经济议题上的争议核心。尽管在政策上,核废料迁离兰屿已然是个全无转圜余地、唯一政治正确的方针,然而迄今尚有 90000 桶的核废料存放在兰屿储存场里进退不得。虽然台电持续在

---

① 台湾政府又于 2002 年成立了"兰屿贮存场迁场推动委员会",开始具体推动迁场工作。参见《兰屿储存场的困境》,载《财团法人核能信息中心简讯》第 79 期（2002.11.20）。

② 见《雅美人、营建署未达共识 国家公园座谈会不欢而散》,《兰屿双周刊》第 112 期（1992.2.23）。

台湾本岛、外岛甚至国外寻找新的永久处置地点,不过考虑到地方民意、国际关系等复杂因素而迟迟未能定案。核废料迁离兰屿的时程也因此被无限期推迟。2001 年,兰屿储存场的土地租约期满,当地居民坚决反对与台电续约。由于当下别无选择,台电只能暂时以金钱作为缓兵之计,承诺提供兰屿乡每三年新台币两亿两千万元的"回馈金"作为地租之外的额外补偿。当时,这笔巨款在兰屿乡民之间引起了一阵极大的骚动,特别是关于回馈金的具体运用方式。在当地人罕见的一致同意之下,兰屿乡民不分性别、年龄、族裔,于 2003 年每人分得新台币 63000 元(2000—2002 年度回馈金),2010 年分得 51000 元(2003—2005 年度回馈金),2013 年分得 92000 元(2006—2011 年度回馈金)。[1] 这对一般乡民来说无疑是一笔天降横财。如今,尽管雅美人对于台电的责难始终未曾稍歇,然而他们对于核废料的态度,却因为回馈金而开始产生了一些微妙的变化。雅美老人仍然坚决反核,不过有些当地青年在想象兰屿的未来发展时,已经开始将核废料可能带来的利益纳入他们的考虑;当然,这些想法目前是不能搬到台面上来讨论的。

总的来说,在经过了骚动不安的 1990 年代之后,台湾人和雅美人对于兰屿地方事务的看法终于形成了共识:一切都是当地人说了算。一方面,政府的角色已经从一个积极的统治者退缩成消极的赞助者,而另一方面,观光客也不再只是讨人厌的入侵者,而是举止古怪但多半无伤大雅的访客,以及重要的地方财源。在 2007 年,我的兰屿田野工作才刚要开始的时候,岛上似乎总算恢复了一些往昔的宁静,人们悠闲平静地生活着,陌生人会在错身而过时交换友善的微笑。某些事物的消失——没有红绿灯的环岛公路,不挂牌照的车辆,不戴安全帽的机车骑士,等等——暗示着国家权力的暂时缺席。然而在宁静的表象之下,另一些事物的消失——无人居住的传统屋,荒废的水芋田,不再知足的心,等等——则意味着当地传统价值的逐渐解体和生活形态的根本改变。表面上,雅美人似乎终于摆脱了来自于国家的政治压力,但是另一股更巨大的经济驱

---

[1] 见《分钱!台电两亿两千万回馈金》,《兰屿双周刊》第 310 期(2002.11.24);《台电发回馈金合格者 9.2 万 兰屿人过年前可望领大红包》,《自由时报》(2013.1.8)。

力——金钱的诱惑，此刻才正要浮上台面。

"永远的异邦"

在夏铸九与陈志梧的讨论中①，他们以福柯"异邦"（heterotopia）概念②分析了兰屿在 1950—1960 年代之间所面临的政治与经济改造。当时兰屿之所以沦为罪犯流放地的理由，无非是为了实现一种以台湾本岛为中心的区域观，以及一种以党国体制为典范的秩序观。国家力量为了清除那些可能对此一理想观点造成威胁的社会偏差分子，需要一处"偏差的异邦"（heterotopia of deviation）来安置那些被排除的人们。随后兰屿会成为观光景点，其价值则是在于兰屿的"原始"和雅美人的"野性"，能为来访者带来一种返璞归真、宛如时光倒流的异时（heterochronic）感受，进而凸显出台湾的"文明"和台湾人的"教化"。无论是哪一种版本的异邦，兰屿的存在，既是投射出台湾人自身理想形象的一面镜子，又是将此一想象化为真实的手段。

"异邦"是个十分引人入胜的概念。在福柯的理论脉络下，这个概念从不单独存在，而总是伴随着"乌托邦"（utopia）的概念一块儿出现。③ 乌托邦，或是理想国，所指的是一处虚幻的地点。它可能是真实世界的完美形态，也可能

---

① 夏铸九、陈志梧：《台湾的经济发展、兰屿的社会构造与国家公园的空间角色》，《台湾社会研究季刊》1988 年第 1 期第 4 号，第 237—238 页。

② M. Foucault（J. Miskowiec trans.）：'Of Other Spaces'，*Diarcritics* 1986，16（1），pp. 22 - 27.

③ 福柯用来阐述异邦与乌托邦之间关系的绝妙隐喻，是镜子和镜中世界。镜中世界乃是一处乌托邦，因为它是虚幻的、不占空间的空间。当我揽镜自照，我可以在镜中世界里看见我自己（的镜像），但我本人却不在那里；我本人正在真实世界之中，看着一面镜子，尽管我真正注视着的，乃是虚幻空间里头的那个虚幻的我。镜子本身则是一处异邦，因为它和我一样，都是真实世界的一部分。但是，只有透过镜子，虚幻的事物才能被看见，我才能看见镜中世界，以及镜中世界里的我自己（的镜像）。只有当我看着镜子的时候，我才会误把虚幻的镜像等同于我本人，忘记唯独那个正在真实世界之中的我，那个正在看着镜子的我，才是真实的我。而异邦的存在，就如同一面镜子，其作用既是心理的，又是认知的。当我注视着异邦的时候，我真正关注的是异邦所映照出来的理想乌托邦，以及在乌托邦里现身的理想自我；当我注视着异邦的时候，我不只是看见了（visualise）我自己的心理投射，甚至还以心理真实的形式实现了（realise）它，把虚像当成真实。见 M. Foucault（J. Miskowiec trans.）：'Of Other Spaces'，*Diarcritics* 1986，16（1），p.24。

是真实世界的反转状态,总之它不真实①。如果人们想要在真实世界之中实现乌托邦,那就需要一处真实的地点,把乌托邦里不需要的真实事物集中在那里安置,让乌托邦里不该有的真实现象限制在那里发生。那样的真实地点就是一处异邦,一处真实存在,在一般人的眼中却显得奇特而疏离的场所,像是监狱、精神病院、红灯区、贫民窟等等。相反地,尽管乌托邦一直都只存在于人们的想象之中,然而它却被认为是**有可能**接近与实现的。乌托邦**将会是**一个一切都"绝对正常"的地方,像是"老有所终、壮有所用、幼有所长"的大同世界。

人们可以借由两种手法来建构异邦,进而实现想象中的乌托邦。第一是消极地对照,透过注视异邦之中的"异常"现象——那些"极少数人的极端生活方式"——来反思、看见自己生活空间之中的"正常",感觉到自己正处于一种"正确的/优越的/平凡无奇的"生活形态。第二是积极地修补,将异邦当成是建造乌托邦的建材来源和废料归属,借着切割异邦、掠夺资源来填补自己生活空间里的不足之处,同时修剪自己生活空间里的多余部分,将被排除的事物弃置在异邦。随着乌托邦的逐渐成形,异邦的形象也益发残破和不规则,变成了奇形怪状、名副其实的异己(the other)。

由此观之,异邦概念的解释效力,绝不仅限于兰屿在 1950—1960 年代的这段短暂历史而已。更有甚者,兰屿可说是所有外人眼中"永远的异邦"。整部兰屿殖民史,俨然就是一种异邦的类型学:兰屿是清帝国想象中的疆土,是日本人与世隔绝的伊甸园,是台湾人的罪犯流放地和核废料弃秽地,也是早期观光客眼中的原始世界和当代观光客眼中的混沌地带。外来者对兰屿作出了各式各样的想象和行动。他们透过书写、隔离、污染和狂欢,想要把这座小岛塑造成某种特定的样子,借此把他们自己改变成他们所喜欢的样子,或是伟大帝国,或是文明世界,抑或是对于生活现状更加满意的普通人。但是在整个建构异邦的过程之中,却甚少有人在意一个先于所有想象而存在的事实:兰屿是雅美人的家。

基本上,殖民时期的所有政策,对于这个"家"的概念都造成了某种程度的

---

① M. Foucault(J. Miskowiec trans.):'Of Other Spaces', *Diarcritics* 1986, 16(1), p. 24.

冒犯。清帝国的做法，就像将自己的门牌挂在别人的家门上；日本人的做法，如同堵住别人的家门禁止进出；台湾人的作法，则是把别人的家当成垃圾场。当我们试着从雅美人的观点来回顾殖民者所写下的历史，便能够轻易察觉到那些所谓统治者的种种行径所隐含的荒谬性。真正荒谬的不是异邦的怪诞存在，而是将乌托邦化为现实的天真意图。而在同一时期，那些以访客身份进入兰屿的台湾人，其行径则是体现了当时社会权力结构的另外一个面向。当观光客闯入民宅任意拍照，或是扔下香烟糖果供人捡拾，这样的一种互动关系，意味着对立于他们这些"访客"的并不是"主人"，而是"展品"——雅美人住在兰屿，但不是兰屿的主人，犹如动物并不是动物园的主人。国家才是兰屿的真正主人，是这个三元结构之中隐晦的第三方。

而在台湾社会权力结构重组过后的今天，兰屿依然是个异邦。固然在政治上，雅美人经过了多年的抗争，似乎终于取回了一家之主的地位。从 1990 年代的兰屿海砂屋事件当中，我们便可看出这样的端倪：无论是出自于理念或现实上的考虑，政府决定放手让雅美人自理需求；而雅美人也宁可靠自己的力量重建家园，因为自古以来建造家屋便是主人的工作。此后，除了在核废料问题上始终骑虎难下以外，政府在大多数的兰屿地方事务上都让雅美人自己当家做主，包括族名要不要更改、台电回馈金该怎么使用等等。至少在表面上，这看起来是个相当乐观的发展。若说可能存在着什么隐忧，我想，应当是这所谓"民族自决"政策背后的心态目前仍不明朗。促使国家从兰屿缩手的动机，是基于尊重，还是怕麻烦？这个差异可以决定雅美人当前所处的，究竟是一种半放任还是半放弃状态。倘若只是因为雅美人难以驯化，而兰屿主权又不可放弃，那么，我们可以臆测未来的兰屿政策，或许又将重现当年清帝国"人岛分离"的消极统治：兰屿再度成为一块名义上的领土，至于领土上的住民，则可以存而不论。

当代观光客在岛上的行为，则以另外一种形式呈现出这个"人岛分离"的概念。在当地人的眼中，部分台湾观光客，就像是专程来到兰屿做傻事的。举例来说，雅美人对于某些观光客的豪放作风就颇不以为然，像是穿着比基尼泳装在部落巷弄间自在徜徉的女客，在海边裸体日晒的男客，诸如此类冲击岛上保守民风的开放行为。或许是对于雅美传统丁字裤的刻板印象,混杂了对于度假胜地的浪漫想象,使得那些观光客误以为当地人对于赤身露体有着极大的宽容度。不过,显然保守与否并不是由衣着遮蔽面积来决定的。

在观光客的想象之中,来到兰屿就可以做一些在台湾不能做的事,而裸体只是其中之一。其他还包括喧哗、飙车、寻找夏日恋情等程度不一的越轨行为。种种迹象显示,台湾观光客其实是把兰屿视为一处"危机的异邦"(crisis heterotopia)①,一处供人们暂时脱离常轨、等待重生之地。虽然 Foucault 在 1967 年预测,危机的异邦将逐渐由偏差的异邦取而代之②,但如今看来,人们对于作茧自缚—破茧而出的需求似乎未曾稍减。就我的了解,确实有不少观光客把他们的兰屿之行当成是某个阶段的结束,像是一段学业、一份工作、一场恋情等等。他们是来兰屿"休息、疗伤、放空"的。于是,兰屿成了他们生命故事之中的一个逗点:一段陈述告一段落,另一段陈述尚未开始,而逗点本身并不承载额外的意义。兰屿被视为生命之中衔接不同秩序的混沌地带,如同逗点是文本之中串连不同意义的混沌符号。

很明显的,要把兰屿想象成一种混沌地带,人们必须要先无视其中既有的秩序,以及此一秩序的维护者。我曾在一次闲聊当中建议一位独自来到兰屿的观光客,倘若觉得无聊,可以试着和当地人聊天,大家都很亲切,会告诉你许多关于当地传统文化的事情。不过她是这么回答我的:"我对这里的文化没有兴趣,我来兰屿是来看海、享受大自然的。"她的这番话指出了问题的关键:今天的观光客,多半是来兰屿享受自然、放纵自我、吃龙虾、喝啤酒的。他们不是来接触当地人、参与当地生活的。于是,兰屿岛上的自然被凸显,社会被悬置,而雅美人的存在则被包裹在括号之中,成为兰屿之旅的补充说明——人和岛便是以这种形式被区隔来的。

当"兰屿是雅美人的家,雅美人是兰屿的主人"俨然已经成为当代台湾社会中的主流论述,呈现在我们眼前的现象,却暗示着此一论述之中的核心概念

---

① M. . Foucault(J. Miskowiec trans.):'Of Other Spaces', *Diarcritics* 1986, 16(1), pp. 24 – 25.

② *Ibid.*, p. 25.

已经被重组过了。"家"被切割成人类活动拓展出的生活空间,以及物质建材加上概念蓝图施工而成的建筑空间两部分。雅美人拥有的是兰屿的生活空间,或是说,这样的生活空间正是他们日常活动的轨迹。而国家所拥有的是兰屿的建筑空间,是兰屿的山、海、行政区和国界线。观光客则是以避开雅美人的生活空间为原则,而以国家赋予他们的权利,在建筑空间里头自在游走,享受他们想象中的混沌状态。兰屿,成了国家"出租"给雅美人的一个家;他们双方各自在不同的空间里,同时扮演着兰屿的主人。

从一群"需要保护的"、"需要教化的"、"难以驯化的",一直到"被搁置的"人民,居住在"永远的异邦"里头的雅美人,自己也成了"永远的异己",是国家力量迄今依然难以吞噬与消化的一块异物。我们可以认为,雅美人对于外人的疏离感,其实也就是外人对于雅美人的疏离感。疏离,则是双方在一段相互无法控制与被控制的关系中,最终所达到的一种平衡状态,一种最适当的遥远距离。只不过在这段关系里,外来者的观点大抵是经济的。举凡兰屿当地的交通条件、教育资源,乃至于行政体系贯彻政策的决心,都是在盘算了统治的投资和报酬之后所得出的结果。而雅美人的观点显然单纯得多:他们早已习惯在这座属于他们的小岛上,靠着自己的力量生活下去。因此,外人要来可以,不来也无所谓——起码在市场经济完全取代当地的生计经济之前仍是如此。

结　论

本文简要地介绍了雅美人在兰屿岛上所经历的种种自然与历史经验。兰屿的自然环境,犹如雅美社会一扇周期性开放与闭合的门户,在提供对外接触机会的同时,也阻挡了外来者的长驱直入。兰屿的地理位置,使得雅美社会长久以来都处于台湾地缘政治的边陲地带,然而任何想将兰屿完全置于台湾支配之下的政治意图,却又势必伴随着高昂的经济代价;只是兰屿似乎并不许以等值的回报。在这些因素的作用之下,兰屿和台湾之间逐渐形成了一种藕断丝连、疏离却不可分的关系。台湾人成了雅美人眼中"最熟悉的外来者",而雅美人则成了台湾人眼中"最陌生的自己人"。

　　而这样的疏离状态,无论是透过强迫自立或是减少依赖的形式,在一定程度上塑造了雅美人的集体性格,让独立自主成为雅美文化里的基本美德。在兰屿岛上生活的每个人,都必须具备在被迫与人隔绝的突发状况之下,依然能够面对自然的勇气以及独力求生的能力。就这点来说,近年来兰屿对于台湾进口商品与日俱增的需求,乃是一个特别值得持续关注的现象。很明显,当前大多数雅美人已经习以为常的现代化生活形态,完全必须仰赖台湾才得以维持。我们不需考虑太多细节,只需要想象一下兰屿的电力、汽油、瓦斯等来自于台湾的能源供应出了问题,便能发现这份依赖早已根深蒂固。至于粮食、机械、货币等让雅美人爱不释手的进口商品,则正朝着兰屿当地自给自足的生计经济虎视眈眈。雅美人是否已经意识到他们对于台湾的重度依赖? 我认为是的。当台湾政府在 2000 年首度抛出兰屿自治议题时,雅美人表现出的疑虑便远超过喜悦:

　　　　2000.6.3 原民会尤哈尼主委至兰屿与族人进行自治座谈。问题有:"台湾人以后是不是都不能来兰屿?""如果台电的技术人员都撤走,兰屿不就没有电了?""会不会买不到台湾的米,只能吃芋头地瓜?""如果中共打过来,谁保护兰屿?""以后是不是不能用台湾的钱?"亦有不少与会者提出"兰屿没人才、没钱该如何自治?"的实际问题;而对与会长老们而言,自治这个词太陌生,他们困扰的是核废料、健保费、海砂屋等切身问题。①

　　然而,若要说雅美人已经在自主与依赖之间做出了选择,可能还言之过早。雅美人对于新的工具和财富抱持着来者不拒的态度,但这并不表示他们已经沦为物质的奴隶,某天当他们真的失去了那些东西,就不知道该如何活下去。虽然就目前看来,在兰屿当地的日常生活之中,本土与外来元素此消彼长的态势相当明显,诸如飞鱼、芋头、拼板舟、丁字裤等传统日用品,已经被挤压到特定的时间和空间之中,其象征意义逐渐掩盖了实用功能。但是至少,它们迄今依然

---

　　①　卢幸娟:《发展中的台湾原住民自治——以兰屿达悟族为例》,第 90 页。

存在。至于未来,传统文化将会再次复振、继续蛰伏或是走向消亡,则端视历史的长期发展,以及雅美人自己的抉择而定。

高信杰　　厦门大学人类学与民族学系助理教授(厦门　361005)

中国传统家庭中的孝道与平均主义

杨晋涛　　汪福建

摘　要：孝道是传统经典一再论述的中华文化的核心价值,然而在家庭关系及其再生产中,平均主义和孝道共同起着作用。平均分配家庭财产、劳动和养老责任的传统在中国有悠久历史,对民间社会有重要影响,在通常情况下,平均主义诉求是作为孝道的对立面出现,案例表明,为了成全孝道,中国家庭有时不得不迁就平均主义。平均主义使无条件的孝道变成有条件的。对家庭中平均主义的分析使我们有机会对传统孝道叙事中对个人牺牲的极端描述建立一种象征理解——平均主义传统无形而强大,必须有极大的勇气方能克服之并成全孝道。

关键词：孝道　平均主义　家庭

孝道对于理解中国传统文化具有核心意义。梁漱溟认为:"说中国文化是孝的文化,自是没错。"①肖群忠则把孝道视为"中国传统伦理的元德",②即一切伦理所由派生的根本。中国的孝道经以《孝经》为代表的一系列经典连篇累牍的论述,成为中国古代知识分子不得不以"战战兢兢,如临深渊,如履薄冰"③的心情面对的终极道德,也通过"以孝劝忠"的策略④,即强调要以孝敬父母的精神忠君事国,使家庭伦理成为治国要术。如 Trayler 所言:"中国文化因为孝

---

① 梁漱溟:《中国文化要义》,学林出版社,1987 年,第 307 页。
② 肖群忠:《孝与中国文化》,人民出版社,2001 年,第 160 页。
③ 胡平生:《孝经译注·孝经·诸侯章第三》,中华书局,1996 年,第 6 页。
④ 同上,第 35 页。

道而具有极大的统一性,孝道为社会整合提供了一个基础性的根基。"[①]

"百善孝为先",孝道的这种根本性使之在中国家庭伦理中具有一元论的色彩。然而,在对中国家庭的考察中发现,对家庭关系起根本性调节作用的原则或伦理似乎并不仅仅是孝道而已,有这样一种伦理或原则,其历史几乎和孝道一样古老,当孝道在经史子集中不断被弘扬的时候,它并不显山露水,然而却在暗潮涌动中自始至终起作用,它就是家庭继嗣分配中的基本原则——平均主义。如后文即将呈现的,众多田野调查都揭示,家庭的析分常常引发孝道危机,而危机的根源,则是在分家过程或结果中违背了继嗣分配中的平均主义原则。这些田野发现促使我们在对中国家庭代际关系的研究中,把孝道和平均主义两个看似风马牛不相及的伦理原则联系在一起,并思考这种联系的含义。这样做的意义在于,首先,对于家庭代际伦理的基本伦理原则——孝道的研究已经非常深入,而对家庭继嗣分配中的平均主义倾向,通常只是把它作为需要描述的既成现实,而并未看成需要分析的社会事实或需要阐释的文化意义,这对平均主义这一历史悠久而且在现实中仍不断起作用的要素来说,是完全不够的;其次,当我们把两个原则并列一起并探寻其复杂关系的时候,我们可以重新审视孝道在基层社会的具体实践中所面临的挑战和问题,并让我们在孝道研究的某些具体环节建立具体理解的时候,获得新的角度;再次,我们在研究家庭这种"初级制度"的时候,平均主义借由这种和孝道的突兀并列得到彰显,从而为理解平均主义自身的社会文化基础和根源提供了一个微观视角。

上述最后一点的提出是基于研究回顾中的一个印象。由于平均主义曾经给我国经济发展造成深刻影响,改革开放以后,来自哲学、经济思想史、文化史等领域的众多学者都对它进行了反思,并挖掘其根源。这些研究或将平均主义追根溯源至先秦思想家的学说,或检讨其与小农经济的深刻关联,或论证它与集体主义倾向的关系,然而,相关批评性研究很少注意到,平均主义的具体实践,其实正以"理所当然"的姿态频繁地表现在家庭关系及其再生产这一初级制度当中。如果我们承认特定文化中初级制度该文化进行教化的第一场所,那

---

①   Traylor Kenneth L. *Chinese Filial Piety*, Eastern Press, Bloomington, IN. . 1988, p. 98.

么未从家庭及其再生产的角度解释平均主义诉求为何在中国历史上一再发声，则是一大缺憾。

尽管当前对平均主义的研究存在这样的问题，然而仍有必要对相关研究做一简要回顾。绝大部分的研究都承认，在中国历史上，平均主义思想有着重大影响。先秦诸子对于平均思想均有论述，历代多次农民起义都以平均为旗号，而且在中国进入近现代历程时，平均主义思想并未因西方经济思想的冲击而逐渐退隐，反而作为追求平等的依据而得到更系统和具体的论述，从康有为的《大同书》到孙中山的"平均地权"、"节制资本"，再到毛泽东等革命者对于平均理想的践行，可以说，不管是作为宏观社会分配政策的理论依据，还是作为对于平等、公正的一种中国式理解，平均主义的影响都十分显著，以致有人认为平均主义是中国社会的一种"共同文化心理"，是"社会各阶层的共同心理素质"，应当从"民族文化结构"的角度分析之。① 对于其思想来源的追溯，一种广为流传的做法是追溯到"民不患寡，而患不均"②这句儒家名言，而近年有研究者已经提出新看法。李振宏③和傅允生④等都根据大儒朱熹等的注解指出，这句名言中"均"非指平均，而是指不同阶级和社会地位的人"各安其分"；傅更进一步指出平均主义其实根源于老子的"天道自均"、"损有余以补不足"的思想，他还论证了历代以"均平"为旗号的农民起义和道家思想影响的关系。在剖析平均主义的社会经济根源时，各论者有不同的侧重，如袁银传论述平均主义与小农经济、计划体制的关系，并指出"农民小生产者绝对平均主义平等观的着眼点不是放在生产上，而是放在分配和消费上，它从根本上违背了生产决定分配和消费这一社会发展的客观经济规律"⑤。宋圭武利用数理模型证明，平均主义和"不确定性"具有极大的相关性，是人类面对不确定性的一种本能反应。⑥ 吴忠民认为建国后的社会政策方面过度强调集体主义，注重相似性和一致性，忽

---

① 李振宏：《中国古代均平文化论纲》，《学术月刊》2006 年 2 月号。
② 《论语·季氏第十六》。
③ 李振宏：《先秦诸子平均思想研究》，《北方论丛》2005 年第 2 期。
④ 傅允生：《平均主义的思想渊源及其影响》，《中国经济史研究》2000 年第 3 期。
⑤ 袁银传：《论平均主义的社会思潮长期存在的社会根源》，《社会主义研究》2002 年第 2 期。
⑥ 宋圭武：《平均主义问题之我见》，《甘肃理论学刊》2005 年第 4 期。

略个体性,必然走向分配上的平均主义。①

　　以上论述发挥各自学科所长,从不同角度对平均主义的思想基础、社会经济基础和历史演进做了纵横捭阖的宏观分析,而卢晖临②对汪家村"房屋竞赛"的调查与分析,把当代"平均主义心态"的发生放在地方性的微观场景之中审视,为较少见的用人类学、社会学理论与方法剖析农民平均主义的论文。卢文揭示建国后农民的集体化经历如何促使农民平均主义心态"浮出水面"。他认为,"革命前"农民的平均主义意识并不如后来许多论者说的那样强,毋宁说,当时确有严重的社会分化,但是农民对此抱一种"认命"和类似朱熹所说的"各安其分"的态度,即使是遭遇饥荒"吃大户"的时候,也是很有道义地只求果腹,不取其他财物,表现出对私有财产权的尊重。"平均主义心态"的真正兴起是在革命前这种"分化的社会文化网络"遭遇集体化的"损毁"之后。集体化与农民个体之间在经济、政治和社会地位上的均质化同步,正是这一进程促使农民认识到"大家都是人,谁也不比谁差多少",其后续影响是,即使在改革开放后,农民为争得平均的表象,各家仍为建不比别人差的房屋而竞争。虽未明说,但卢文有一个隐含的命题是:攀比这种社会心理和平均主义具有某种内在联系。

　　无论是宏观分析还是微观观察,以上研究无非一再证明了平均主义在中国传统社会中的重要地位和特殊时刻的爆发力。然而,既然平均主义在中国基层社会的家庭及其再生产过程中有明显表现,因此在家庭层面上研究平均主义就很有必要。和奉行诸如长子继承制等继嗣制度的社会不同,中国社会从战国时代起就确立了诸子平均析产的方式,③并长期保留下来。麻国庆认为:"农村社会的分家方式中主要表现为家产的诸子均分制,其直接的后果就是再生产了大量的小农,成为传统社会结构再生产的牢固的基础。"④弗里德曼对中国东南社会的考察认为:"汉人的继承习俗一般将与维持祖先崇拜的责任有关的额外份额分与长子,这一责任在兄弟之间只传给长子,但是,除了这额外的份额之外,

---

①　吴忠民:《从平均到公正:中国社会政策的演进》,《社会学研究》2004 年第 1 期。
②　卢晖临:《集体化与农民平均主义心态的形成》,《社会学研究》2006 年第 6 期。
③　邢铁、薛志清:《宋代的诸子平均析产方式》,《河北师范大学学报》2006 年第 2 期。
④　麻国庆:《家与中国社会结构》,文物出版社,1999 年,第 64 页。

所有兄弟对财产有平等的权利。"①这种"兄弟之间在财产上多多少少的平均权利,以及与婆母和小姑相比,不听话的妻子对这些权利的幻想,不断地给家户整体造成压力"②。这种压力最后就会导致分家。析分家产的指导性原则就是平均主义,这一点在众多人类学和社会学研究案例中一再得到证实,不过这些研究描述平均现象多,而对其进行的分析则显不足。当然有些学者也注意到平均的追求并不一定导致平均的结果,不过本文认为这并没有否认平均主义的根本性作用,这一点将在后文中再详细展开。另外,杨晋涛在对川西"称粮"习俗的研究中已经把平均主义和孝道并举分析,认为"平均主义原则和孝道一起,共同构成了乡村家庭生活所依凭的制度和文化脉络",这也许算是在家庭研究中通过将平均主义与孝道对举,将家庭中的平均主义范畴化的一种尝试。这也正是本文写作的动机。

一、分家与继承中的平均主义原则

需要先说明的是,平均主义作为家庭的一种认定兄弟间平等性的原则,它在特殊时刻,比如分家的过程中才会明显地体现出来,而在日常的家庭关系中,它虽看似不显山露水,其实也暗地里起着作用。在父母还掌握着家庭财产和劳务的分配权力的时候,如果在兄弟间有所偏爱,其行为可能引起兄弟的抱怨和记恨,这种怨气可能持续良久,影响到分家时的协商乃至分家后的关系。川西农村用方言词"顿"来描述各种不明说理由或用托词来拖延推诿的行为,这个词也经常用来描述兄弟间为争取平等的对待而抵制家务分配的行为。兄弟间相互顿的行为之所以产生,要么是因为认为劳动分配不平均,要么是为了以消极抵制的形式促进劳动分配的平均化。③ 顿的这种行为暗示,在家庭日常生活中,平均诉求常常是不明说的,而是以类似"潜规则"的方式起作用。当顿的行为越来越频繁的时候,父母们也许就意识到,是该分家的时候了。而分家,意味

---

① 弗里德曼著,刘晓春译:《中国东南的宗族组织》,上海人民出版社,2003年,第30页。
② 同上,第35页。
③ 杨晋涛:《塘村老人》,中国社会科学出版社,2011年,第66页。

着亲子之间和兄弟之间可以把平均诉求明确地摆在台面上讨论，同时，分家的基本原则，也正是平均主义。

传统分家过程通常要有协商和见证机制，这些机制正是为了保证家庭财产和儿子们的相关责任，主要是养老责任，被平均地分配。均分的原则如何在财产分割中体现要根据各个家庭自身的情况，由于地区的不同，分家仪式有各种差别，以往见证人主要来自亲属（宗亲和姻亲）中的长者或有声望者，而近来村委会等基层组织扮演这一角色的情况日益增多。随着社会的发展，以及父母大家庭财产对小家庭重要性的降低，导致分家仪式也日益形式化，然而传统上一些形式的保留仍然提示着平均主义分配在家庭继嗣中的重要性。比如明清时代在徽州大量存在以立阄书来实现诸子均分，[1]当代在闽南的璞山[2]和东山[3]，人们仍然记得以往以抓阄的形式分配家产，并称分家文书为阄书。王跃生对冀南的研究也提到抓阄的形式曾在当地被广泛采用。这种阄分形式的采用，其立意在于，虽然平均分配是分家的原则，但在实际中很难做到完全平均，金钱和存粮等比较容易均分，但田地可分但有远近和良莠，房屋可分但有大小和主次，尤其是诸子可能对同样财物的偏好取舍有差异。所以在商议形成家产的分割单时，对难均分之物要好坏搭配，比如较差的房屋搭配较好的田地等。在父母和诸子之间就财产分割的大致平均性上达成共识后，为防止分家后诸子小家庭仍然产生"不平均"的抱怨，以阄代表不同的分割单，由诸子抓取。这样做，实际上是把分割时仍然可能存在的不均做了转换，将抓到好阄和坏阄的机会平均化了。江少虞《宋朝事实类苑》记载的一则故事可以从侧面说明阄分可以避免分家纠纷的功用。宋张齐贤任宰相的时候，有兄弟二人为分家不均打官司，都说对方多占、自己少分，他便巧妙地"令甲家入乙舍，乙家入甲舍，货财皆按堵如故，分书则交易之。讼者乃止"。[4] 家产的阄分形式，富有象征意义地表达了

---

① 刘道胜、凌桂萍：《明清分家阄书与民间继承关系》，《安徽师范大学学报》2010 年第 2 期。
② 李善龙：《璞山村的人口与家庭》，载余光弘、杨明华主编：《闽南璞山人的社会与文化》，厦门大学出版社，2010 年，第 52 页。
③ 王利兵：《北山村的人口与家庭》，2010 年厦门大学东山暑期社会文化调查田野报告，未刊稿。
④ 转引自邢铁、薛志清：《宋代的诸子平均析产方式》，《河北师范大学学报》2006 年第 2 期。

传统家庭在分家时贯彻平均主义的彻底态度。

分家不仅包括财产的分割,还包括诸子在养老责任上的分割。中国民间存在多种家庭养老形式,稍作关注,即可发现每种形式(独子养老除外)都体现了均分养老责任的意图。谢继昌描述分析了台湾的凌泉村"轮伙头"养老制度,认为轮伙头制度实际上是"兄弟间无法共同生活、共谋生计"与中国家庭"骨子里"不分产的"联合家庭"形式共同作用下的产物,其结果仍然要落脚到"兄弟均分"和"奉养公平"。① 普宁西陇的养老方式也属轮伙头一类,其民间理由也是认为此方式可以体现"公平"。② 杨晋涛研究的川西"称粮"式养老制度,通过对若干不称粮(不养老)案例的分析,进一步揭示,如果父母在日常或分家时在财产、劳动分配上对待诸子的态度不平均,或被认为不平均,就很难不影响儿子的养老意愿。③ 还有一种称为"分养"的形式,即每个儿子奉养父母中的一个,这种方式限于只有两个儿子的家庭采用,其原则不难看出也是平均分担。

汪福建在对闽南璞山的研究中还发现平均主义还象征性地进入家庭的其他仪式性领域,比如葬礼中。在璞山,父母临终之时要把生前积攒未公开的"荷包钱"分与诸子,是否公开或分得是否平均,有可能影响丧事的顺利进行,甚至引发"闹丧"。与荷包钱有关,当地葬礼中还有"放首尾钱"一俗,即在长者去世后,荷包钱的实际掌管者(多为负责养老的某子)要将荷包钱的一小部分放入亡者手中,表示亡者的钱已经在亡者手中,没有被掌管者私吞,这一小笔钱要平分成几包(视儿子数定),每个儿子拿走一包。

总而言之,平均主义在家庭运作及家庭的分化过程中,时而暗中主宰,时而摆上桌面,不断地调节着家庭内的财产和劳动分配,以及家庭内成员之间的关系,从根本上说,它以平均的方式调节着家庭成员的基本物质欲望和家庭亲密性之间的关系,让两者之间达成一种平衡。另外,它还通过各种仪式象征性把自己具象性地呈现出来。它是中国传统家庭文化中重要的有机组成部分,看似

---

① 谢继昌:《轮伙头制度初探》,台湾"中央"研究院《民族学研究集刊》1985 年第 59 期。
② 陈运飘、杜良林、曾骐:《普宁西陇的老人生活方式和"吃伙头"制度初探》,《中山大学学报》1997 年第 2 期。
③ 杨晋涛:《川西"称粮"习俗和亲子关系探讨》,《思想战线》2002 年第 5 期。

波澜不动,实际上影响深远。

必须再次提到,有些学者发现,现实生活中,分家后的实际财产和劳动分配结果可能表现为不平均。费孝通对禄村分家的研究发现,"一家若有两个儿子,长子成家后要求独立时,这家财产将分成四部分,第一部是留给父母的,称养老田;另外提出一部分来给长子,称长子田;余下的平均分为两份,分给两个儿子"。当地人认为长子年龄较大,为家庭付出劳动较多,授长子田是承认长子的功劳;幼子还和父母居住,耕种父母的田,长子分家后无权过问幼子与父母共同创造的财产。直到父母去世,养老田出卖了办丧事,幼子所经营的田才比长子少。"可是,因为父母常和幼子住在一起,很多动产却会暗地里传递给在身边的幼子。这样实现了同胞间的平等原则。"费孝通因此认为,"所谓平等原则并不一定指在同胞间分家时所立的分单上所得到的是否相等,而是在很长的过程中,权利义务上的平衡上是否公平。"①所以,分家时的平均主义也可能不是绝对平均主义,而是考虑诸子的能力和贡献等变量的相对平均主义,不过由于考虑的变量更多,因而更易引起平均与否的争议,能否行得通,则要依靠地方习俗的支持,或至少要在兄弟间达成谅解。日本滋贺秀山②把"家"视为一经济单位,并从法律权利的角度考虑分家过程,认为家庭成员"平均占有"的关系并不存在,他的问题是把所有家庭成员包括第三代以后的成员都看成分家主体,而实际分家则只是把儿子家庭视为分家主体,这样,如果某子生子较多,平均每个人所享受到的祖产份额就会比少子的兄弟少。王跃生认为据此否认平均继承财产制度的存在欠妥,"因为这种继承关系主要存在于父子两代人之间,即只有子辈有资格参与对父辈所有财产的分配,而不是儿孙二代所有男性都参与分配。说到底,财产的继承是上一代将其管理的财产分予下一代作为其生活资料,而不是分予隔代孙辈"。③

已有学者注意到当前中国基层社会在分家习俗上发生的变化,即所谓"系列式分家"比例日益增大。所谓系列式分家,即并非等到所有子女都结婚之后

① 费孝通:《乡土中国 生育制度》,北京大学出版社,1998 年,254 页。
② 杜赞奇:《文化、权力与国家》,王福明译,江苏人民出版社,1995 年,第83 页。
③ 王跃生:《20 世纪三四十年代冀南农村分家行为研究》,《近代史研究》2002 年第4 期。

才做分家之想,而是兄弟结婚一个,就可以分出去一个,甚至只要某兄弟有分家意愿,则未结婚也可分家。这种分家形式其实也并非近年才有,邢铁等的研究(称"多次性析分")显示其在宋代就已流行,他认为此种形式因为很难保证平均,所以常常成为兄弟讼争之源,以致北宋立国不久皇帝就下诏禁止多次性析分。① 阎云翔认为系列式分家的日益增多导致家庭形态、家庭经济运作和家庭发展周期发生一系列变化,其积极意义在于,分家后主要由于儿子小家庭的能力有限,反而更需要和父母及其他兄弟家庭形成一种合作网络,从而形成了一种"网络家庭"。② 虽然还没有人专门论述当代系列式分家的盛行是否导致平均主义理念发生某种变化,但这无疑值得深究,因为如果真的发生了变化,可能就意味着作为原则和伦理的平均主义真正从家庭的层面淡出。

二、孝道与平均,对峙与迁就

分家中诸子要平分对父母养老的责任,养老是最基本的孝道,分家和日常生活中父母对诸子的区别对待造成财产分配的不平均,而这种不平均反过来就可能成为儿子不平分赡养义务的理由。

不平均抱怨和不孝辩护

某人因父母以前偏心其他兄弟而心怀抱怨,继而损害亲子关系和同辈关系,推诿乃至拒绝养老义务,这样的案例在实地调查中可谓屡见不鲜。阎云翔在山东下岬收集到 11 个有虐待父母行为的案例,其中就有 9 个案例中的年轻一代抱怨父母偏心:"他们认为,父母在孩子之间应该一碗水端平。有些人说,父母公平,就是对所有儿子都提供一样数目的金钱和物质,而所有儿子也都公平分担赡养父母的责任。……父母在兄弟间的偏心让他们感到很受伤害。"阎文还提到村民认为很典型的父母因偏心而受罪的案例:父母本来和小儿子住在

① 邢铁、薛志清:《宋代的诸子平均析产方式》,《河北师范大学学报》2006 年第 2 期。
② 阎云翔:《家庭政治中的金钱与道义:北方农村分家模式的人类学分析》,《社会学研究》1998 年第 6 期。

一起,因偏心三儿子,想把存款留给他,于是搬去和三儿子住。几年后三儿子把父母的存款花光了,三儿子也开始虐待父母,最后赶父母出门。而此时,其他三个儿子因气不过父母的偏心,也拒绝接纳父母。①

杨晋涛对川西农村的研究提供了若干案例说明不平均的抱怨如何成为儿子对自己不养或不孝行为的辩护②,这里再提供当地一例案例如下:

> 周家五兄弟与寡母高氏(81 岁)的纠纷(根据汤村前村主任口述整理)

> 老四建房时拆了老屋,使寡母高氏无处栖身,兄弟们协商让她住在家境最好的老三家。不久,老三觉得自己一家负担老人不公平,于是兄弟间就老人住处和供养问题发生争执。高氏到我这里来哭,我和几个村干部前去处理。当时场面混乱得很,几兄弟们你说你有理,我说我有理,好不容易达成了协议,由兄弟们以"称粮"的方式共同奉养,并由兄弟们共同出资为老母建一间住房,但家境比较差的老二家不满,妻子在地上打滚撒泼,说"我都算是老人了,还没有哪个儿子肯供养。我供养老人,哪个来供养我?"我当时很生气了,说这两件事要分开,今天只说你们这辈兄弟供养老人的问题。你们既然请我们来,就是来听我们作判断、讲道理,你觉得我们判断得不对,你就到法院去告我,但是今天作的决定你不执行,你就要负担后果,你负担得起?

> 周家最后通过了"称粮"的协议:五子共同出资为母亲在老三家屋旁边搭一小房供其居住,每个儿子每年给徐氏 100 斤粮食,每月 5 元钱,医药费平摊。

此例中,老三即便家境优越,也不肯单独负担老母的生活,而要和兄弟们以比较激烈的方式争一个平均主义的结果;村干部的调解也是基于平均主义的,

---

① 阎云翔:《私人生活的变革:一个中国村庄中的爱情、家庭与亲密关系》,上海书店出版社,2009年,第195—196页。
② 杨晋涛:《川西"称粮"习俗和亲子关系探讨》,《思想战线》2002年第5期。

这可能正反映了基层调解不得不依据民间习俗的困境;而在平均主义的作用下,家境较为疲困的老二家的困难就被忽略了。

李银河的研究也提到一个发生在城市家庭中的案例,此例并不到虐待老人或拒绝赡养因而引发纠纷的程度,因此可能更有普遍性,反映了一般中国家庭思考赡养关系的方式。报告人这样讲述一个被轮养的老人和她儿子和媳妇们间的尴尬关系:"没有一个儿子愿意让奶奶固定住下来。我觉得他们都在互相推卸责任。每个媳妇都不愿意处理婆媳关系。还不能说不孝吧,但是他们都要'公平',谁都不愿意吃亏。"①此例虽然未涉及家产分配,但是涉及赡养老人的精神负担,如处理婆媳关系。也就是说,家庭养老是需要儿子们的小家庭做出的不仅仅是物质方面的付出,还包括精神方面的付出,而养老承担者们认为这些付出应该是平摊的。特别重要的是,此例中的情形可能在中国千千万万的家庭中正在发生着,这些家庭对老人还不到不养的程度,但是兄弟、妯娌之间追求平均负担,"怕自己吃亏"的心理可谓有相当的普遍性,美国人类学家郝瑞曾说:"孝道可以说是中国传统社会中具有首要地位的伦理规范,它是子辈对父辈的义务,不仅仅作为社会和谐的要求,而且作为对生养的微不足道的回报,是对父辈永远还不完的债。"孝道这种强调的无条件报答父母生养本身这一层含义,在平均主义的折冲影响之下,此时已经无迹可寻了。由此可见平均主义影响中国人心理之深。

以上研究表明,处理家产和养老责任分配的不平均,有可能引起养老承担者的抱怨情绪,这种抱怨如果因为某种原因被放纵,就会伤害到儿子的养老行为乃至尽孝动机,至少,可能作为自己不孝行为的辩护手段。在家庭中,平均主义即使不是作为孝道的完全对立面,也是异己力量出现的,两者呈现对峙的态势。

迁就平均,成全孝道

出于对乡土社会规则的深刻理解,一些可称为具有民间智慧的老人在处理自己的亲子关系的时候自觉地迁就平均主义的要求。杨晋涛在川西汤村接触

---

① 李银河、郑红霞:《一爷之孙:中国家庭关系的个案研究》,上海文化出版社,2001 年,第 109 页。

的龚用老人夫妇就是这样的范例。他们采用了系列式分家的方式,在儿子们结婚后就动员他们分了家,避免了兄弟间在大家庭劳动分配中产生相互推诿拖延的行为而伤害亲子和兄弟关系。他们在感情上喜欢小儿子,但在家产和劳动分配等事务上绝不表现出偏心。小儿子家境不错,后来在镇上置屋居住,并把二老接去同住,但二老住了一段时间就回到村里,声言是因为不习惯,但老人的一段话揭示了他们另外的考虑:"在一个儿子家住久了,其他儿子媳妇要说闲话,说你帮这家,不帮那家。表面上不说,心里面要抱怨。还是各住各的自在。"他们尽量和诸子保持着同等距离的亲密关系,在儿子们修建新屋时,自己提供同等的物质支持,而在自己需要称粮时,也对诸子提出同等的要求。村里认为二老堪称做父母的典范,称赞的重点就在于"他对儿子们非常公平"。由于他们的公平态度,儿子们对他们也十分孝敬。他们被村人视为"最幸福的老人"。

如果说上例表明父母自觉在诸子间维护或迁就平均主义关系,令诸子没什么好抱怨,就可以期待在自己的晚年和儿子们保持较好的关系,至少保证儿子们对自己的供养的话,汪福建在闽南璞山访问的新源则是作为儿子自觉维护平均主义原则以成全自己孝心的例子。新源2010年76岁,其老父享寿100岁。父亲随新源住,新源和父亲保持了几乎算是"晨昏定省"一般"古典"的亲子关系。其家多次被县、省级评为"五好家庭"和"孝道模范"。老父心中偏爱新源,当初分家时老父分给新源的份额较其他兄弟重,新源认为不妥,劝说老人放弃了偏心的分配方案,从老父属意分给自己的房屋中让出两间分给其他兄弟。在亲辈分配财物对自己不利时,他并不抱怨。母亲1987年去世时留下10块银元,考虑到他家境相对较好,分给他的份额较少,他并没有抱怨,而认为这既是母亲的心愿,就不该有意见。父亲临终时留下10000块荷包钱,因为父亲分家后一直和新源住,因此这笔钱中的某些部分也可以算是他们父子共同创造的财富,然而新源并没有斤斤计较这一点,而是全部拿出来平分给诸兄弟家庭中的所有成员。他说:

> 这一万块多块如何分?我思索良久,最终决定:凡是父亲传下来的,直系的,包括媳妇,无论长幼、内外,一律平等对待,每人分150元;旁系的,父

亲的两个堂兄的子女每个人分 60 元。如此分下来,剩余 296 元。父亲的
十个孙女中,还有四弟小女儿没有出嫁,296 元就算父亲给她置的嫁妆吧。
分完之后,我将父亲从 65 岁至去世前所有收支情况写在纸上,账目清清楚
楚,分厘不差。如果我不这样做,兄弟们及九泉之下的父亲肯定认为新源
全部或部分私吞了这笔钱。当我把账目拿给弟弟们看时,他们有些近乎不
耐烦地说"哎呀,不看不看",这样他们才会像哑巴一样不会说这笔钱是我
新源吞掉了。他们不看,我烧给父亲看。在父亲盖棺时,我将账目誊到大
红纸上烧给了父亲,这样我才心安。

新源深谙平均主义对家庭关系的影响,才如此不遗余力、不厌其烦地维持
家庭分配上的平均主义关系,甚至不惜自己为此作出牺牲,如此才成全了自己
对于父母的孝道。他烧账目单给父亲的行为,既象征性地表达了自己的孝心,
也表达了对平均主义传统的某种尊重。

如果说前一部分的论述从反面论证了伤害家庭中的平均主义就有可能伤
害孝道的话,那么以上两个案例则从正面证明,在家庭中维护平均主义,则可以
成全孝道的实现,至少,可以让不孝者找不到为自己辩护的托词。家庭中的孝
道与平均主义具有对峙性,平均主义有时候可以和孝道分庭抗礼;不理解这一
点就无法理解中国社会从古至今如此强调孝道,和孝道有关的讼争却为何一直
不乏其例。孝心孝行有时候不得不顺应和迁就平均主义的要求,这也从一个侧
面证明了传统中国家庭中平均主义价值的虽潜在但异常强大。

三、孝道与自我牺牲

孝道作为后辈对前辈生养自己的无条件报答,要求后辈为达成孝道不惜做
出自我牺牲,问题是要求牺牲到什么程度。以二十四孝为典型,历代流传许多
孝道叙事,其中一些把这种牺牲强调到难以置信和难以接受的地步,为何如此?
我们是否可以从家庭中孝道要求与平均主义要求之间的关系入手对此建立一
种理解?

二十四孝故事中,有好几个故事都与尽孝者为孝道牺牲自己的身体有关,比如晋王祥"卧冰求鲤"、春秋子路"百里负米"、周闵损"芦衣顺母"、晋吴猛"恣蚊饱血"、晋杨香"扼虎救父"、南齐庾黔楼"尝粪忧心"、晋郭巨"埋儿奉母"等,其中以郭巨埋儿的故事尤其让人惊心,郭巨虽然没有牺牲自己的身体,但却更加残忍地牺牲了自己儿子的生命。在川西农村流传的劝世诗文"佛句"中,也有"割肝救母"一则类似的故事,其梗概记录如下:

> 河南孟津李玉山和妻冉氏育有三子,为前两子娶貌美妻子,但两媳妇却无孝心。两老遂为三子娶来貌丑但有孝念的朱秀英。秀英过门后侍奉公婆日夜不辍,深得公婆喜爱。一日冉氏染重病在床,秀英目不交睫地伺候。病中冉氏突发奇想要吃人肝汤,秀英遍购不得,竟解小刀取自己的肝,一时鲜血淋漓,昏倒在地,幸得观音和药王菩萨搭救而返魂。喝下秀英的人肝汤后婆母病愈。然大媳二媳蓄意挑拨,诬陷秀英用狗肝熬汤欺骗婆母,冉氏信以为真而责打秀英。冉氏将伤口、小刀和血衣呈给婆母,冉氏才相信秀英自我牺牲。神明恼怒两嫂的奸诈欲惩戒二人,秀英为嫂求情,感动神明和两嫂,两嫂改恶向善,一家孝顺和睦,皇帝听说后为秀英立牌坊旌扬。

以上这些故事当然不能理解为真实的故事,而应当从象征的角度理解。为孝道而做的自我牺牲中,牺牲身体可算是最彻底的牺牲了。孝道叙事之所以把孝行强调到如此极端的程度,暗示孝道本身必有强大的对手,因此非极端不足以警世。平均主义作用于家庭内关系中最基本的环节,规定了家庭中财产、劳动和养老付出等的利益分配原则,平衡着家庭成员作为人的基本欲望与家庭合作之间的紧张关系;而且,平均主义几乎和孝道一样古老,如果对照当今孝道也不免于失落的现实,平均主义似乎比孝道还更根深蒂固、难以动摇。以此论之,平均主义堪称孝道的强大对手之一。从这个角度理解,那么这些为孝道而不惜牺牲身体的故事,其实是在象征性地表达,当面对横亘在自己面前无形而庞大的平均主义传统时,须具有放弃自己身体一般强大的自我牺牲精神,才有可能成就自己的孝道。

结　语

　　平均主义是中国传统家庭继嗣分配的基本原则,它要求在财产、劳动和养老负担的分配上,在诸子间做到平均分配。作为和孝道共同调整家庭关系的原则,平均主义通常潜在地起作用,而在特殊时刻,如分家过程中,明显地表现出来。当平均主义的诉求未得满足的时候,可能产生不平均抱怨,这种抱怨至少可以作为对自己不孝行为的辩护,甚至可能造成对孝道的伤害。民间家庭关系实践案例表明,自觉顺应或迁就平均主义诉求,客观上对维持和谐的家庭关系,乃至成全孝道会起到正面的作用。历史上和民间流传的孝道叙事将孝行的牺牲强调到极端的程度,和家庭伦理中平均主义倾向的强大或许有关,它们暗示面对像平均主义这样潜在而影响深广的传统,必须要有极大的勇气方能成就孝道。

　　通过将孝道和平均主义对举,使我们有机会从家庭及其再生产这一初级制度层面思考平均主义,从而触及中国平均主义传统深厚的社会基础。在此基础上,我们或许可以进一步追究一些问题。例如,当代中国曾经经历平均主义的一度盛行,是否和五四以后对孝道的批判以及此后相当长时间内孝道逐渐失落有关? 另外,当前中国平均主义意识是否已经在家庭层面发生变化? 这种变化以何种形式孕育和发展? 等等。

杨晋涛　　厦门大学人类学与民族学系助理教授(厦门　361005)
汪福建　　厦门大学人类学与民族学系研究生(厦门　361005)

略论中国古代"悌道"观念的变迁

宋雷鸣

摘　要：古代中国是伦理本位的社会，由家庭内发展出的伦理观念常常渗透和扩展到更为广阔的社会关系内，儒家伦理其实就是家庭伦理和政治伦理的统一体。在基本的家庭伦理扩展和影响到宏大的政治伦理过程中，政治制度的特点及其变化也会一定程度上影响到各种基本伦理观念的叙述。中国古代政治伦理的核心概念由"孝悌"转为"忠孝"的历史变迁，是大传统层面"悌道"观念相对于"孝道"观念逐渐弱化的过程和原因。

关键词：伦理　孝　悌　忠

在传统汉人社会，人们的基本血缘组织是以男性为中心和脉络发展起来的。其中，在简单的核心家庭范围内，纵向的男性关系为父子关系，横向的男性关系为兄弟关系。调节上述两种关系的伦理分别为"孝"和"悌"。在中国悠久的历史中，占主导地位的儒家伦理思想即是以"孝悌"为基础发展而来的。同时，传统中国又是以伦理为本位的社会，由家庭内发展出的伦理观念常常渗透和扩展到更为广阔的社会关系内，儒家伦理其实就是家庭伦理和政治伦理的统一体。在基本的家庭伦理扩展和影响到宏大的政治伦理过程中，政治制度的特点及其变化也会一定程度上影响到各种基本伦理观念的叙述。在中国古代历史上，其中的重要最表现之一是社会政治伦理的核心观念由"孝悌"转变为"忠孝"。在这一过程中，"悌道"相对于"孝道"有所弱化。或许与之有关，有关"孝"和"忠"的文献汗牛充栋，而关于"悌"的研究少之又少。即便是以"孝悌"为主题的文章，也大多只是在谈"孝"，对"悌"往往止于寥寥数语的含义解释，缺乏深入和详细的论述。鉴于此,本文拟对上述"孝悌"转变为"忠孝"的历史过程进行概括性梳理,从而解释古代中国"悌道"观念相对弱化的过程和及其原因。当然,文章只是基于"大传统"或上层理念上的讨论,至于"小传统"或广大下层民众的现实实践情况暂不论及。

一、孝悌观念及其起源

"悌"本作"弟",按照《说文解字》:"弟,韦束之次弟也,从古字之象。"表达的是绳锁束戈之形,辗转围绕,势如螺旋,说明兄弟关系的紧密性。《说文解字》又对"悌"字进行解释说:"悌,善兄弟也。"另外,贾谊在《道术》中也言:"弟爱兄谓之悌。"可见,"悌"的含义是指兄弟之间紧密团结,互敬互爱。由于兄弟们是由共同的父母所生,所以在文献典籍及人们的言语中兄弟又被称作"同胞"、"骨肉"、"手足","同根","同气连枝"等等。针对子女对父母所应持有的行为和态度,儒家提出了"孝"这一基本伦理规范。父母作为兄弟们的血缘纽带,共同负有孝的责任和义务,这就要求兄弟们互爱互助以更好地行孝。从这一角度而言,悌道实际上是由孝道衍生而来的,因此在儒家学说中"悌"常常与"孝"放在一起来说,即所谓"孝悌"。

孝悌体现的人类基本血缘情感在任何社会都是存在的,但是只有中国文化把孝悌放置到很高的地位,尤其是其中的"孝",被认为是中国文化的基本特征之一。对此,罗素谈道:"孝道并不是中国人独有,它是某个文化阶段全世界共有的现象。奇怪的是,中国文化已到了极高的程度,而这个旧习惯依然保存。古代罗马人、希腊人也同中国一样注意孝道,但随着文明程度的增加,家族关系便逐渐淡漠。而中国却不是这样。"[1]因此,对中国孝悌文化的考察必然要追溯到孝悌观念产生时代背景。

自人类有家庭生活开始,孝悌行为就会自然而然地产生,但是孝悌观念的形成却只能是人类社会发展到一定阶段的产物。在儒家的典籍中,三代之前的

---

① 罗素:《中国问题》,秦悦译,上海学林出版社,1996 年,第 30 页。

舜已经是恪守孝悌之道的典范。① 关于孝悌观念起源于何时,史学界有很多讨论②,莫衷一是,文章只能从孔子及其所处的时代谈起。

作为儒家思想的创始人,孔子对孝悌思想的提出与当时的社会和政治环境密切相关。孔子所处的春秋时代正是我国古代社会发生大变革的时期,社会的各个方面都呈现出过渡的特点:

> 在旧社会制度的崩溃中,出现了新社会制度的新因素,而社会形态还没有发生质变,旧制度仍占着统治地位,这就使得春秋时代的文化出现了两重性的基本特点。一方面是,商周以来传统的宗教文化普遍动摇,卿大夫中那些较有远见,较能正视现实的人物,企图摆脱传统的束缚,进行独立的思考,开始提出种种新观点;另一方面是,宗教文化在整个社会意识中仍占着支配地位,就是那些提出新观点的人物也不能与之决裂。作为未来时代的文化体系处于孕育萌芽阶段。宗教文化的破坏中孕育着新文化的因素,新的文化因素与旧的文化体系纠结在一起。③

孔子以西周的宗法制度为基础,大力提倡孝悌之道,把西周宗法制度所体现的人伦关系特点改造为具有普遍伦理意义的个人道德修养。孔子在《论语·八佾》中言:"周监于二代,郁郁乎文哉! 吾从周。"由于身处社会转型的中间阶段,孔子(包括其他先秦儒家)对人伦道德和政治伦理的论述既顺应了时代的变化,也继承了西周宗法制度的很多内容,具有很强的过渡性特点。可以

---

① 在儒家的典籍中,舜是孝悌之道的典范,孟子曾就舜的行为进行过讨论。舜的父亲瞽叟,是个盲人,母亲很早去世。瞽叟续娶,继母生弟名叫象。舜生活在"父顽、母嚚、象傲"的家庭环境里,父亲心术不正,继母两面三刀,弟弟桀骜不驯,几个人串通一气,必欲置舜于死地而后快;然而舜对父母不失子道,十分孝顺,与弟弟十分友善,多年如一日,没有丝毫懈怠。舜在家里人要加害于他的时候,及时逃避;稍有好转,马上回到他们身边,尽可能给予帮助,所以是"欲杀,不可得;即求,尝(常)在侧"。身世如此不幸,环境如此恶劣,舜却能表现出非凡的品德,善待父母和兄弟,成为儒家孝悌之道的光辉典范。

② 杨荣国:《中国古代思想史》,人民出版社,1973 年第 2 版,第 11 页。陈苏镇:《商周时期孝观念的起源、发展及其社会原因》,《中国哲学(第十辑)》,生活·读书·新知三联书店,1983 年,第 40 页。郑慧生:《商代"孝"道质疑》,《史学月刊》1986 年第 5 期。何平:《"孝"道的起源与"孝"行的最早提出》,《南开学报》1988 年第 2 期。

③ 刘宝才:《求学集》,陕西人民出版社,2005 年,第 288 页。

说，孔子开创的儒学是以周朝的宗法制度为基础而形成的一套道德统治体系。基于孔子的继承和发扬，宗法文化成为儒家思想体系中不可磨灭的重要内核之一，并被后世传延和改造，日益丰富和系统，成为一种文化范式。其中，"孝悌"作为孔子强调的基本伦理概念，其演变过程突出体现了古代中国政治和社会文化发展的延续与变迁。

二、孝悌观念与宗法制度

孝悌作为一种伦理观念，实际上是西周宗法制在孔子思想中的反映。西周时期宗法血缘和国家政治紧密结合，一家一姓，王位父子相传，天下为姓族私有。周人灭殷以后，获得了辽阔的土地和大量的奴隶。但是由于当时交通和通信技术落后，地理上的障碍对于早期国家的统治是一个很大制约。为了加强对被征服地区的控制，血缘及其基础上的祖先崇拜便成为周代统治者治理天下的必然选择。灭殷之后，周天子以血缘宗法为基础，把自己的子弟、同姓和姻亲分封到全国各地。《左传·昭公二十八年》载："武王克商，光有天下。其兄弟之国者十有五人，姬姓之国者四十人。"在周公东征以后，又"封建亲戚，以蕃屏周"（《左传·僖公二十四年》），把周王族子弟分封到全国各地，建立了姬姓家天下政权。荀子说，周公"兼制天下，立七十一国，姬姓独居五十三人"（《荀子·儒效》）。周代所进行的分封制度与宗法制度互为表里，是姬姓内部按照宗法等级所进行的权力分配，其基础是血亲关系。① 周代的宗法制具体内容如下：

天子世代相传，只有嫡长子（又称宗子）才能继天子之王位，是周王室的"大宗"。嫡长子以外的其他儿子（称支子），则被封为诸侯，对天子而

---

① 关于分封制和宗法制的关系，钱杭有较为清晰的论述："宗法制与分封制的性质并不相同，它们分属于两个不同的社会层次。宗法制度存在于宗族内部，它以宗法血缘共同体为前提；而分封制度则存在于国家内部，它的前提是国家这个政治地域共同体。宗法制因宗族先于分封而存在，故可不以分封制的形成为条件。同样，分封制也因国家的超血缘性质，故可包括、也可超越宗法制，它的存在根本不必以宗法制的存在为条件。"参见钱杭：《宗法制度史研究中的几个基本问题》，《史林》，1987年第2期。

言，则成为"小宗"。每一代诸侯也只有嫡长子(即宗子)才能继承侯位，被奉为诸侯国的始祖，是诸侯国的大宗。而嫡长子以外的其他儿子(即支子)，则被封为卿大夫，是为诸侯国的"小宗"。每一代卿大夫，也同样须由其嫡长子(也称宗子)继承其父位为卿大夫，奉祭为始祖，是为"大宗"。卿大夫嫡长子以外的其余诸子(也称支子)，则被封为士，士对卿大夫而言，就成了"小宗"。士的嫡长子(也称宗子)仍然继承父位为士，但其余诸子就成了庶人。这样看来"大宗"与"小宗"是相对而言。从天子到诸侯、卿大夫、士，其"大宗"一定是始祖的嫡系子孙，而"小宗"则是始祖的庶子、庶孙。①

按照上述推演规则，具体到一个家庭内，父亲是家庭的宗主，长子是宗主的唯一合法继承者，别的儿子只能降到下一个级别。周代的宗法制突出体现了父子关系和兄弟关系的基础地位，孝悌就建立在这两者基础之上。首先，西周废除了夏商两代的"兄终弟及"的习惯，王位改为父子间的传递。其次，西周的宗法制确立了嫡长子继承制，"立子以贵不以长，立嫡以长不以贤"成为西周继统法的信条。王国维说："周人制度之大异于商者，一曰立子立嫡之制，由是而生宗法及丧服之制，并由是而有封建子弟之制，君天下臣诸侯之制。"②代际间的承递加强了固有的祖先崇拜影响下的孝道观念，而嫡庶的不同境遇造成了长幼之间的差别。所以，"嫡长子继承制是宗法制度的核心，在西周宗法制度下，无论天子、诸侯，以至于卿大夫、士，其续统法必须遵守父死子继的原则，即舍弟而传子，舍庶而立嫡，于是嫡子始尊，由嫡子之尊然后产生叔伯(前代之庶子)不得攀比于严父(前代之嫡子)的观念；而这一意识形态实乃孝道观念在宗法制度上的表现。换言之，传子立嫡，尊父敬兄则是孝道的宗法形态"。③ 与宗法制相应的是周初统治者提倡的"尊尊"、"亲亲"原则，孟子曰："亲其亲、长其长，而

① 周发增、陈隆涛、齐吉祥主编：《中国古代政治制度史辞典》，首都师范大学出版社，1998 年，第 71 页。
② 王国维：《观堂集林·殷周制度论》，中华书局，1959 年，第 453 页。
③ 王长坤：《先秦儒家孝道研究》，西北大学博士学位论文，2005 年，第 47 页。

天下平。"《孟子·离娄上》在先秦儒家看来,周代的"分封制礼"这一国家制度正是对建立在宗法血缘基础上的亲亲、尊尊关系的政治表达。①若把周初统治者强调的"亲亲"和"尊尊"原则放置到家庭的情境内,则是父子和兄弟关系的具体体现。因为至亲莫如父,至尊莫如君,所以子必须对父亲尽孝,而兄弟们也应维护对身为宗主的嫡长子的权威。②

可见,周代的宗法制、分封制以及礼制原则体现了家庭关系、宗族关系和政治关系的同构,家权、族权和政权的统一对先秦儒学及后世儒学产生了很大的影响。作为儒学的创始人,孔子正是借鉴了上述宗法制重视父子和兄弟关系的特点,归纳出"孝悌"观念,并把孝悌作为其儒学思想的基础性概念。如《论语·学而》说:"君子务本,本立而道生。孝悌也者,其为仁之本与!"《中庸》中讲:"欲行仁道于天下,必先行孝悌以事父母兄长。""仁"是孔子思想体系的理论核心,也是道德规范的最高原则,而孔子以孝悌作为仁的起点,说明了孝悌的基础性地位。在孔子的思想中,"仁"就像一个金字塔的顶尖,而孝悌处于金字塔的最基层。可以说,与宗法和分封制度相对应的孝悌,成为孔子思想中的基础性概念,并对后世产生深远影响。

三、"忠孝"观念与中央集权制度

根据周代的宗法制,长子具有特殊的权力,所以先秦儒家强调长幼有序,兄友弟恭,所谓的"序"其实是指长子对政治特权和祭祀权的优先地位。所谓"宗之道,兄道也……以兄统弟,而以弟事兄之道也"③。然而,随着宗法制的衰落,"序"逐渐失去了原初的意义,兄弟间的平等性逐渐增强。"孝"与"悌"的地位发生了变化,最后的结果是"孝"通过转移而得到强化,悌道却逐渐衰落。

以血缘关系为基础的宗法制具有先天性的缺陷,这造成宗法制逐渐走向衰

① 皮伟兵:《论先秦儒家构建等级秩序的宗法血缘基础》,《求索》2007年第1期。
② 程有为:《西周宗法制的几个问题》,《河南大学学报》1981年第1期。
③ 程瑶田:《宗法小记·宗法表》,清刻本《皇清经解》卷524。

落。和族权紧密结合的西周政权具有二重性，即"一方面是礼所规范的名分上的等级森严的君臣隶属关系，一方面又是事实上的各级君主的独立自主权。"①这种独立自主权在分封初期还较为稳固，因为诸侯和天子之间的血缘关系较为亲近，而且诸侯常常是由天子所分封。但是，随着时代的演进，诸侯国和天子之间的血缘关系越来越远，与初期的诸侯由天子所直接分封的情况不同，后世诸侯们的地位与同时代的天子似乎不相关了。同时，随着各诸侯国的发展，周天子和诸侯国的平衡关系逐渐被打破，由此出现了各种矛盾和冲突。另外，各诸侯国内的卿大夫之间以及卿大夫和诸侯之间也产生类似的矛盾。终于导致所谓"礼乐征伐自诸侯出"、"自大夫出"、"陪臣执国命"和"礼崩乐坏"的局面，西周宗法等级制逐渐衰落了。

秦统一六国之后，君臣都深知过于倚重血缘联系的宗法和分封制的缺陷。据《史记·秦始皇本纪》载：

> 丞相绾等言："诸侯初破，燕、齐、荆地远，不为置王，毋以填之。请立诸子，唯上幸许。"始皇下其议于群臣，群臣皆以为便。廷尉李斯议曰："周文武所封子弟同姓甚众，然后属疏远，相攻击如仇雠，诸侯更相诛伐，周天子弗能禁止。今海内赖陛下神灵一统，皆为郡县，诸子功臣以公赋税重赏赐之，甚足易制。天下无异意，则安宁之术也。置诸侯不便。"始皇曰："天下共苦战斗不休，以有侯王。赖宗庙，天下初定，又复立国，是树兵也，而求其宁息，岂不难哉！廷尉议是。"

所以，秦朝吸取了教训，废除了宗法制和分封制，在全国范围内设立郡县，首创了中央集权的政治制度。在中央集权制的环境下，维系君臣的已不是原来的血缘关系，仅仅用来源于家庭伦理的"孝悌"便不足以统治整个国家了。原有的宗法和分封制主要体现着嫡长子和诸支子之间的关系，而中央集权下的郡县制度则舍弃了原有的血缘关系，而主要表现为"君"与"臣"的关系。可以说，

---

① 李泉、杜建民：《论夏商周君主制政体的性质》，《史学月刊》1995年第3期。

原有的宗法制和分封制是基于血缘关系之上的血缘政治,而新的郡县制度超越了血缘关系,因此必须在血缘关系之外寻找和发展新的、与之相对应的政治伦理。为了与新的中央集权制度相适应,必须从意识形态上加强君权的威望,宣传忠君思想。顾颉刚在《古史辨·自序》中说:"自秦始皇一统之后,君臣之义无所逃于天地之间,忠君的观念大盛。"韩非子的思想已提前顺应了这一时代要求,大大宣扬君贵和忠君思想:"万物莫如身之至贵也,位之至尊也,主威之重,主势之隆也。"(《韩非子·爱臣》)"为人臣不忠,当死;言而不当,亦当死。""大王斩臣以殉国,以为王谋不忠者戒也。"(《韩非子·初见秦》)韩非的这种观念适用于中央集权的政治制度,超前于春秋和战国时期的儒者们。如孔子说:"君使臣以礼,臣事君以忠"(《论语·八佾》),孟子说:"君之视臣如手足,则臣视君如腹心;君之视臣如土芥,则臣视君如寇仇。"(《孟子·告齐宣王》)《礼记·曲礼》中说:"为人臣之礼,不显谏,三谏而不听则逃(去)之。"《孟子·万章下》说:"君有大过则谏,反覆之而不听则去。"先秦儒家在论述君臣之道时,臣对君的态度可以根据君主的态度和表现来变化,有自己选择的空间和余地,从这一层次来说君臣之间相对还较为平等,但韩非完全抹去了君臣之间的平等性,认为臣子应无条件地忠顺于君主。

> 天下皆以孝悌忠顺之道为是也,而莫知察孝悌忠顺之道而审行之,是以天下乱。皆以尧、舜之道为是而法之,是以有弑君,有曲父。尧、舜、汤、武或反君臣之义,乱后世之教者也。尧为人君而君其臣,舜为人臣而臣其君,汤、武为人臣而弑其主、刑其尸,而天下誉之,此天下所以至今不治者也。夫所谓明君者,能畜其臣者也;所谓贤臣者,能明法辟、治官职以戴其君者也。今尧自以为明而不能以畜舜,舜自以为贤而不能以戴尧,汤、武自以为义而弑其君长,此明君且常与,而贤臣且常取也。故至今为人子者有取其父之家,为人臣者有取其君之国者矣。父而让子,君而让臣,此非所以定位一教之道也。臣之所闻曰:"臣事君,子事父,妻事夫,三者顺则天下治,三者逆则天下乱,此天下之常道也,明王贤臣而弗易也。"则人主虽不肖,臣不敢侵也。——《韩非·忠孝第五十一》

可见,韩非否定了上述儒家所述的"臣视君之所为而为"的君臣关系,赋予了君主以绝对的权力,认为即便君主不肖或昏庸,臣子都应当恭顺之,以死尽忠。实际上,这与儒家所论的父子关系极为类似。如孔子说,"事父母几谏,见志不从,又敬不违,劳而不怨"(《论语·里仁》)。而按照《礼记》,父母有过错时,做儿子的应"下气怡色,柔声以谏","谏若不入,起敬起孝,悦则复谏","父母怒不悦,而挞之流血,不敢疾怨,起敬起孝"(《礼记·内则》)。在上面的引文中,韩非已把君臣、父子和夫妻三种关系并列和类比。可见,韩非作为春秋以来忠君思想之大成,或许已经学习和吸收了儒家的孝道思想。

而在儒家的典籍中,"忠"字最初主要表现为一种真诚和尽心竭力的态度,如《论语·学而》中说:"吾日三省吾身:为人谋而不忠乎? 与朋友交而不信乎? 传不习乎?"《论语·颜渊》说:"忠告而善道之,不可则止,毋自辱焉。"《论语·子路》说:"居处恭,执事敬,与人忠。"《论语·卫灵公》说:"言忠信,行笃敬,虽蛮貊之邦,行矣。言不忠信,行不笃敬,虽州里,行乎哉?"《说文》云:"敬也。尽心曰忠。"朱熹在《论语集注》中说,"尽己之谓忠。"虽然孔子也言"君使臣以礼,臣事君以忠。"(《八佾》)但对君主的忠只是忠的一种表现,"忠"与恭、敬、仁、义、信等一样,是调整人与人关系的准则。对此,有学者论述说:"忠在春秋时期不仅是臣对君之德,而且是社会公共道德,起着调节人们之间普遍关系、维护社会公共生活秩序的作用。忠的内涵,除了臣民忠于国君之外,还有个人忠于国家、各忠其主、君忠于民、大夫相互忠。忠适用于社会上的每一个人,既是个人对国家的道德,也是下对上的道德,又是贵族阶级对百姓的道德,还是同级之间的道德。"①从韩非子的忠君思想开始,忠的涵义越来越狭窄,"忠"逐渐与"忠君"等同。

由于在儒家看来,孝是一切道德的根本,曾子曰:"夫孝,置之而塞乎天地,溥之而横乎四海,施诸后世而无朝夕,推而放诸东海而准,推而放诸西海而准,推而放诸南海而准,推而放诸北海而准。"(《礼记·祭义第二十四》)所以,孝可以推广到一切行为,即所谓"居处不庄,非孝也;事君不忠,非孝也;莅官不敬,

---

① 陈筱芳:《也论中国古代忠君观念的产生》,《西南民族学院学报》2001 年第 6 期。

非孝也;朋友不信,非孝也;战阵无勇,非孝也。五者不遂,灾及于亲,敢不敬乎?"(《礼记·祭义第二十四》)"孝"作为一切德行之本,显然也可以从中推演出臣子对君王的"忠"。在战国时期已经出现了"移孝作忠"的思想,如《孝经》说"夫孝,始于事亲,中于事君,终于立身……君子之事亲孝,故忠可移于君"(《孝经·开宗明义章》),汇杂百家的《吕氏春秋》明确提出了忠孝合一观:"人臣孝,则事君忠、处官廉、临难死。"(《吕氏春秋·孝行览》)战国时期的这种"移孝作忠"思想与韩非子的绝对君权原则具有很强的理论亲和性,所以有学者认为"《孝经》的忠孝合一说与《韩非子》的绝对忠君原则,不过是即将来临的'大一统'时代的精神先兆,而秦汉专制大帝国建立以后所定型化的愚忠观念,其实只是《孝经》与《韩非子》的两种忠君倾向的相加之和。"①

到了汉代,儒法逐渐融合,忠与孝也获得了结合。汉初的《尚书大传》曰:"圣人者,民之父母也。母能生之,能养之;父能教之,能诲之。圣人曲备之者也。能生之,能食之,能教之,能诲之也。为之城郭以居之,为之宫室以处之,为之庠序之学以教诲之,为之列地制亩以饮食之。"《史记·孝文本纪》中说:"天生蒸民,为之置君以养治之。"既然君臣之间的关系类似于父子之间的生养,那么"忠君"就和"孝亲"相通了。所以,贾谊在《新书·大政下》说:"事君之道,不过于事父,故不肖者之事父也,不可以事君。……夫道者,行之于父,则行之于君矣。"事君等同于事父,"忠"与"孝"就连为一体了。如果说上述正所谓君臣和父子关系相似的解释与描述还较为肤浅,不易被人们所信服,那么董仲舒的解释则显得神秘莫测,不易反驳:

> 木受水而火受木,土受火,金受土,水受金也。诸授之者,皆其父也;受之者,皆其子也;常因其父,以使其子,天之道也。是故木已生而火养之,金已死而水藏之,火乐木而养以阳,水克金而丧以阴,土之事火竭其忠。故五行者,乃孝子忠臣之行也。五行之为言也,犹五行欤?是故以得辞也。——《春秋繁露·五行之义》

---

① 范正宇:《"忠"观念溯源》,《社会科学辑刊》1992 年第 5 期。

忠臣之义、孝子之行取之土。土者，五行最贵者也，其义不可以加矣。——《春秋繁露·五行对》

"君臣、父子、夫妇之义，皆取诸阴阳之道。君为阳，臣为阴，父为阳，子为阴，夫为阳，妻为阴，阴阳无所独行，其始也不得专起，其终也不得分功，有所兼之义。是故臣兼功于君，子兼功于父，妻兼功于夫，阴兼功于阳，地兼功于天。"——《春秋繁露·基义》

孝子之行，忠臣之义，皆法于地也，地事天也，犹下之事上也，地，天之合也，物无合会之义。——《春秋繁露·阳尊阴卑》

董仲舒结合阴阳五行思想，从宇宙论的高度解决了忠孝的连接问题。正如李泽厚所说，孝"不再只是宗族血缘纽带的规矩，而成为必须遵循服从的天人系统的普遍法规。正因为与父子一样，君臣也是在同样关系的五行图式中，'忠''孝'的衔接具有宇宙论上的一致性和本体关联"[1]。在此基础上，汉代确立了延传后世的"三纲"：即"君为臣纲，父为子纲，夫为妻纲"。三纲皆取于阴阳之道。具体地说，"君、父、夫"体现了天的"阳"面，臣、子、妻体现了天的"阴"面；"阳"永远处于主宰、尊贵的地位，"阴"永远处于服从、卑贱的地位。董仲舒以此确立了君权、父权、夫权的统治地位，把封建等级制度、政治秩序神圣化为宇宙的根本法则。除了理论上的发挥，汉代还从实践上确立了移孝为忠的制度安排。其中，汉武帝时行"举孝廉"，规定每二十万户中每年要推举孝廉一人，由朝廷任命官职。被举之学子，除博学多才外，更须孝顺父母，行为清廉，故称为孝廉。在汉代，"孝廉"已作为选拔官员的一项科目，没有"孝廉"品德者不能为官。而且孝廉一科在汉代实际上成为所谓的"清流之目"，为官吏进身的正途，从而形成了"在家为孝子，出仕做廉吏"的政治氛围。可见，秦汉以后统治者夸大了孝道的引申意义——"以孝治天下"，使之变成了一种国家政治哲学。[2]

---

① 李泽厚：《说儒法互用·己卯五说》，中国电影出版社，1999 年，第 85 页。
② 张践：《儒家孝道观的形成与演变》，《中国哲学史》2000 年第 3 期。

正所谓"移忠为孝,臣子之通义,教孝求忠,君子之至仁。忠孝一原,并行不悖。故曰忠臣以事其君,孝子以事其亲,其本一也"①。由于"事亲"和"事君"的这种"一本"和"一原"的关系,"孝"应乎"忠"的需要而被大大重视和宣传了。相对而言,"悌"就在"移忠入孝"的过程中被冷落了。虽然"孝悌"二字依旧在秦汉以后连用,强调兄弟之间应该互敬互爱的"兄友弟恭",以及认为兄弟间应有所差别的"长幼有序"等还在儒者的著述中出现,但是与西周时相比,"悌"的地位显然已大大降低或衰落了。正如田兆元所说的:"孔子倡导的孝悌之道,孝存而悌亡,是在上层社会,或者普通民间社会中的大问题,我把它称为悌道的沦落。"②

四、结 语

综上,作为调节兄弟关系的"悌",最初由于和血缘宗法以及嫡长子制度直接挂钩,它的适用范围可以从家庭扩展及天下,和"孝"一起受到统治者的重视和宣扬。实际上,西周时的意识形态宣传口号"亲亲尊尊"集中体现了"孝"和"悌"的伦理观念。但是随着西周分封制的衰落以及中央集权的国家制度的建立,复杂的官僚机构中臣子与君王的关系不再具有血缘的联系,再用规定父子和兄弟关系的"孝"和"悌"显然不足以控制整个国家,于是统治者吸取法家的思想,在"忠"字上大做文章。同时,由于隆君抑臣的"忠"和儒家的"孝"具有理论上的相似性和亲和性,"移忠入孝"或"移孝作忠"应运而生。随着宗主继承和爵位继承的衰落,兄弟们在政治上也日益平等,因此规定兄弟关系的"悌"的适用范围越来越萎缩,最后仅仅只能作为家庭内的伦理规范之一,而不像孝一样具有越来越强的政治内涵。虽然秦汉以后的儒者们依旧会宣扬"悌道",但由于缺少政治内涵,往往只能流为一种空洞的说教。比如"不孝"被视作万恶之首,并被列入各类法律中,自隋唐以来不孝都是"十恶"之一,而兄弟不和却

---

① 《宋史·列传第一百七十六》。
② 田兆元:《悌道与盟誓——〈水浒传〉兄弟问题研究》,中国民俗学网,http://www.chinesefolklore. org. cn/web/index. php? NewsID=6056。

未被独立定位,往往只被当作"不孝"的表现之一。"悌道"观念的衰落显然可见。当然,这种衰落主要是相对于"孝道"而言的,而且其主要表现在政治伦理层面或大传统层面,要求兄弟之间互敬互爱的"悌道"观念一直存留在广大民众的家庭实践中。

"悌道"观念的弱化体现着古代中国政治制度的变迁,其可成为反思古代中国政治和社会变迁的重要切入点。首先,"悌道"观念的变迁体现着古代中国政治制度逐渐由血缘政治走向超血缘政治的过程。在西周的宗法制和分封制度下,各诸侯国绝大多数是同姓的族人。《荀子·儒效篇》记载:"(周公)兼制天下,立七十一国,姬姓独居五十三人。"而少数的异姓者,实际上是与姬姓的联姻者。① 因此,西周的分封制是彻底的血缘政治,姬姓紧密的血缘网络通过分封的方式遍布天下,实现了"族权和政权的合一",②从而达到了"以亲屏周"的目的。③

秦汉以降的中央集权制超越了上述的血缘关系,统治者以前述的"举孝廉"以及科举制等制度安排来选拔人才或官僚,以超血缘的方式实现了对天下的统治。用以维持地方与中央关系的政治伦理理念由西周时的血缘"悌"让位于超血缘的"忠",悌道观念之衰落正是这一过程的重要体现。

宋雷鸣　　厦门大学人类学与民族学系助理教授(厦门　361005)

---

① 当然,有学者认为,组织上的联姻关系并不充分,面对异姓还必须突破狭隘的族类意识,而在这一过程中宗教观念的变迁非常重要。在当时的背景下,只有把祖先神改造为非一族一姓的至上神,使天子以德配天,而非依据血缘的命定配天,才能在观念上突破"神不歆非类,民不祀非类"的狭隘族类观念。参见巴新生:《西周的"德"与孔子的"仁"——中国传统文化的泛血缘特征初探》,《史学集刊》2008年第2期。

② 田昌五、臧知非:《周秦社会结构研究》,西北大学出版社,1996年,第32页。

③ 《左传·僖公二十四年》曰:"周之有懿德也,犹曰:'莫如兄弟',故封建之。真怀柔天下也,犹惧有外侮。捍外侮者,莫如亲亲,故以亲屏周。"

从太平州碑刻看清末民初广西
土司地区的政治变动[①]

杜树海

摘　要：已有广西圩镇史研究偏重"经济史"的视角，两种重要的研究路径分别是：一、对圩镇数量进行计量分析；二、对圩镇发展原因与社会影响进行归纳、评价。通过重新审视碑文材料，可以发现清末民初广西太平州的"开圩"现象反映的是政治变动，即土司制度走向覆亡，土民逐渐解除与土司之间的人身依附关系。最后，笔者提出在解读包括碑刻在内的各种史料之时，应具有一种历史现场感与文献系统的观念。

关键词：碑刻　圩镇史　土司制度　夫役

前　言

20 世纪五六十年代进行的少数民族社会历史调查一大成果是，为中国境内的 55 个少数民族保存了大量珍贵民间文献。以广西壮族自治区为例，当时少数民族社会历史调查组收集的碑文、契约等民间文献除散见于各册"广西少数民族社会历史调查"报告集外，还专门出版《广西少数民族地区碑文契约资料集》与《广西少数民族地区石刻碑文集》加以收录。对于这些材料，已有不少学者用在各自领域的研究。

在笔者看来，这批材料最大的价值在于它能深刻揭示广西边疆少数民族地

---

① 鸣谢：本文以此面貌出现，完全得益于郑振满教授的细致修改意见，特此致谢！

区的社会变动。以历史上壮族土司制度最为典型、持续时间也最长的桂南地区为例，从契约、碑文中可以看出，自清雍正时期在全国范围内大规模推行改土归流政策始，迄民国初年彻底废除土司制度，当地社会变迁的最大特征是土民与土司之间人身依附关系的逐步解除。

今桂南崇左市大新县在明清时期为十多个小土司所割据，太平土州位于今大新县南部，包括今大新县雷平镇及振兴乡、榄圩乡的一部，州治在今雷平镇。太平州在宋代已见其名，进入元代太平州为李姓土酋控制，明清时期一直是该家族在当地世袭土官。进入民国元年（1912 年）太平土州设置弹压一职管理，有时又称太平县，但仍长期由原土司李氏家族成员出任弹压、知事，直到民国十七年（1928 年）才最终改流，设置雷平县。土司时期，当地农民所面临的最大剥削不是其他地方常见的地租剥削，而是沉重的劳役。当地社会的阶层也是以其承担土司劳役的轻重程度来划分的，如：第一等是土司州城街圩上的人，他们多是官族吏目和外来汉人，不用承担劳役；第二等是街外附近的人，不出劳役，但需当亲兵与练勇；第三等是种粮田的乡下人，他们缴纳粮钱，短期服役；第四等是种土司役田的百姓，不交钱粮，但常年承担劳役。① 这些劳役的解除主要是通过上级流官下达命令与土民出钱赎买两种形式完成，而两种形式都以树立石碑作为鉴证。

根据太平州的碑文材料可以发现，清末民初桂南土司地区出现大量的"开圩"现象，传统的经济史研究者多认为这跟经济发展有关，但笔者认为当时的"开圩"只有纳入前述当地社会整体变迁的背景才能审视清晰。因为圩市，或曰"圩民"在当时是一种身份与地位的控制，土民开圩意味着身份地位的改变，他们可以利用这一办法摆脱昔日的沉重劳役负担。土司官族和外来汉人均居住州城圩市，土司官族是特权阶层，不用服役自不待言；外来汉人多从事商业贸易，并不买卖、租种土司田土，往往设置客长、街老管理，所以他们也不承担劳役。进入民国初年，土司制度虽名义上废除，但是地方政权或为原土司家族掌控，或为流官把持。土民们免除劳役仍需付出一定代价，所以国家制度层面的

---

① 《中国少数民族社会历史调查资料丛刊》修订编辑委员会编：《广西壮族社会历史调查（四）》（修订版），民族出版社，2009 年，第 77 页。

变革在民间社会并不是那么立竿见影。

一、广西圩镇研究的"经济史范式"

广西地区的"圩",在我国北方地区普遍被称为"集",而云、贵、川等西南地区则称为"场"。据已故广西著名学者钟文典的定义,"圩镇、集市和场,名称虽各不相同,其实质和社会功能并无多大区别,都是人们从事购销产品、调剂余缺的地方"。① 关于广西圩镇史的研究,钟文典主编的《广西近代圩镇研究》无疑为集大成之作。钟先生弟子唐凌提出"民族经济融合"研究视角,圩镇作为观察民族经济融合的重要载体,因此得到较多关注,涌现了大批研究成果。

在圩镇史研究中,两种重要的研究路径分别是:一、对圩镇数量进行计量分析;二、对圩镇发展原因与社会影响进行归纳、评价。对市集(圩镇)进行计量分析的研究方法应该肇始于民国著名学者杨庆堃,他基于 1930 年代初对山东邹平县的实地调查,指出 5—10 里的贸易半径是农村市集活动最普遍的范围,其中又以 5—9 里最常见,可称之为基本集,半径为 10 里者为辅助集。5 里的贸易半径是一个市集活动的最小单位,不允许同时设立 2 个以上的市集。一个基本集的服务范围约有 6000 人,一个辅助集约有 2 万人。② 在新时期的史学研究中,这种方法被用于全国范围内的市集(圩镇)研究。③

由于受到"经济史"研究范式的影响与局限,前人针对广西圩镇史的研究也主要集中在对圩镇数量进行计量统计,以及对圩镇发展原因与社会影响进行归纳、评价。对圩镇数量进行计量分析包括对不同历史时期的圩镇数目进行纵向比较,对某个时间段内设定区域的平均每圩覆盖面积、平均每圩覆盖半径等数值进行计算。陈炜通过对"顺治至咸丰"、"同治至宣统"、"民国时期(1912—1949 年)"三个时段广西不同县份"圩市数"、"平均每圩月开市数"、"平均每圩

---

① 钟文典主编:《广西近代圩镇研究》,广西师范大学出版社,1998 年,前言第 1 页。
② 杨庆堃:《市集现象所表现的农村自给自足问题》,1934 年 7 月 19 日、8 月 30 日天津《大公报》,"乡村建设",第 11 版。
③ 许檀:《明清时期农村集市的发展》,《中国经济史研究》1997 年第 2 期。

覆盖面积、半径"的比较,认为"自清代以来,除个别县某一时期外,广西各县圩市数量均呈上升趋势。与中国许多地区一样,广西在近代被卷入了世界资本主义市场体系,从而使其近代化经济因素增多,圩市有了较快的发展"。① 在《广西近代圩镇研究》一书中也进行了一项"广西近代各期圩镇分区统计",其结论是:"近代广西圩镇发展有一个奇特现象值得我们注意,即偏远、落后、地面极不平坦的桂西地区(即广西的少数民族聚居区——笔者按)圩镇发展较快。"②

关于广西地区圩镇发展原因,宾长初在《论广西近代圩市的变迁》一文中的观点堪称主流:"鸦片战争特别是中法战争后,外国资本主义的侵略,使广西农民和小手工业者的家庭手工业不断蒙受打击,自然经济逐步遭到破坏。农民的衣食所需和日用百货日益依赖于市场。……同时,由于自然经济遭受破坏,农民也将很大一部分原来供自己食用的粮食、经济作物和手工业品拿到这些地点销售,久而久之,形成了固定的市场。"③对广西地区圩镇发展社会影响的评价经常与"民族经济融合"联系在一起,如陈炜在《近代西江流域城镇圩市发展与民族经济融合》一文中便认为:"近代城镇圩市以及城镇圩市为中介的多边贸易圈的发展对该地区汉、壮、瑶的经济文化生活产生了重大影响,有力地推动了各民族间经济交往与融合。这种功能与作用体现在以下三方面。1. 城镇圩市为各民族间经济交往与融合提供了固定场所。……2. 城镇圩市发展与少数民族家庭经济生活方式的变迁。第一,少数民族家庭生产经营体系与外部市场发生了密切联系。……第二,在少数民族消费方面,城镇圩市为他们提供必需的初级日用工业品和短缺的粮、油等食品。……第三,城镇圩市还是少数民族农户获取生产技术和资金的重要场所。3. 城镇圩市发展与少数民族思想观念的潜变。"④

---

① 陈炜:《试论近代广西圩市发展与民族经济融合》,《青海民族研究(社会科学版)》2003 年第2 期。

② 钟文典主编:《广西近代圩镇研究》,第35、36 页。

③ 宾长初:《论广西近代圩市的变迁》,《中国边疆史地研究》2003 年第4 期。近年,吕兴邦根据《龙州海关十年报告》,已经对"开埠通商—外贸发展(进出口贸易数量上的增加)—当地成为洋货倾销地和外国资本主义原料产地(即洋货进口与土货出口形成对流)—当地自然经济解体、社会发生变迁"范式在广西少数民族地区的适用性提出质疑,详见氏著:《区域经济史研究中一个讹误——对近代龙州海关贸易的再认识》,《广西地方志》2008 年第1 期。

④ 陈炜:《近代西江流域城镇圩市发展与民族经济融合》,《中国社会经济史研究》2004 年第3 期。

在《论广西近代圩市的变迁》一文中,宾长初还提示在桂西中越边境地区的大新县有七件关于设立圩市的碑文①,并用其中一件碑文的内容分析道:

广西大新县各地留下了许多土司统治时期的碑刻材料,其中有七件是关于圩市设立或恢复的材料,对我们分析圩市设立原因颇有价值。兹以"镇兴圩碑记"为例作些剖析。碑记主要内容如下:

世袭太平州正堂加五级记大功一次李为给照事,兹据西□(团)武生吴忠良、监生黄增隆、俏生梁必选、军功吴忠义、廖世昌、□□何尚平暨花户人等禀称:生民等世居西团阜岜、那岜、下岜、渠丘四乡,均距各处□□(圩)场颇远,往来买卖甚艰,年中有粟麦牲畜,想售出易钱,或换银元,以便交纳地粮,□觉为难,且系赴龙左之道,商贾嫌右边去龙之路较远,多有由民乡往来,而乡村房屋,俱是东向西转,参差错杂,不成行列,商贾借宿,难以稽查。生民等公同商议,将各房屋改造成行,开作圩市贸易场,既使商贾投宿有栈,又便居民买卖勿劳,稽查易而奸宄难藏,群情和而营谋益旺,等情。据此,本州覆查无异,开圩原属振兴商业,为地方培植要务,实应俯顺舆情,合行给照。为此,照给尔等遵照,准尔阜岜、那岜、下岜、渠丘村地,改作圩场,取名镇兴圩,以便商民而彰贸易……

上引材料所述为宣统元年(1909 年)之事,从这段材料可看出,镇兴圩之设首先与当地经济发展有关,阜岜等四乡民众有余裕之"粟麦牲畜"需出售,又处于交通要道,常有商贾往来借宿,具备了圩市设立的经济基础,再加上此地位置

---

① 这七件碑文全部分布于历史上的太平土州范围之内,七件碑文名称及立碑年代分别为:"太平土州准恢复龙头圩永免夫役执照碑"(清光绪三十二年);"太平土州准设镇兴圩并免夫役执照碑"(清宣统元年);"太平土州批准弄零设立圩市执照碑"(清宣统二年);"太平土州批准中团赞村开圩并免坎丁及夫役执照碑"(清宣统二年);"太平土州准驮庙开圩免役执照碑"(清宣统三年);"太平县批准康增村并入旧州圩执照碑"(民国五年);"太平土州弹压团局准训村开圩免役执照碑"(民国六年)。这些碑文均为20 世纪50 年代对壮族社会历史进行调查时所收集,名称为收集、编辑者所加,见广西民族研究所编:《广西少数民族地区石刻碑文集》,广西人民出版社,1982 年。

适中,距各处圩市又较远,故也具备了圩市设立的地理条件。①

2009 年笔者前往大新县进行社会历史调查,临行前仔细研读了宾先生所提示的碑文,出于田野调查的经验与习惯,笔者将七件碑文涉及的八处圩名,即弄头(龙头)、镇兴、弄零、赞村、驮庙、旧州、康增、训村,对应到比例尺相当大的《大新县地名志》中收录的地图上,②发现八处圩市中有五处,即弄头(龙头)、赞村、驮庙、旧州、康增,都在以雷平镇雷平街为圆心,半径为 3 公里的范围之内。民国《雷平县志》也记载了几处所谓"圩市"所在位置:"旧州渡在城东,离市(指雷平街——笔者按)五里,南岸为旧州屯(即碑文中的旧州圩),北岸为赞成屯(即赞村)";"驮庙桥,离城五里,位于北郊……""训隆屯(即训村),离市六里……"③雷平街即明清时期的太平街,是太平土州的治所,从古至今均为当地最重要的圩市,现今不但周边乡镇的大量群众都到此赶圩,甚至还有邻县的前来。据 20 世纪 50 年代所做的口述记录,"至民国九年(1920 年),太平圩场更盛,平日七八千人,盛时达万人以上,越南、靖西、下雷、宝圩、安平等地都有人来此赶圩,因此,太平圩场成为这一带一个重要的商业集散地"④。又据 1989 年新修《大新县志》记载:"太平圩,宋代即成圩。民国三十年(1941 年)后……赶圩人数 4000 多,每圩交易额两三千元光洋。新中国成立后,圩期几经变动,现恢复 3 天一圩,赶圩的人除本镇各村屯农民外,还有附近的宝圩、恩城乡部分群众和崇左县新和乡、龙州县逐卜乡部分群众,约七八千人,节日圩或腊月圩达万人以上。"⑤

这样的发现不禁使笔者疑窦丛生:按照农村生活常识推断,在一个管辖面积相当于今天的乡镇的土司州内怎么可能存在这么多的圩市,何况这些圩市均是近距离围绕着一个较大市镇的?套用时下流行语,那叫"圩市群"。世居穷乡僻壤的少数族群真有这么大量的"购销行为"吗?清末民初当地经济真有一

---

① 宾长初:《论广西近代圩市的变迁》,《中国边疆史地研究》2003 年第 4 期。引文中着重符号由笔者所加。

② 黄忠源主编:《大新县地名志》,大新县地方志编纂委员会内部资料,1991 年,第 93 页。

③ 梁明伦等纂:《雷平县志》,成文出版有限公司,1974 年,第 54、55、53 页。

④ 《广西壮族社会历史调查(四)》(修订版),第 311—312 页。

⑤ 童健飞主编:《大新县志》,上海古籍出版社,1989 年,第 236—237 页。

个"发展期"吗？

二、清末民初广西太平州"开圩"碑刻再研究

在 2009 年的实地调查中，笔者走访了除弄零以外的六处所谓"圩市"，发现当地全是普通的村落民居，毫无成过圩市的迹象。到赞成屯（即赞村）调查时，一位 90 岁的梁姓老人解开了笔者心中疑惑，他告诉笔者，在土司时代，人民不仅要交纳地租，还要向土司家族承担沉重的劳役，到了末代土司李琚的时代，大家纷纷向土司交纳几百块钱，就可以免除劳役了。名义上是开设圩市，实际上哪里有什么街道、圩市呢？我们赶圩都是去太平街。①

20 世纪 50 年代，壮族社会历史调查时留下的口述资料也能与笔者的实地调查相互印证：

宣统三年（1911 年），太平土官借名开设圩场，出卖陋规。驮庙屯 18 户人家，每户出 120 个银毫，共 1160 毫以蠲免大小夫役。……当时，太平土州共开设陇头、头脱、水领、弄晒等 24 座圩镇，每圩都送土官银百多元或数百元不等，每户出银 10 至 10 多元，有的卖牛、有的卖女儿来纳。

虽然 1911—1925 年官族李珮一度任弹压，重掌政权，但大势所趋，人民要求解除夫役之痛苦，比在土官时代更积极，有许多人借名成圩，买免夫役，出多少钱都不惜，故今到处有"免除夫役"碑记。……圩上多系汉人，他们不当夫役，村民则当夫役。欲免夫役必须成圩，所以才有请求成圩免除夫役的批文"该村业经开立圩市，筹款办学，人民应得同等之自由"云云。②

让我们再看回前述"开圩"碑文，其实在宾长初所引的"镇兴圩碑记"③的最后部分，还有如下之句："为此，照给尔等遵照，准尔阜岜、那岜、下岜、渠垱村地，改作圩场，取名镇兴圩，以便商民而彰贸易。所有原居四乡之民，永免应夫等役。……如属内各乡士民有愿到该圩起屋生理者，先要具禀到署核准，另□

---

① 2009 年 8 月 9 日上午，笔者于大新县雷平镇赞成屯记录。
② 《广西壮族社会历史调查（四）》（修订版），第 83、88 页。
③ 在《广西少数民族地区石刻碑文集》中名为"太平土州准设镇兴圩并免夫役执照碑"。

给照,方免其夫役。此照准尔等镌於碑石,以垂后世,各宜遵照。"①由此亦可一窥个中缘由。阜峝、那峝、下峝、渠圫四村改作圩场名义上是为了便商民、彰贸易,但是四乡之民永免应夫等役或许才是土民们最想要的。其他各乡村民想要沾染此种好处也不那么容易,他们不能随便迁入该圩起屋生理,而是要到土司官署核准,另行给照,这意味着也要被土官勒索一回,才能取得免除夫役的待遇。

这七件碑文的内容均是各处人民向土司申请开圩免除劳役,并由土司批准给照。碑文在陈述开圩理由时大都如此述说:商旅往来,地当孔道,开圩可以便利商旅贸易以及本地人民买卖。七件碑文中有两件内容高度相似,有着明显的传抄迹象,因此,其内容的真实性也就可想而知了:

太平土州准恢复龙头圩永免夫役执照碑

[碑额]恢复前章

世袭太平土州正堂加五级纪录五次记大功二次

李　为

发给执照,俯准恢复圩市事。照得弄头里长蒋修成、农起新、农定菲、农美国、苏培新暨合众人等赴署禀称:民等乃系北街尾外城,自古成一圩市,名曰龙头圩。右通恩城、上通安平,所有商客往来投宿,颇称利便。无奈咸同年间,地方扰乱,街道崩颓,屋宇错落,似成村庄。恳援古例,复旧开圩,修整街道,毘连屋舍。恳求永免夫役,给照勒石,以杜异论,等情。据此,本州覆查,亘古原有是圩,俯如所请,合行给照。为此照给龙头圩人等遵照,准尔恢复圩市,立一街长,汇收粮银输纳,立一街董,以便稽查歹人,修整街道,毘连屋宇,广为招徕,将来成圩,务须公平交易,俟给之后,世代子孙,不论大小夫役,一概全免,并准将此执照勒碑,以垂不朽,毋违,切切。须至执照者。

右照给龙头圩(后有人名略——笔者按)

---

① 《广西少数民族地区石刻碑文集》,第76页。

光绪叁拾贰年拾月贰拾陆日①

在上述碑文中,弄头里长及众人赴官禀称开圩的缘由为"民等乃系北街尾外城,自古成一圩市,名曰龙头圩。右通恩城、上通安平,所有商客往来投宿,颇称利便。无奈咸同年间,地方扰乱,街道崩颓,屋宇错落,似成村庄。恳援古例,复旧开圩,修整街道,毘连屋舍"。这和下文将要引述的驮庙地方人群的开圩理由几乎一模一样,用字用词都无大的差别。

太平土州准驮庙开圩免役执照碑

[碑额]蒲庙圩碑

世袭太平土州正堂加五级纪录五次记大功二次　李　为

发给执照,以垂久远,而俯准恢复圩市事。照得驮庙里长覃芳荣、甲长闭严经、农稷恒、廖高谟暨合众人等赴署禀称:民乃系北街尾外城,地名蒲庙圩,原古成一圩市,上通商於恩城,左通於安平,地点甚属适宜,所有行客往来生意,投宿颇形称便。不料咸同年间,地方扰乱,街道崩颓,屋舍错落,似成村庄。兹援古例,复旧制而开圩,情愿修整街道,毘连屋舍,恳求永免大小夫役及各项杂征,俾与州城同例。凡州城内无此例者,不得加为征派,并祈给执照,以杜后论,等情。据此,本州覆查,亘古原有是圩,合给执照。为此照给蒲庙圩人等遵照,依古开市,名曰蒲庙圩。嗣后世代子孙,不论大小夫役及各项杂征,一概全免,俾与州城一律,并准勒碑,以垂不朽,毋违切切。须至执照者。

右照给蒲庙圩(姓名缺)准此

宣统三年贰月拾肆日②

龙头圩(碑文中又称"弄头")即今大新县雷平镇新益村弄头片村,蒲庙圩(驮庙)即今新益村驮庙屯,均在雷平街以北两公里多的地方,两地相距不过一

---

① 《广西少数民族地区石刻碑文集》,第71页。
② 同上,第84页。

公里左右。从前引两件碑文可知,两地人民均声称路通当时的另外两个土州恩城、安平,适宜开圩。而且还提出本地亘古有圩,咸同年间,地方扰乱,圩市才颓败了,现在不过是恢复旧章而已。土司也认可他们的说法,同意"开圩",并免除了两地人民的夫役、杂征。

赞村(今雷平镇赞成村)的土民也通过设立圩市免除了自己承担的"坟丁"等役,其碑文见下:

太平土州批准中团赞村开圩并免坟丁及夫役执照碑

[碑额]新设圩场永免夫役碑记

世袭太平土州正堂加五级纪录五次记大功二次　　李　为

给执照,准开圩场,勒碑垂久事,照得中团赞村里长暨阖村人等联名禀称:民村地点当道,路通崇、左,常有商旅牛客往来投宿,颇有生理,因民村房屋,均属居家,不同圩场之归一,恐有歹人投宿,难以稽查,且民村与州隔河,致水大时,各欲买油盐,难以渡河,诸多不便。所以民等会议,不如请设圩场,设立街道,改建铺屋,各凑资本办备油盐杂货,以便商人之往来。水涨之时,邻近各村亦可以到民村买卖。且以培植地方之利益,将来成圩,或有办公之事,则易以筹款。恳请准民村改为圩场,并求免坟丁之例,及公家大小诸夫役,给予执照,俾民等之布置一切,等情。据此,本州覆查该村所请之事无异。兹请设圩立市,乃有益地方、乐利民生之起见,应准尔村改作圩场,名为赞成圩,所有坟丁之例及公家诸夫役,准在照内有名字之家,世代子孙,永远免应,以符圩制。另设一客长,以备年中汇收粮项,到堂交纳。又立一街老,以稽查往来之歹人。以后凡有商旅投宿,必须殷勤招呼,以广招徕。并准将此勒石树碑,以垂久远。切切毋违,须至给照者。

右照给赞成圩(后有人名略——笔者按)

宣统二年拾月初一日立碑。①

---

① 《广西少数民族地区石刻碑文集》,第81—82页。

关于开圩缘起,赞村先讲了一番"地当孔道、颇有生理"的理由,然后提出自己与州城太平街隔河①相望,当河水暴涨之时村民难以渡河采买油盐。所以愿意筹集资本,备办油盐杂货,一方面方便村民,另一面也为培植利益,筹款办公。但赞村土民的最终目的还是免除"坟丁"之例,即为土司家族看守、修整墓地,在土司祭扫墓地时提供劳动力的差役。那些名字在执照之内的家户,他们可以世代免除包括"坟丁"在内的公家诸役,并由新设的客长、街老催收粮项和管理治安。

与赞村同在黑水河东岸的康增村(今雷平镇康增村)为了免除大小诸役,找出了不同于赞村的开圩理由,其碑文见下:

太平县批准康增村并入旧州圩执照碑

[碑额]世代流远

太平县县知事　李　为

给执照事,照得康增村里甲长及花户人等到署禀称:民村古时,原本与旧州同为一村,因于咸同年间,地方扰乱,人民逃散,后来平正,各人回来,为务农业,即居于此,以就近各人之田地,因此遂成二村,人虽离居,而地属相连,兹旧州村已设圩场,民等出入贸易,极其利便。今民等组织公议,欲将民村附入旧州圩,设立街道,接入旧州街,合为一圩,将来商务发达,民等之生活有赖,求准归并旧州,以归画一,所有例应大小诸夫役,并请准免,以符圩制。恳恩给照,俾民等备置一切,等情。据此,本县覆查无异。此乃有益于地方,乐利民生之起见,应如所请,准尔村归并旧州,改为旧州圩下街,合行给照。为此照给旧州圩下街人等遵照。凡有大小诸夫役,准尔永远免应。惟有粮银正项,年中须立一客长,汇收纳署。又立一街老,以便稽查往来之歹人。至于团练,仍候调州,团局经费,照常收纳,毋得籍故推诿,各宜遵照毋违。须照实。

右照给旧州圩下街(后有人名略——笔者按)

---

①　即黑水河。

中华民国五年八月式拾日　　立①

进入民国太平土州改设弹压,但有时亦称太平县。民国五年(1916年)太平县知事一职仍为原土司家族李姓所据。此时康增村民自称原本与旧州同为一村,由于咸同时期的扰乱,遂成二村,现在旧州已经开设"圩市",愿与其合为一圩。笔者经过实地考察,发现康增与旧州足有一公里的距离,村民声称"设立街道,接入旧州街,合为一圩",实属空中楼阁。"旧州圩下街"这个地名也为当地人闻所未闻。

训村(今雷平镇训隆村)利用设立圩市,筹款兴学的理由免除劳役,其碑文曰:

太平土州弹压、团局准训村开圩免役执照碑

[碑额]永垂不朽

署太平土州弹压罗　为发给执照事。案据中区训村人民呈称:该村业经开立圩市,筹款办学,人民应得同等之自由,恳请将从前所派夫差,准予免除,等情,准此。查凡镇市,向免派夫差,兹该村既能立为圩市,筹款兴学,所有每年应派之夫差,准予永远概行除免,合行给予执照,以昭信据,此照。

右给训村准此。

署太平土州弹压罗　为发给执照,准予勒石,以垂永久事。照得城镇圩市,例免夫差。兹而训村人民将该村开设圩市,藉以筹款办学,志向诚甚嘉尚。业于本年四月三十日开始,以寅、申、巳、亥日为市期,定名为训隆圩。该村所有夫差,照例准予永远除免,藉为奖励,合行给照,以资证明,切切特照。

右给训隆圩准(脱此字)

中区民团局李、黎　为给证事,本年五月十四日,据训村众人帖请前往

---

① 《广西少数民族地区石刻碑文集》,第88—89页。

视其圩场,并呈阅一执照。得知该村人众于本年四月十一日,自相联名禀请弹压,给予执照,将村改为圩市。係四月廿二日布告,三十日开市,照内载明筹款兴学,等情。查筹款兴学,如果属实,原係美举,以后当即遵照办理。至免除派夫差一节,既经罗弹压恩准给予执照,并准勒石以垂久远,在此亦无敢行私催夫差。为此合行给证,以资信实是也。兹将合圩姓名列开于后:(后有人名略——笔者按)

中华民国六年四月二十一日,五月廿五日暨合圩敬立①

这件碑文的原件笔者并未见到,但根据落款可以推知此碑经过两次刻写而成,第一次是民国六年(1917 年)四月二十一日刻写的罗弹压颁发的两份执照;第二次是当年五月二十五日刻写的团局领袖的"给证"内容。这说明弹压与团局是当时的地方治理机构,民众受到二者的双重统治与剥削。弹压的第一份执照是准许开圩,并免除夫差,第二份规定了圩期与圩名,团局的"给证"则声称已前往"圩场"视察,确认免除夫差。事实证明,这些执照、"给证"不过只是一纸具文,开圩贸易是假,交钱免役是真。

三、清末民初广西太平州免役碑刻的历史内涵

广西少数民族地区的土司制度,经过清雍正时期大规模改土归流运动的冲击,逐渐走向没落。到了光绪后期,广西壮族土司制度已经名存实亡,广西的 43 个土司中,正常履行职责的只有 9 个。② 宣统三年清政府民政部建议,全国各地凡是还有土司、土官的地方,都要拟定改土归流的办法。即使暂时难以改土归流,也要"或从事教育,或收回法权,并将地理夷险、道路交通详加稽核,绘制图表,以期稍立基础,为异日更置之阶"。同时,广西所有土州、县土官"均因事奏请停袭"。③

---

① 《广西少数民族地区石刻碑文集》,第93—95 页。
② 详见黄家信:《壮族地区土司制度与改土归流研究》,合肥工业大学出版社,2007 年,第165 页。
③ 《各省土司一律改设流官》,《申报》辛亥年三月初二日第一张第五、六版。

面对即将覆亡的命运,土司们亦想尽办法保存自己的利益,这其中就包括以各种名目颁发执照,依靠免除土民劳役敛取钱财;对于土民来说,他们实难对眼前的局势以及将来的发展做出准确的判断,所以也只能利用既有的制度框架,以开圩等等事项为名出钱赎买劳役,换得自由之身以及子孙入学、考试的资格。

光绪十八年(1892 年)太平土州的岜零村土民就通过"备款以助办公"的形式,免除了土司堂上的"大小工之夫役",土民子孙亦准"学堂肄业"、"出应考试":

> 太平土州准免岜零村置丁夫役执照碑
>
> [碑额]万古不刊
>
> 世袭太平州正堂加三级纪录五次　　李　为
>
> 给执照事。照得本州自古以来,原有岜零村置丁一处,以便本堂有小工之夫役。兹据该村置丁李启新、凌攀桂、梁作显等到堂禀称:民等居乡,勤苦耕种,日不暇暑,人丁单薄,不能分应小工之役,情愿备款以助办公。为请准民等解置免役,俾得专心力农,而便应税纳粮。伏乞给照,以杜后累,而苏民困等情。据此,本州覆查无异,体恤民艰,应如所请,相应给照。为此,照给岜零村李启新、凌攀桂、梁作显等遵照。准尔等本身及世代子孙,永远免应本堂大小工之夫役。并准尔等后来之子孙,出应考试,如有开办学堂,亦准尔等送各子孙入学堂肄业,以开风气,以进文明。一概与平民无异。在前尔等所耕之田地,亦仍准尔等耕种纳租,不要尔等之后人出应夫役。给照之后,如有何人妄行催派夫役者,准尔指名禀究,并将此照树碑,以垂永久。切切毋违,须照实。
>
> 右照给岜零村(后有人名略——笔者按)
>
> 光绪十八年八月初五日给①

---

①　《广西少数民族地区石刻碑文集》,第66页。

由以上碑文可知，岜零村土民原承担土司大小工之夫役，这意味着该村土民逢春秋二祭或土官家族红白喜事之时，需要到土司处服役，平时也要轮流承担土司家族的劳役。后村民"情愿"出钱赎买，终于免除劳役，并获得"考试"、"入学"的资格。

宣统二年(1910 年)岜凹、逐墓两村土民"情愿捐出款项"，修葺码头，而获免除大小夫役：

太平土州蠲免岜凹等村夫役执照碑

[碑额]永远免夫碑

世袭太平州正堂加三级纪录五次　李　为

发给执照，以垂久远事，照得接奉上宪饬修路政，以利人行，祗因地方财政困难，随仰自治公所及董事会、议事会组织绅商学界，并乡董乡佐，齐集会议筹款。忽有岜凹村、逐墓村里甲长称言，路柳码头，委系大路，情愿捐出款项，以之修葺，惟求永远蠲免大小夫役，等语。各界经已赞成，呈覆前来，请给执照等情。据此，本州覆查无异，俯如所请，合行给照。为此照给岜凹、逐墓村遵照，后开有名人之世代子孙，从前所有大小夫役，一概永远全免。并准勒碑，以垂不朽。毋违，切切。须至执照者。

右照给岜凹逐墓村(后有人名略——笔者按)

宣统二年八月廿三日　州行①

在清末新政的大环境之下，自治公所等新鲜事物亦在边陲之地次第展开，它们貌似承担了地方治理事务：会议筹款，维修路政，但实质上不过是残存土司统治的利用工具罢了。岜凹、逐墓两村透过新式的制度框架——自治所、董事会以及议事会干着与原来相同的事，即"捐款"免役。

即使进入民国时代，原土司治下的民众要免除劳役，获得人身自由，也并不是无条件的：

---

① 《广西少数民族地区石刻碑文集》，第 79 页。

弹压太平土州发给思律村免役执照碑

［碑额］众修厢碑

弹压太平土州　李　　为

发给执照以垂久远事。照得北区思律村陆吉庆等到署禀称：民居乡村，勤苦耕凿，日不暇暑，自古以来，原有役田，粮钱甚轻，迄今时代，拨役田以归正赋，加征几倍，担任过重，若不除免力役，而民殊难堪。今民等愿捐学费，以□助帮学，恳将向应大小诸夫役，一概全免，俾得力农应税。乞恩给照，以杜后累而苏民困，等情。据此，本州覆查旧例，原有力役之征，现值民国时代，力役之田，既归正赋，夫役陋例，亟应革除，以恤民艰而进文明，合行给照。为此照给思律村陆吉庆等遵照，尔所有大小夫役，准尔世代子孙一概全免。务要安分守己，勤苦农业，照例纳粮应税。并准将此照勒石，以垂不朽，切切毋违，须照实。

右照给思律村（后有人名略——笔者按）

民国七年九月初五日①

根据碑文，思律村的田地原为"役田"，钱粮甚轻，进入民国以后，名义上是将夫役拨归到正赋之中，因此赋税大幅增加。但在实际运作中，民众仍然承担着原来的大小诸役，若想摆脱夫役的束缚，还需要向由原土司转任的土州弹压另外"捐助"，才能获得一纸执照。

综上，清末民初广西太平州土司制度走向覆亡，土民通过不同方式逐渐解除与土司之间的依附关系，获得人身自由。"开圩免役"不过是这种政治变动诸种面相之一。

余　论

经济史计量方法为史学研究带来了科学与实证的气息，取得了重大成就，

---

① 《广西少数民族地区石刻碑文集》，第97页。

但亦存在"学科盲点",更加不能被误用、滥用。在史学研究中,数字不应该被迷信,它们必须接受常识推理的检验,在可能的情况下,更需置于历史现场之中加以审视、印证;史料不能被剥离其本身的"文献系统"而随意利用,就如文中的"开圩碑文"其实并非事实描述性质,它们所在的文献系统是官府档案与文书。总之,在各种文献资料中"找材料"的研究方式应让位于在文献系统中"看材料"。

"后来之见"也需要反省,市集、圩镇在今日看来更多的是一种经济现象,而在当时当地则未必,在这种情况之下,再将某些宏大的理论、范式套用,则显得距离事实颇远。理解诸如碑刻、契约类的"地方性"史料,须具备良好的"地方感"。只有将这类史料置于地方史的脉络中,考察其产生、保存与流传的过程,并与当时当地社会的整体状况相联系,才能得出合符事实与情理的解释。

杜树海　　厦门大学人类学与民族学系副教授(厦门　361005)

实用的系谱搜集方法[*]

余光弘

摘　要：系谱资料收集方法在人类学田野工作中实用而重要。本文以台湾原住民的系谱资料为例,介绍人类学者在收集系谱资料过程中应做的准备工作,以及如何获得并应用通用的符号记录与整理系谱资料。同时,本文将在方法理论的基础上示范详细的实际操作方法,并讨论针对系谱资料的分析及应用。

关键词：系谱　田野调查　方法

一、前　言

系谱资料的搜集是人类学者田野工作中非常重要的技术。在田野工作的初期,人类学者要很快融入当地的社会生活,才能开始参与观察;为达到"很快融入"的目的,除了尽快学习当地语言外,做系谱是另外一个途径。由于系谱资料在大多数的社会是非敏感性的①,谈论本人或他人的亲缘关系常是人类学者田野工作初期可以接近报道人的话题。很多报道人都想了解本身的世系及其与其他村人的精确亲缘关系,但是却苦无有效的方法获得相关资讯,只要人类学者展示几张系谱,并解释其中符号的意义,即能引起其兴趣,而提高与人类学者合作挖掘资料的意愿。其次在田野资料逐渐累积后,很多社会文化现象的分析必须仰赖系谱的厘清,缺乏对参与者系谱关系的了解,很多事件的深层意

---

*　基金项目:国家社科基金重大项目"闽台海洋民俗文化遗产资源调查与研究"(13&ZD143)。
①　此点将在下一节中做进一步的探讨。

义容易遭到忽视。如果一位人类学者参加田野点中举行的婚礼,仪式进行中有两人大打出手,一般的外人大约仅能看热闹,或许打架事件可以作为其茶余饭后的谈资,但是人类学者却能立即看出互殴两造的关系。倘若是新郎的兄弟与新娘的兄弟厮打,这决不能等闲视之,背后一定有极特别的原因,值得深入了解;拳脚相向的若是不相干的两个村人,可能是小事,与观察记录中的婚礼无涉;也可能两人早有宿怨,进一步的探究后,常能发现理解其他社会文化层面的线索。事先对系谱关系没有通盘的了解,很多观察到的事件仅能及于表象,而无法体会其重要意涵。在结束田野工作后,田野报告的撰写更需要系谱,一个系谱能说明的现象常常超过千言万语。

但是即便是在一个数百人的社区中,要建立其详细的系谱关系,经常必须画出一张牵涉一二十个世代,涵盖数千人的大图表,这往往是初学者望之却步的艰巨任务。本文将提供我个人在田野工作中发展出来的方法,帮助人类学田野调查的新兵能够很快发展与报道人的投契,迅速建立调查研究聚落成员的亲属关系,以利于后续对其他社会文化层面的探索与了解。

以下第二节要介绍的是做系谱访问前的准备工作,首先要了解研究点对系谱资料是否能毫无禁忌的讨论、当地的命名制,以及是否有一套常用的名谱;还有执简御繁、按部就班建立研究点完整系谱关系的方法,包括人类学者常用的系谱符号,以及折叠同一尺寸的纸张,以利系谱资料的登录及整理。第三节要介绍的是数量有限的关键词句,人类学者在一个原本语言不通的社区做田野工作时,只要花费一二个小时学会这些关键词句,即可不必仰赖翻译人的协助,独自进行系谱资料的访问与搜集。第四节则以假设的关系,将上述的两部分做实际操作示范。第五节说明在访问报道人取得系谱资料后,后续的系谱整理工作。第六节以两个实例展示系谱资料的分析与应用。

二、事前准备

在从事系谱资料的搜集之前,有数项"家庭作业"必须提早完成。在进行实际的系谱访谈之前,人类学者至少必须先了解被研究的田野点对系谱资料的开放程度、命名的制度,以及是否有名谱的存在。

现在在汉人社会中,谈论已故亲人名讳并无禁忌,人类学者在开口和报道人讨论系谱时,必须谨记汉人社会对亲人名讳的态度并不能放诸四海而皆准。广西的壮族仍像古代的汉人,禁忌提及尊亲的名讳①,故做系谱时必须透过旁人迂回地询问。在台湾的十个高山族群中②,有九个族群对于提及长辈或逝去亲人并无禁忌,但是兰屿的雅美族却并非如此。雅美族人禁忌谈及已逝亲人的名字,因此在兰屿搜集系谱资料时不能直接询问报道人其先人之名,也必须迂回透过旁人之助。更有甚者,有的社会对于提及死去亲人名字的人有可能暴力相向,例如 Yanomamö。③ 当然在禁忌谈论死去亲人名字的社会,还是可以使用以下的方法,只是报道人被探询的不再是其父、祖的名字,而是其邻舍或其他村人的两、三代尊亲之名。

事先了解命名制度对系谱资料搜集是极重要的,汉人习惯的是有名有姓的名制,中、日、韩社会采用先姓后名,欧美社会一般则是先名后姓。除此之外世界上还有许多不同的名制,上述泰雅族使用的名制是亲子连名,同样的亲子连名制还有亲名在前或在后的区分,即子父连名或父子连名,如果以甲乙丙丁为四代人的名,父名在子名后的泰雅族,四代全名分别是甲 X—乙甲—丙乙—丁丙;采用父名在子名前的西南数族群(例如:罗罗、么些、阿佧)则是 X 甲—甲乙—乙丙—丙丁。④ 雅美族与 Bali 人的名制则是亲从子名制(teknonymy),甲与乙结婚,生下第一个孩子,不管性别若取名为丙,从此以后甲名改为"丙之父",乙则为"丙之母",如果甲、乙也是其父母的第一个孩子,则他们的父母也要改名字成为"丙之祖"。Bali 人的名制也是亲从子名,但是其细节与雅美族有很大不同,以上述的雅美族甲、乙、丙关系为例,甲得名为"丙之父"后,若丙

---

① 感谢李虎告知广西壮族讳提尊亲之名一事。

② 台湾高山族(又称原住民)族群官方承认的已经多达十四个,但是其中四个的认定完全缺乏学术的根据,我主张除原来的泰雅、赛夏、布农、邹、鲁凯、排湾、阿美、卑南及雅美族外,可以重新考虑列入的是撒奇莱雅族。相关讨论请参阅余光弘:《台湾高山族的分类》,载余光弘、李莉文(合编):《台湾少数民族》,福建人民出版社,2012 年,第 1—6 页。

③ Chagnon, Napoleon A. Yanomamö: *The Fierce People*. New York: Holt, Rinehart and Winston. 1968. p. 10 ff.

④ 凌纯声:《东南亚的父子连名制》,《大陆杂志特刊》,1952(1):171 - 220。

死亡,而甲无其他子女,则须恢复其旧名;但 Bali 子女死后,父母仍可维持其以逝去子女所取的名字;雅美人有子孙改名后其名不可随意改变,称呼人有子孙之前的旧名是禁忌;Bali 人却较有弹性,"丙之祖"得名后,仍可能有人称其年轻未婚时的旧名,或"甲之父"①。

　　除了解研究点采用的名制之外,事前也要探问当地是否有一套名谱,若确有名谱,则先询问其内容为何,对调查的进展会更有帮助。英国、美国人的名谱很多是我们耳熟能详的,男性的名字如 David、John、Paul、Richard 等,女性如 Ann、Jane、Mary、Rose 等。台湾高山族各族群大都也是根据名谱取名,例如泰雅族男性的 Pilu、Takun、Watan、Yokan,女性名如 Lawa、Sayun、Tapas、Yipai 等,每个部落都有好几个 Watan、Tapas。雅美族的名谱中很多名字是男女共用的,例如 Mamalon、Maome、Somapnit 等等,但是雅美族为初生婴儿取名时,会刻意地避免与他人同名,从名谱中择取同时代的人未用的名字。因此仅从书面系谱资料分析的研究者,会因出现一次的名字为多,重复出现的名字较少,而误以为雅美人取名主要是创造新名,而少袭用旧名。②

　　现代人类学者使用的系谱支状图可能是第一位建立系谱采集方法的 Rivers 所创③,但 Rivers 并未使用符号以区分男女,而是男人用大写字母表示,女人则用小写。后来的人类学者采用三角形与圆圈作为区分男女的符号,但是系谱的支状结构与 Rivers 所用的基本上并无差异。以下为人类学者搜集系谱所用的简单符号④:

　　　　男性:△

　　　　女性:○

---

① Geertz, Hildred & Clifford Geertz, 'Eknonymy in Bali: Parenthood, Age-grading and Genealogical Amnesia', *Journal of the Royal Anthropological Institute*, 1964(94): 94 – 108.

② 卫惠林、刘斌雄:《兰屿雅美族的社会组织》,台北"中央"研究院民族学研究所,1962,第 91 页。

③ Rivers, W. H. R, 'The Genealogical Method of Anthropological Inquiry', *The Sociological Review*, 1910(3): 1 – 12; Crane, Julia G. & Michael Angrosino, Field Projects in Anthropology: a Student Handbook. Prospect Height, Illinois: Waveland Press, Inc. 1992, pp.45 – 6.

④ 以下所示符号通行于整个人类学界,但其中"无正式婚姻的伴侣关系"及"多胞胎"两个符号可能系 Crane & Angrosino(1992:46 – 7)所创。

性别不重要/不清楚:□

报道人:男性 ▲ ;女性 ●

结婚:△ = ○

离婚:△ ≠ ○

无正式婚姻的伴侣关系:△ ≈ ○

同胞线:

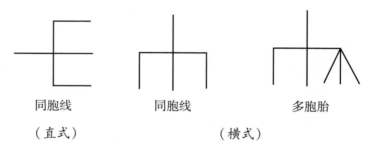

同胞线　　　　　　同胞线　　　　　　　多胞胎

（直式）　　　　　　　　（横式）

虚拟(收养)关系:……

由于使用的符号简单,有些较复杂的关系必须增加文字说明。以图2-1
为例,下方一组两位兄弟都被收养,弟是过继给父亲之兄弟,故能以虚线显示;
但兄被同村的其他家庭收养,无法在同一张系谱上显示,故加注(被 XX 收养,
见系谱 X)。

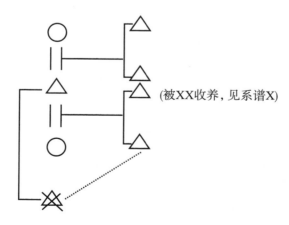

(被XX收养,见系谱X)

图2-1　系谱的文字加注

我在环山做调查之前也曾经零星画过一些系谱,当时用的是手边方便取得的纸,由于纸张大小不一,整理或保存都不易。在环山的田野工作中我发展出一个非常有效的系谱记录法,不仅在搜集资料时方便易行,在其后的分析、整理也都颇为便利。

首先是要以大小一致的纸画系谱,A4 纸应该是颇为理想的尺寸。确定用纸后,出门做系谱前先将数张纸折妥备用。折纸的第一步是将纸竖直对折,在纸中央折出一条线,再在线的两边每一半面等距折出两条线;这较对折费事,但是稍加尝试调整即可折好。最后每张拟用于画系谱的纸上就有五条线(如图 2-2),除中间对折出来的一条线,左右各有两条,如此即将一张纸分成六等份(以下每一等份简称为一格),每一格内即容纳一代。当然只要约略对

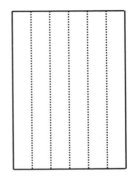

图 2-2　系谱用纸折叠法

称即可,每格大小越接近也越好。倘若有人不愿费神在对分后的纸上三分,也可以做两次或三次对折,即产生三条或七条线,可是如此虚耗纸张的可能性会提高。因为报道人一般的记忆是六代左右,使用只有四格的纸很快即要往下加纸,接续的纸往往只用一格或两格。八格的纸固然不太需要往下加纸,可是每张纸很可能都只利用上半部,下半部仅有部分触及;还有的问题是必须使用较小的字体,及每格中符号及文字可能产生拥挤的现象。折叠好的纸可直用也可横用,我个人的习惯是直用。

三、系谱访问的基本词句

1975 年 10 月我在台湾中部一个泰雅族部落(环山 Sekayao)做田野调查,准备搜集资料撰写硕士论文。田野工作刚开始时我遵循"标准操作程序",先从系谱资料的搜集入手,当时只能够找时任村干事的林茂祥兄 Vehue-Payas 充当翻译,但是林兄公私两忙,很难得拨出时间相助。第一次的访问中我即约略感受到他说的泰雅语我越来越觉熟悉,经过两三次的访谈后我即确定搜集系谱

资料时所用的语句并不多,仔细归纳整理后,找出必备的三个基本句,以及数十个基本词。请求茂祥兄将那些词、句翻译为泰雅语后,再根据掌握的泰雅语法发展出衍生句,并得到他对我的衍生句的认可。其后就依赖一张记有以下将介绍的基本词句的纸片,照本宣科以泰雅语访问报道人,第一次的访谈曾邀茂祥兄在旁陪同数分钟,在证明"小抄"的词句足以应付后,从此即自行做访问,在一两个月内大致完成环山部落的系谱。

我归纳出来做系谱访问共需三个基本句,即"你叫什么名字?"、"你有几个孩子?"以及"他从哪里来?"以下即以泰雅族赛考列克语为准,显示这三个基本句及其衍生句,还有必备的若干基本词汇。

基本句 1:　　　　Yima　　　　lalu　　　　su?

谁　　　　　名字　　　　你的

你叫什么名字?（你的名字［是］谁）

基本句 2:　　　　pira　　　　lakei　　　　su?

多少　　　　孩子　　　　你的

你有几个孩子?（你的孩子［有］几个）

基本句 3:　　　　enu　　　　kalaη　　　　na?

哪里　　　　部落　　　　他的

他从哪里来?（他的部落［在］哪里）

从三个基本句中可以依情况需要发展出无数的衍生句。以第一个基本句为例,必须衍生出"他叫什么名字?"、"你爸爸叫什么名字?"、"XX 的妈妈叫什么名字?"、"YY 的爸爸的爸爸叫什么名字?"等等。第二个基本句问的是子女数量,但是系谱访问中同样重要的句子是"你有几个兄弟姐妹?"在取得下表的基本词后,即能发展出来。当然基本句 2、3 也都需要依不同的主词发展衍生句。

记下基本句后还要记录几个基本词汇备用。首先是基本亲属称谓,表3－1 所示是泰雅族的赛考列克群的亲属称谓,其他语言不见得兄/姐、弟/妹同称,在各人实际田野调查中须注意分辨。其次是数字,从一数到十是最起码的,由于老一辈的生育数较多,最好能够数到二十,甚至一百,以便在询问报道人年龄时,能够了解他回答的岁数。其他词汇则可视情况需要另行增加。

表3-1 系谱访问基本词汇

汉语	*Sekolek*	汉语	*Sekolek*
父	yava	母	yaya
兄(或姐)	kesuyen	弟(或妹)	sesue
同胞	kemusuyen	夫(或男人)	likui
妻(或女人)	kenelin	子女	lakei
一	kutuh	二	sazin
三	tsiwan	四	payas
五	maŋan	六	teziu
七	pito	八	spat
九	keilu	十	mepu
知道	vakun	不知道	yinivakun
你的	su	我的	mu
他(或她)的	na	你们的	simu
他们的	naha		

四、实例演示

对于研究点的名制及是否有名谱已有所了解,也备妥折出五条线同一尺寸的纸数张,即可出发访谈以搜集系谱资料。以下即以泰雅族赛考列克语为例,显示如何从报道人口中问出资料,并且一步一步地画成系谱。

1. yima lalu su?　　　　　　Takun-Pilu lalu mu.

   你叫什么名字?　　　　　　我的名字[是]Takun-Pilu。

2. yima yava su?　　　　　　Pilu-Watan.

   你的爸爸叫什么名字?　　　[他的名字是]Pilu-Watan。

   (逐字译:你爸爸是谁?)

3. yima yava yava su？　　　　　　　Watan-Nomin.

你的爸爸的爸爸①叫什么名字？　　　［他的名字是］Watan-Nomin。

4. Watan-Nomin, yima yava na？　　　yinivakun.

Watan-Nomin 的爸爸叫什么名字？　　不知道。

5. pira kemusuyen Watan-Nomin？　　yinivakun.

Watan-Nomin 有几个兄弟姐妹？　　不知道。

问题 1 至 5 是追溯报道人 Takun-Pilu 至其所能记忆最远的祖先，这是做系谱的第一步。未免冗赘，在此假设报道人仅能上溯至三代，记得其祖父的资料而已，如此则可取得以下的直线关系：

△Wantan-Nomin → △Pilu-Watan → △Takun-Pilu

报道人记得最长的一辈不论是祖父、曾祖父或高祖父，上溯的企图即告停止，而要进入第二步继续追索横向的关系，即询问所记最高辈分者的兄弟姐妹，为节省篇幅起见，在此将假设的案例停留在祖父一人。因为报道人仅记得 Wantan-Nomin 是其家系最远的一人，也不知道 Wantan-Nomin 是否有兄弟姐妹，本系谱的发展即以 Wantan-Nomin 为基点，并开始询问其配偶及后裔。

6. yima kenelin Watan-Nomin？　　　Lawa-Payas.

Watan-Nomin 的妻子叫什么名字？　　［她叫］Lawa-Payas。

7. pira lakei na？　　　　　　　　　maŋan.

他有几个孩子？　　　　　　　　　5 个。

---

① 从汉语翻译其他语言，某一亲属称谓词指涉的常比较广泛，例如英语中的"uncle"或雅美语的"maran"包括的亲属形态有父亲的兄弟、母亲的兄弟、父亲姐妹的配偶、母亲姐妹的配偶等等。为免混淆，人类学者做系谱调查时都仅用基本亲称（core kin terms）如：父、母、兄、姐、弟、妹、子、女、夫、妻以及其复合词；因此在此不用"祖父"yotas 而用"父之父"，实际上泰雅语的 yotas 不仅用以称祖父、外祖父，也可称岳父。

8. kesuyen ŋa yima lalu na?　　　Pilu-Watan.

老大叫什么名字?　　　　　　　[他叫] Pilu-Watan。

9. kenelin Pilu-Watan, yima lalu na?　　Tapas-Walis.

Pilu-Watan 的太太,她叫什么名字?　　Tapas-Walis。

10. pira lakei naha?　　　　　　kutuh, kenan lakei naha.

他们有几个孩子?　　　　　　一个,我就是他们的孩子。

接着重复问题 6—10 的模式,以询问 Takun-Pilu 的配偶及子女,直到报道人这一支的资料都记录完毕为止;此一步骤结束后,可将系谱进一步发展成图:

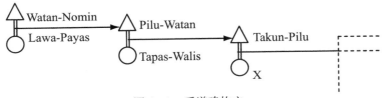

图 4-1　系谱建构之一

Watan-Nomin 的第一个子女 Pilu-Watan 的子女询问完毕,再回头探询 Watan-Nomin 的第二个子女,亦即 Pilu-Watan 最长的弟或妹。问题 11 与问题 12 即可用以询问某人的第二个子女。

11. yima lalu na sesue Pilu-Watan?

Pilu-Watan 的弟弟(或妹妹)叫什么名字?

12. yima lalu na laini-βaŋ①lakei Watan-Nomin?

Watan-Nomin 的第二个孩子叫什么?

假设 Pilu-Wantan 之下有一妹,名字是 Yipai-Watan,可再重复使用问题6—10 的模式,询问其配偶及子女,直至此支的资料发掘完毕。透过问题例句6—12(当然要将人名做相应的更改)的反复使用,Watan-Nomin 的另外三个子女

———————

① laini-βaŋ 是日本话的"第二个",但现在已经被泰雅语吸收,常见于日常对话中。

及他们的后裔也都可以问出,依序登录在系谱上,为免繁琐,也不一一注明。

特别要说明的是以下的系谱中,每一条下行的虚线及其上相连的实线都要画在做系谱的纸上的折线上,三角形或圆圈的符号则介于折线之间。假设后来透过其他报道人有机会记录 Watan-Nomin 的其他同胞及其后裔,只要将两家的系谱纸相并,即可方便地看出 Pilu-Watan 有多少父方一重表、Takun-Pilu 有多少父方二重表及其他父方亲。

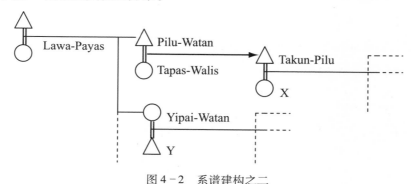

图 4-2　系谱建构之二

假设报道人有数名子女,每个子女也各有数名子女,则须先问第一个子或女的名字,再问其配偶、子女数,续问第一个子女的第一个子女之名、配偶名及子女数,依代次往下,直至未婚的为止;第一个子女的第一个子女问完,再问第一个子女的第二个子女。第一个子女的所有子女问完,再转问第二个子女的第一个子女、第二个子女。

为简明地显示记录的顺序,以下以数字显示,第一代是一位数,第二代二位数,余类推;数字加 s 表示配偶,因此 122s 即表示 1 之第二个孩子的第二个孩子的配偶。假设我们访问的这家庭第一代以下都是每人有二个子女,第四代都未婚,而受访的报道人是第四代,则追溯至第一代后访问顺序如下:1、1s、11、11s、111、111s、1111、1112、112、112s、1121、1122、12、12s、121、121s、1211、1212、122、122s、1221、1222。只要如此循序渐进,不论一位报道人能够记得多少代的祖先、其每一子女能生养多少子女,都能一一问出并记录下来。

有些年长报道人不仅能够对自家的系谱了若指掌,也能提供其同村的其他家户的讯息,特别是其上一代或二代的村人之名字及关系。以我们虚拟的

Takun-Pilu 为例,如果其本人仅能记得祖父之名,也不知其祖父是否有兄弟姐妹,若果试问较其年长数岁的邻居或村人,常可得到意外的收获。查问自家人以外的资料可将前述例句修饰,成为以下的两个句子:

13. vakun su yima lalu yava Watan-Nomin?
    知道 你
    你知道 Watan-Nomin 的爸爸是谁吗?

14. vakun su bira gemusuyen Watan-Nomin?
    你知道 Watan-Nomin 有几个兄弟姐妹吗?

基本句 3 在搜集系谱资料时也是不可或缺的,在婚后居处法则是从夫居的社会,确认已婚妇女的来源有助于婚域的研究,当然在从妻居的社会要询问来源的是已婚男性。继嗣法则虽是非单系的泰雅族,是以从夫居为常则,所以上述的假设案例(图 4-2)中 Lawa-Payas、Tapas-Walis、X 及 Y 都必须以基本句 3 及其衍生句询问其来源,在问到 Watan-Nomin 的妻子之名是 Lawa-Payas 后,可立即以基本句 3 追问其原居部落,若漏问此问题可在随后以下句补问:

15. Lawa-Payas   enu   kalaη   na?
    哪里   部落/村庄 他的
    Lawa-Payas 是哪里人?

此一问题的答案可能是受访者周遭村社名,例如 Masitobaon、Salamau、Sikikun 等等,也可能是"kalaη heni"(heni 是"此地"、"这里"之意)。如果男子是招赘的,也须问其来源。

根据实际的访问需要,研究者可再加入其他词句到"小抄"上。当然见面时的寒暄语,以及访问结束时道谢及告辞的用语都是必备的。从我个人的经验,"等一下"是经常会用到的;有时报道人说得太快,以致记录进度无法跟上,"等一下"这时就该用上。或是报道人在经过一二十分钟的交谈后,并未识破研究者从头到尾仅有"三板斧",而加上许多其他与系谱关系无涉的资料,这时也应该"等一下",并设法向可以充当翻译的人求救。报道人的"离题"通常并非坏事,在报道祖先的资料时联想到的故事,往往可提供研究部落历史或其他社会文化层面的线索;例如我在环山遭遇类似情况时,意外获得的资料是某人死于某敌社的猎头、某一家族被怀疑行使黑巫术而被全村人合力格杀等故事。

报道人的资料有时需要一些澄清,因此除了"他是招赘的吗?"之外,"他/她未结婚就死了?"、"他/她很小就死了?"、"XX 是男的还是女的?"等句都是应该事先学习的。"你几岁了?"也是值得学习的一个句子,不仅可以作为访问的开场白,也可以协助研究者判断报道人能够提供的资料范围;例如四五十岁的人可能记得比他年长五六十岁的人,此一范围常是人的记忆极限;七八十岁的人往往很难精确提供其孙辈、曾孙辈以下的资料,尤其是这些晚辈人数众多时。

五、系谱资料的整理

挨家挨户系谱资料的搜集只是系谱关系建立的第一步,必须将各家户的资料整合为一体,系谱的建构才算基本完成。依照上述的步骤,每完成一个家族的系谱记录,必须对每页系谱资料标记编码,编码至少包含两部分,第一部分是每一家族的编号,第二部分是同一家族页数的编号,假设上述 Watan-Nomin 是第一份做完的系谱,该份系谱共有两页,则第一页的编码是 0011/2,第二页则是 0012/2;第二家的记录假若共有三页,则编码依序是 0021/3、0022/3、0023/3。以分数2/3、1/4 等标示,在检查资料时很容易可以看出那一家族的资料共是多少页,正在阅读的是该家族全部的资料,或是前后还有接续的资料。一个村寨最后完成的系谱资料至少也有数十页,经过如此编码后,万一资料的次序被混乱,也可轻易再恢复。当然编码并无规定非得如此方可,也可编成 001,2 - 1 及 001,2 - 2,可视各人方便而行。

其次系谱资料的整理从第一份记录完成后即须持续进行,研究者必须经常翻阅已经完成的系谱,尽量熟记其上的名字,当发现相同的名字出现于不同的家族之资料中时,立刻做出"互见"的标示;以图4-2为例,若发现在第五份系谱中有 Tapas-Walis 的名字,在确定二名是同一人时,必须在图4-2中 Tapas-Walis 名下注明"0052/3",在第五份系谱 Tapas-Walis 的名下则注明"0011/2"。如此注明后即可很快建立这两份系谱间的姻亲关系。当然经过持续的搜集资料,也可能依同样方法找到 Watan-Nomin 的兄弟姐妹。各家族系谱彼此间可能存在的血亲或姻亲关系并不会自动显现,要每天不停地看那些名字,才能够逐渐将各份系谱上该注记"互见"标示的都完整地加注,也因此才能够将研究村寨的所有成员关系慢慢理清。

除了靠熟记名字来建立关系外,也可依赖电脑的帮助,即将每个搜集到的名字键入电脑,并标示其在资料中的页码;键入时若是汉字,可以依笔画顺序或拼音排列,如此相同的名字即很容易筛选出来。不过汉字因为同音字太多,易于产生混淆,例如先祖父名为"登喜",在不同资料上也被记为"丁喜"。另外就是报道人提供的名字常是亲友邻舍所用的小名或昵称,而非被报道者本人的正式名字,例如"光弘"被称为"阿弘",或单名为"弘"者也被称为"阿弘"。若在无文字的社会如台湾高山族的部落做调查,系谱上的名字只能用拼音,如果研究者对记音方法不是很熟练,很容易将相同的名字拼写出不同的字母;有时是报道人发音不清,导致记录的讹误;还有可能是同一人的名字有不同的称法,例如雅美族的名字 magagul,也可去掉第一音节称 gagul。类似的状况都会在使用电脑排列比较时产生误差,只能靠练习以及仔细地比对资料才有可能逐渐克服问题。

即便有电脑的帮助,可以较容易的发现各份系谱间的关系,人脑的使用还是无可替代的。在田野调查的过程中,研究者对于村人间的系谱关系必须渐次掌握,以达到了若指掌的地步,亦即见到任何数目的村人聚合,心中都能立刻显示各人亲属关系图像,如此才能展开所谓参与观察,并在田野调查结束后对资料能够做深入的理解及解释。要能臻此境界只有一个办法,即从第一份系谱完成后,就经常地翻阅摩挲日益增加的系谱资料。在汉人的村庄做研究,村人的名字可以以汉字书写记录,自然较容易熟记。若在少数民族的村寨做研究,获得的系谱常是一堆两三个(甚至更多)陌生音节的名字,仅在访问时记录,全然无法在心中形成任何印象,除反复地翻阅之外并无其他捷径可以熟记异文化的名字。

六、系谱资料的运用

在简单、小规模的社会中,系谱关系经常是了解其社会文化的关键,日常的社会活动中都是依赖亲属关系在运作,每日见到上山狩猎、开垦耕地、采蜂蜜、拦河捕鱼、外出打工、集资开店铺等等的人群,摊开系谱往往即能了解都是局限在该社会中特定的亲属范畴中。这是系谱资料最初级的运用,即在调查工作进行中,分辨出某类亲属范畴与某些社会活动的关系。我在环山的调查资料显示,人口不及 500 的环山就有四个洋教教派(长老会、天主教、安息日会、真耶稣教会)在内角逐,将环山的系谱画出来后,将每一个教堂的成员在上标定,环山人加入教会与其亲族群的关系就可一目了然,基本上各教派的信徒即是各教派在该部落的牧师或传道人所属的亲族群体。[1]

除了略看系谱即能明白的关系外,还有很多社会文化层面的运作原则是亲属关系,但是必须经过更多资料的交叉比对才能看出,通常类似的分析是在利用系谱资料表现各种社会文化的结构原则,经常必须在原本简单的系谱记录符号上加上其他的符号或注记,如此方能将企图解释的现象简明地表达。

由于环山的系谱庞大,不利于在此作为例证,附录一(以下简称谱一)及附录二(以下简称谱二)分别是我在泰雅族大礼部落[2]及兰屿[3]的研究中截取的两份系谱。谱一仅是原文(即余光弘 1981 一文)展示的两份系谱中较简单的一份,另一份虽不若环山的复杂庞大,其分量也不易在此复制。该泰雅族论文中的两份系谱欲显示的是泰雅族居住的地缘与亲属关系的重合,大礼部落共有

---

[1]　余光弘:《环山泰雅人的社会文化变迁与青少年调适》,国立台湾大学考古人类学研究所硕士论文,1976:115。

[2]　余光弘:《泰雅族东赛德克群的部落组织》,《中央研究院民族学研究所集刊》,1981(50):91 - 110。

[3]　徐瀛洲、余光弘:《兰屿红头部落的渔船组》,《民族学研究所资料汇编》,2004(18):43 - 70。

三个住区,最大住区 Xalukudai 的系谱即是另一份较大的系谱,另外两个住区分别是 Yayon 和 Suwizi。该文讨论的主题与本文关系不大,就此略过。谱一显示的是系谱资料最初阶的运用,一个村寨的整体系谱建构完成后,仅在其上做简单的注记,即可将某些社会文化现象显示出来。谱一中以虚线圈注的两户,是大礼部落最小的住区 Suwizi 仅有的居民,这是典型的泰雅族部落分化,一个住区人满为患时,常以同胞组成的数户集团移住新住区。另外以实线及细点线圈定的两户分别住于 Xalukudai 与 Yayon。

由于在系谱中使用的符号仅有寥寥数个,复杂的系谱关系即难以显示,研究者在使用系谱资料时,必须经常动脑加上辅助符号,以增加系谱的说服力。谱一将共祖之下的每一代以阿拉伯数字依出生序标示,如此每个人即可有一便利的编号;例如共祖的三子编号是 3,3 的第三个孩子是 33,33 的长子上有一姐,出生序是 2,故其编号是 332,余类推。另一系谱也同样标示,为避免两谱的编号重复,在另一谱的人在编号外加上括弧。每个人都有一个方便的编号后,互见标示就简单明了了。例如谱一的 Gin-Yudao 编号 3323,其妻 Siumi-Yagin 的编号是(14174),一看即可知 Siumi-Yagin 在另一系谱中的位置。谱一中还有三人其婚嫁对象来自另一系谱,根据编号都可很快找出其姻亲。

谱二也是因篇幅所限选择原论文中最简单的一份,其中显示的是报道人陈国栋(以最大的字体显示者)在四五十年间参加的所有渔船组及其组员的亲属关系。在分析渔船组的组成所涉及的亲属原则时,第一步是将所有参与人员在村落的系谱中标出,其次要将其他无关的人从谱中删除,并调整个人在新谱所在的位置,直到形成一份可呈现所有成员最简明关系的系谱。

了解每个人参与渔船组的状况,才能进一步分析船员间的亲属关系,为此须在系谱上将此一讯息标注。谱二名字后或下方附有九组数字,每一个数字都是表示该人在渔船上的桨位,1 及 10 分别位居船尾掌橹及在船头划双桨,其余 2—9 分居船之左右舷各划一桨,11 以后为预备船员,0 则表示相应的时间段内未参与船组。报道人陈国栋名下所附的编号是 6,6,3,3,10,1,1,1,1,显示其参加第一、二个船组时在第 6 桨位,三、四船组都在第 3 桨位,第五个船组改到船头掌双桨(10),从第六个船组至第九个他都是位居 1 的掌橹者。

第三步是标示出核心船员与次核心船员[①],前者是在名字下方加横线,后者除加横线外名字也以斜体字显示。资料整理至此种状态即可以看出,报道人在参加船组的四五十年间,虽然船组成员不断更动,总共却仅与33人在做排列组合;而有四成以上的机会和报道人参与相同船组的主要伙伴(即核心及次核心船员)仅有13人。其他两位报道人的系谱资料显示的状况也相去不远。从报道人一生中在船组内相处的30余人,或是主要伙伴的10余人之关系来看,很难说有某一类的亲属关系特别受到重视,报道人陈国栋的案例中可以看到较占优势的父系亲属,13个主要伙伴中有7个是其父系亲(叔1、兄弟2、堂兄弟3、子1);但仔细检查系谱16即可看出,其原因在于陈国栋来自一个男丁旺盛的家族,其父陈天赐有4兄弟却仅有1妹,每一兄弟也都有繁衍男丁,陈天赐又生3子1女,自然其船组成员的组合较易有父系的倾向。

综合谱二所示及另两位未在此展示的报道人的资料,可以看出雅美人的渔船组常以一组父子同胞(即兄弟及姐妹之夫)关系为基础往外发展,随时间推移成员关系渐变为一从表、二从表;若一个家族人丁较少,无法提供组织船组所需的所有人手,则会招募双边血亲及姻亲加入;卫惠林与刘斌雄主张"每一船组常是由一个'父系'世系群的男子所组成"[②]的说法,在细致资料的检证下是站不住脚的。

以上二例所示的系谱资料分析及展现方式仅是个人的随机想象,并非必得依循的范本,在此列出作为人类学新手的参考。基本的系谱资料搜集过程或许不会有太多个人的差异,在进一步的整理、分析及表现上,却经常要仰赖个人的巧思,但是一个必须注意的原则是要以最简洁清楚的方式,将所要传达给读者的关系加以显示。

七、结　语

本文的前身是发表于《台湾史田野研究通讯》的短文《田野工作中的系

---

① 核心船员与次核心船员的标准,需要较大篇幅的解释,与本文所述无关故略过不提,有兴趣者请自行参阅原文。因电脑操作的问题,核心船员与次核心船员的标示方式与原文并不相同。

② 卫惠林、刘斌雄:《兰屿雅美族的社会组织》,台北"中央"研究院民族学研究所,1962:52。

谱速成法》①,主要内容即是第三节所示的,在语言不通的异文化社区中做研究,学习若干基本词句即可不必仰赖翻译,独力从事系谱资料的搜集与访问。但因该集刊流通量不大,所以该文并未引起太大的注意。其次我个人对于做系谱的发明并不仅限于基本词句的发现,还有第二节所述使用特殊方式折叠同一尺寸纸张的"独门功夫",虽然说穿了是不值一哂的小道,在实际系谱的记录及其后的整理、分析各项工作中,这一简单易行的"招式"却有不小的效益。最重要的是我来厦门大学之后,发现很少人类学系的学生在做田野调查时,会去搜集系谱资料,遑论在论文的写作中运用系谱资料。我曾一度怀疑是否亲属关系在中国社会的重要性已经今不如昔,但是带领学生在福建的六七个农村做田野调查实习后,却能肯定事实并非如此,亲缘关系的援引充斥于政治、经济、宗教、社会的各层面。亲属关系在学生的田野调查中被忽略,可能是技术层面的问题,亦即不知如何下手建构复杂的亲属关系。因此认为讨论做系谱的基本方法及系谱资料如何运用的论文还是有发表的价值,故勉力在数周内草成此文应命。

本文所示的方法不仅可以帮助初学者很快掌握在田野点搜集系谱资料的要领,学会基本词句后自行做访问,也能对学习田野点的语言有所帮助。因为我们学习新的语言的第一个障碍,往往是对陌生的发音及词句呐呐羞于启齿,将问答的内容限定在一个可控制的范围内时,较易克服此障碍。我个人发现并运用此一方法后,在其后的几次田野调查中可谓无往而不利,学生习得此法并加实践后,也是具有同样的功效。但是诚如罗素在他的大作②中殷殷致意的:田野调查是一种技艺(craft),技艺要一直不断地练习,才能越来越熟练。系谱的搜集方法也是技艺,要靠实践及练习才能逐渐熟能生巧。

---

① 余光弘:《田野工作中的系谱速成法》,《台湾史田野研究通讯》,1992(24):130-6。

② Bernard, H. Russell, *Research Methods in Anthropology: Qualitative and Quantitative Approaches.* Lanham, MD: AltaMira Press. (5th edition), 2011.

附录一

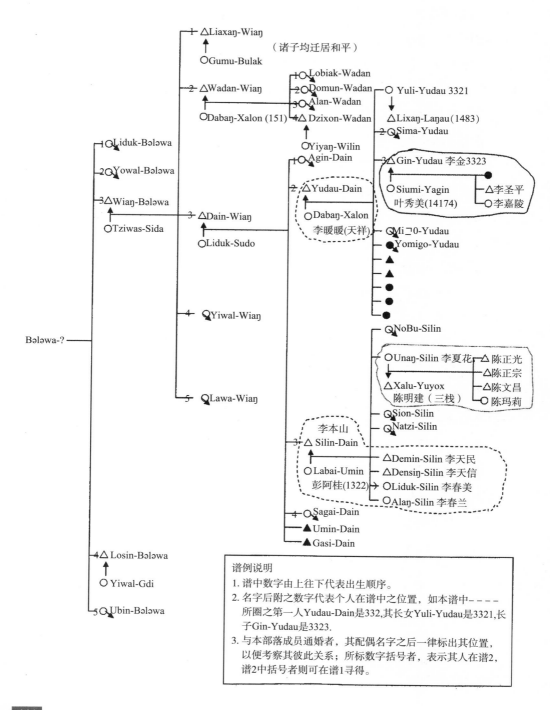

谱例说明
1. 谱中数字由上往下代表出生顺序。
2. 名字后附之数字代表个人在谱中之位置,如本谱中————
    所圈之第一人Yudau-Dain是332,其长女Yuli-Yudau是3321,长
    子Gin-Yudau是3323.
3. 与本部落成员通婚者,其配偶名字之后一律标出其位置,
    以便考察其彼此关系;所标数字括者,表示其人在谱2,
    谱2中括号者则可在谱1寻得。

附录二

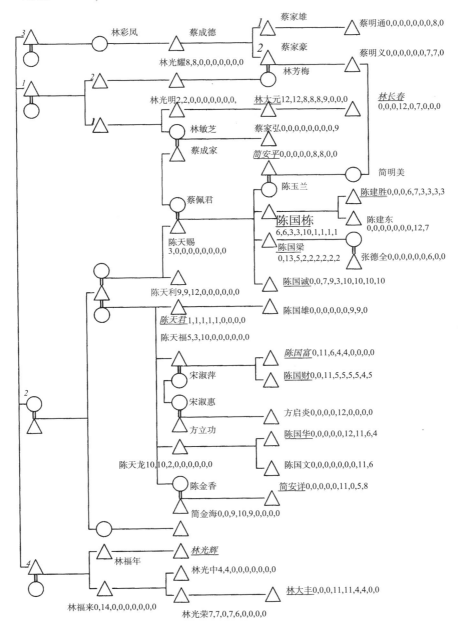

余光弘　　厦门大学人类学与民族学系特聘教授（厦门　　361005）

"漂泊"的体验

——亲身经历海外民族志

冯　莎

摘　要：本文以作者在法国进行田野工作的亲身经历为基础,对"海外民族志"这一概念以及上向研究、文化震撼、人类学的独立性等相关问题进行了反思与讨论。作者认为,海外民族志对民族志过程中诸多困难的放大反而令我们得以思考这些困难本身所连带的理论问题;而中国海外民族志的境况实际上也多少反映了中国人类学学科的境遇。

关键词：海外民族志　上向研究　文化震撼

作为人类学研究者的"出生证明","民族志"不仅是研究者进行田野工作的成果,也是研究者的作品。研究者旨在获得来自"他者"之口的"意义",而这一获得的过程则要求研究者必须首先进入其文化当中感同身受,理解"意义"的逻辑。无论是对个体水平上的研究者本人来说,还是就群体水平上研究者生长于斯的文化背景而言,这种无时无刻的主客位转换无疑是最好的自省方式。然而,当我们衡量其中必然涉及的"文化差异"时,"差异"本身是否也存在程度上的区别呢？而这种区别的"标准"又是什么？物理或者地理意义上的距离是否就一定能够至少在认知层面上,代表文化的"距离"？这些看似不是问题的问题,其实是很难撇清的,即便是来自同一文化背景之下的研究者,也未必会有同样的判断。然而,我们似乎也不能绝对地说,民族志是完全个人化的,文化共享所造就的思维共性又的的确确闪烁于各个民族志文本之间。如果继续追问下去:作为结构的整体文化背景究竟在多大程度上影响着个人的能动选择,这似乎就是人类学的"天问"了。毕竟,文化是非经验性的,我们无法给出一个公式化的结论,只能通过一个个特定的场景去体验和阐释。或许,这也恰恰就是人类学魅力之所在。

以"海外民族志"之名

2009 年 9 月至 2011 年 3 月,借由留学的机会,我得以在法国进行我的田野工作,从而对海外民族志有了一些的体会与思考。"海外"原本是一个表示地理范畴意义的模糊概念,现在通常与行政区划互为指涉。基本上,"海外民族志"一词意在说明田野地点在研究者的祖国之外。若不是亲身经历,我本来也不会对这个名称有过多的疑惑与考虑。

古典人类学的初衷是针对于"异文化"的学问。在那个时代,人们的观念还少有对本文化内部诸多异质性的考虑,或者以较为简化的方式,将"本土文化"视为大致的"一块",从而将"异文化"的着眼点首先置于海外。于是,民族志似乎"天生"就是"海外"的,那些必读的"经典民族志"也多诞生于"海外"。众多西方人类学者走向海外,进入某个大多数人视线之外的"神秘"区域,经过或长期或短期的生活历练,一部充满着强烈征服感的田野作品便诞生了。这其中有学科取向的原因,也有历史政治的原因。而作为西学东渐的结果,中国人类学的诞生已经超过百年,无论是因为我们本身地大物博、文化多元,还是世界格局造成的等级关系,我们首先是将这一学科用于研究"海内"的少数民族,并逐渐形成传统。我不敢妄言,是不是所有的"后来者"都发生过这样的状况,至少对我们自己的人类学研究而言,我们"走出海内,走向海外"反而显得"特殊",并且尤其困难。抛开学理不谈,这种困境甚至有着非常现实的原因。①

---

① 对此,高丙中教授谈到过两个原因。其一,中国的国力(课题资助能力)使政府和非政府组织一直顾及不到把资源投到耗费不菲却不能立竿见影地解决国内急迫问题(如围绕温饱问题的物资生产与分配斗争)的人类学课题上;中国政府的外事机构就没有设计过针对自己的公民在外国的社会之中自由行动进行管理和服务的功能。其二,中国所处的现代化发展阶段的社会心态、集体意识不便于学者到国外社会开展调查研究。高丙中:《人类学国外民族志与中国社会科学的发展》,《中山大学学报》2006 年第 2 期。

"海外民族志"更像是一个我们自创的、专门针对于本土情况,因此特别需要强调"海外"这一特征的术语。

自20世纪60年代人类学"大反思"以来,学界早已对从时空上"异远"出的一个"想象的异邦"给予了充分的自我批判,并拓宽了人类学得以致用的范畴。从"种"到"族"再到"群",我们对文化的认识和考量愈发细致与深入。而这个由粗到细的过程实际上也不失为对我们认知过程的一种反射:先以较为明显的差异作为分门别类的标准,后又打破原有的相似性,最终形成动态的"认同相对性",大体看来,呈现为一种"梯度"。可以说,社会的所谓"阶梯"式进化模式虽然已遭摈弃,但思维的惯性程序却依然绝大程度上承担着我们的认知模式。当然,我们还必须指出二者的区别:前者是价值观问题,后者是认识论问题。不过,从中我们还是可以看到,人类的头脑始终是矛盾的,既要通过不断分类建构世界文化图式,又要兼顾翻篱越墙的相对性可能。

有趣的是,尽管"海外"已经不成为人类学的"必需",但是假如你的田野可以在海外的时候,你还是会有种莫名的兴奋,一种"升华"之感油然而生。这"升华"无关于深刻,无关于革新,反而是因为,你似乎回归了"经典",似乎验明了"正身"。我们不得不承认,我们低估了"追根溯源"的力量,不得不承认,那实实在在的"异邦"依然有着无穷无尽的吸引力。我们依然希望经过"遥远"的洗礼,一个华丽转身,跻身于人类学经典殿堂。更加令人不安的是,恐怕潜意识里,我们还是认为这西方之根是"高级"的。这种不安不是自我安慰式地喊几声"本土化"就能解决的。这或许是人类学的迷思,更是中国人类学的迷思。推心置腹地讲,对于人类学这样一门来自西方的学科,我们的学者并不自信。

王铭铭教授曾经提出过一个"具有天下视野的人类学"的设想①,希望从传统中华帝国表述"海外"的经验中发掘出具有中国文化观念的"世界"概念,用一种中华文明曾经有过的自信来重新审视当今的世界,从而建立起中国人类学的主体意识。这一雄心的确让人振奋,也让我们深切地感知到中国人类学乃至

---

① 参见王铭铭:《中国人类学的海外视野》,《中南民族大学学报》2006年第3期;王铭铭:《西学"中国化"的历史困境》,广西师范大学出版社,2005年。

中国社会科学存在的严重问题。但是,面对我们反复"断代"的传统和业已形成的"现代化惯性",想要回归那个辉煌时代的意识可能不容易,也无法强行为之。另辟蹊径并不代表原本存在的问题得到了解决。也许用什么概念并不是最重要的,重要的是我们需要打破一种唯西方马首是瞻的局面,取得用自己的经验来重述这些概念的能力与权利,达到真正意义上的知识共享。我想这也是"天下"之所以为天下的初衷。

困难重重的"上向研究"

除了"根"的力量,"海外民族志"的"高级"之感还来自于"上向"研究的困难。一般认为,"上向"研究主要是指对于"现代"社会/社区/人群的研究,例如城市研究中的诸多议题。这里的所谓"现代"不是社会进化论意义上的,而是社会结构与机制上的。个人认为,在具体操作的层面上,所谓"上向"研究不仅仅意味所研究的文化/社会形貌如何,更是直观地标识出了研究者进入田野的难度或阻力。因此,对我们来说,不管田野是在"海外"的哪个地方,"海外民族志"都有"上向"的感觉。人类学的研究从来就不同程度地存在着"自上而下"的习惯,比如殖民国家对于殖民地,中央对于地方,官方对于民间,主流社会对于边缘人群,简言之,研究对象一定有其"异质性",而这所谓的"异"则是相对于"大多数"或者"标准"而言的,处于弱势。借由这样一股力量,研究者进入田野并介入当地人群与文化中时,就相对容易一些。但是,当不存在这种权力支撑,研究者以一个普通陌生人的身份进入田野的时候,当地人没有了所谓"标准"所附加的压力,因而也就没有了"有问必答"的"义务"。甚至很可能,研究者反而成为"异质",研究不仅取决于研究者的主动性,还取决于研究对象回应的意愿,当地人才是"标准",才享有话语权。如今,越来越多的国人走向海外,并将田野开辟于此,很大程度上也是与中国开放程度的扩大、文化交流的增多、国际地位的提高以及金融贸易流通的加强息息相关的。人类学者的确是权力关系的介入者,这是大反思时代讨论过的问题。人类学也并没有回避这一问题,相反,对这种权力关系的呈现正是其意义之一。

　　具体说来,"上向研究"的困难主要在于,具体田野地点分散,地缘性差;报道人群集体意识不明显,变动性大;研究者不易深入田野,缺乏历史感等等。这些问题对于经典的民族志写作而言极具挑战性,因为它已经不太符合经典民族志的前提规范。而研究对象本身的这些变化也使得我们的研究方式和研究过程要与之同步,随机应变。在"上向研究"中,我们进入田野的渠道往往五花八门,需要研究者自身的努力,也需要天赐良机。例如在田野工作中,我经常要求助于一些私人关系,甚至有意识地建立交情。这种方式也许不是"职业陌生人"的经典桥段,却比较适用于"当下"的情境。在"海外"田野工作中,类似这些困难似乎是被放大了的。本来可能得心应手的交流问题成为首先要解决的重点,且不说"沟通"层面的交流,单是语言层面的交流,就要经过相当长一段时间的学习。这与本身有没有学过这门语言并不完全是一回事。当地人的习惯用法、特殊表达以及流行词汇等等,经常和语言教材上的内容大相径庭。就像我们自己的语言总是充满变化,需要太多上下文来理解一样,当地人的日常交流也是随着语境而灵活运用的。好在对于民族志写作者来说,这些"言外之意"更有吸引力,其本身即是文化多样与变迁的一层折射。诚如王建民教授所说:"当代人类学田野工作的特点之一是在语境化中进行诠释。人类学家通过将所观察的个案材料嵌入到一个特定的分析文本中,可能会指出某一部分的细节与更大的语境之意的整体的、广泛的关联性。人们正是根据某些细节与其他观察到的细节之间的关联,用适用于这一语境的概念来解释一系列观察到的现象。"[①]我们或许可以将这些困难视为研究有所作为、学科得以发展的昭示。民族志写作并不是刻板的,学理也具有对问题与困难的包容性。当我们开始意识到并努力解决这些问题的时候,也是研究日益丰满的契机。

　　对研究者个人来讲,这些"海外"中的"上向"困难就变得非常琐碎。很多时候,它并不直接与所作的研究有关,但却影响着研究者本身的状况。以我自己的经历为例,在初到法国的将近三个月时间里,我都在处理关于学校注册、住

---

① 王建民:《田野工作与艺术人类学、审美人类学学科建设》,《广西民族学院学报》2004 年第 5 期。

房安置、银行账户、社会保险、长期居留证件等一系列"身份"问题，根本无暇顾及我预计所要研究的那些身份问题。虽然在这些琐碎程序的间隙，仍然可以对当地的情况进行大致的了解，留心可能的线索，但这种了解和深入密集的具体研究毕竟相差甚远。更糟糕的是，类似的系列事件总不能一劳永逸，它突如其来就分散了本来"预计"所能投入田野工作的时间和精力，以至于后来我不得不耐下性子来伺机"发现"，这必须是生活——法语中那句有名的"C'est la vie."（这就是生活/人生）仿佛力道不够——也是我田野的一部分。而当我终于能找到比如主要报道人、与研究主题关系密切的场景等些许"信息"时，它们又有可能忽然发生变数或者彻底消失。这类其实在所有田野工作中都会遇到的状况，发生在一个更需要完全自己去掌控的环境中，就会变得杀伤力无穷。焦虑、沮丧、怀疑、退缩时不时地偷袭当初情绪高涨的自我期待以及对异国情调的美好怀想。之前积累的所有信心与能力在这里都会被这种放大的挫败感重新估量。我想，每个田野工作者都能从奈吉尔·巴利（Nigel Barley）①那里找到共鸣和安慰，或者心底都有一本像马林诺夫斯基那样冒天下之大不韪的日记，海外田野工作者尤甚。这些困难是没有固定途径去"解决"的，只能依靠田野工作者不断的经验积累以及自身的应变能力或者风格来应对。

无法避免的"人以群分"

留学生的圈子是相对封闭和冷清的，甚至海外华人中也有相当一部分有类似的情况（移民后代另当别论）。他们经常与当地人交往，也有当地的朋友，但是就我所了解的情况看来，真正能与之打成一片的并不多。不论这种情况是否真是由所谓"文化差异"所致，人们总是会不由自主地首先将其归咎于"中国人"与"法国人"之间的种种不同。而这种"不由自主"往往隐含着一个下意识的假设前提：法国人彼此之间一定是打成一片的。即便发现事实并非如此，我

---

① 参见奈吉尔·巴利（Nigel Barley）：《天真的人类学家》，何颖怡译，广西师范大学出版社，2011年。

们也会倾向于把当地人之间的关系视为"个人问题",于是便不成为问题。我们会因"客在他乡"自然地分类并建构起"中国人与法国人"这样一种具有群体意义的主客关系,并将其与作为群体背景的文化直接关联起来。我的感受和表述本身其实已经印证了这一点。也正是在对这一问题的不断反省中,我才发现了其本身存在的问题。"群体比较"本来是我们习以为常的,所谓"明显差异"却更能让人反思差异这一概念的先入为主。我们不否定文化差异的存在,并承认意义不同、惯习有别。关键是对于关系的划分,我们往往处理得过于简单。关系必然是存在的,它存在于任何群体或个体之间。研究者经常有这样一种感受:随着调查的深入,先前设定的某些概念往往会遭到自我质疑,尤其是用于比较和言说的类别概念。分类经常成为我们在对某文化深入了解之前认识该文化的第一步,类似于"常识";而这种无法避免的"分类比较"似乎既是作为研究者群体的"进不去",又是作为研究者个人的"出不来"。

由分类所导致的直接问题就是"刻板印象";刻板印象同时又强化了对分类的笃信。它既有可能在"共时"的场景下,又有可能发生在"历时"的进程中。一个有效的假想———一种"时代精神","民族风格"或者同等模糊的"文化价值"———像密码一样隐藏在对异文化的认识当中,这个假想从来没有变成一个公认的定律,但是也没有完全被拒绝。这种"假想"或许本是用来对"发现"进行整理的工具,类似于标签的作用,但是,对工具的过度依赖则会使得我们信以为真,将工具视为本质。自此,就既忽略了文化本身的立体感和丰富性,也将文化中的异端,或者作为文化代言人的个人,在"假想"生成中的作用顺利排除了。对于分类和假象的使用不单单是一个关于结构和能动性的问题,甚至连结构本身都有可能是伪结构。即便是训练有素的研究者,在处理这个问题的时候也会十分小心。问题是老问题,却很难克服,特别是当自己处于一种时刻被提醒着文化身份的情境下的时候。如果一定要说做海外民族志有何特别之处的话,那便在于此了,它和前面提到的"放大"是同样的道理。以"认同的可拆合性"来讲,身在海外,"国别"是最为明显的特征,这也是我们容易简单分类的原因之一。实际上,个人认为,做海外民族志与做"海内"民族志并没有质的不同,只是在程度上有所差别。我们的分类层次会更加复杂,需要处理的关系也更加多元,同时也就越容易陷入类型化的陷阱。无论如何,研究者首先是人,而后才是研究者。

面目全非的"文化震撼"

在这样一个信息高度发达的时代,我们无时无刻不在分享着来自世界各地的文化体验。尽管身在海外,我时常恍惚之间觉得身边形形色色的神情就曾经出现在我所熟悉的过往中。与当地人聊起天来,虽然不那么自如顺畅,却也发现彼此有着相似的关心和感触;"made in France"的标签甚至比"made in China"还要稀罕。法国人谈论着中国的事情,而中国人也能在第一时间获得法国的新闻。大家都活在"当下",并不觉得隔山隔海。而"海外"距离感的丧失还在于,在近百年来的"现代化追逐"中,我们对西方世界的知识获得要远多于西方世界对我们的了解。这种稍显单向的传递或多或少地削弱了我们的研究者在海外田野工作中的敏感性。

全球化虽然不算是个较为晚近的过程,但其在近几十年来对整个世界的影响却是前所未有的。对此,学者们已经有过太多的讨论,无论怎样究其利弊,它还是以超过思考的速度渗透进了每一个人的现实和想象当中。社会愈加多元,所谓群体间的整体差异反而不那么大了。可是,对人类学这样一个以"文化震撼"起家的学科来说,如此这般"见惯不怪"是否意味着我们不再需要"阐释"了呢?其实,正如文化的互通有无在随时发生一样,其格格不入也同时在悄然滋长。或者反过来说,就像田野作品虽各有特色,但那些共享文化逻辑的田野工作者对讨论和挑战做出的反应又有着或多或少的相似性。也许,那种"大面积震撼"本来就是我们的想象,而当你觉得一切了然于胸的时候又总有"莫名其妙"跃然入目,更不用说那些时有发生的重建"震撼"了。人本身即是如此,又要有所依,又要有所异。文化之妙亦在于此,它是一个没完没了的故事。我们总是需要不断地用一种想象去打破另一种想象。与其说震撼于文化间的差异,不如说更震撼于文化内部的差异,既包括目标文化,也包括研究者自身所在的文化。虽然总体来说,作为整体的文化仍然有其独特的意义,但我们已经很难去用一种闭合的结论来概括某个文化的"既定"样貌。人类学还是需要去尽量描摹文化的轮廓,但是更加留心其中丰富多彩的分区与层次,实际上,它具有无限变焦的视野。

也恰恰因为如此,海外田野工作者会经常陷入到某种十分纠结的情绪当中。既要警惕由于"身在他乡"而容易得出的简单对立与刻板印象,又不能由于"他乡故知"就对其中微妙的变化熟视无睹。田野工作者要有敏锐的洞见,但却不宜有尖锐的态度。这适用于任何田野工作,只不过,在海外民族志中更容易成为问题。那么既然如此,我们还需要做"海外民族志"吗?我认为需要,并且十分迫切地需要。且不说任何一段的田野工作都是田野工作者最为珍贵的经历,也不说每一次文化深描都满足着我们探求未知的欲望,仅是这"痛苦"的海外经验,也值得田野工作者去体味。我们的田野范围越广阔,就越能听到更多元的声音,越能亲身体会那些以往只能在前人民族志中的田野,并做出更为言之有据的讨论。而在更为广大的学科发展意义上,学界试图解决西方学者单向海外田野作业所产生的知识及伦理困境,就需要在知识上主动和被动的双方合作,需要主体与对象、自我与他者的对立转向互为主体。[1] 作为西方人类学者的"他者",中国人类学者的眼光会使得人类学界的成果更加充实和平衡。同时,中国人类学对海外社会深入细致的研究经验,也会为我国社会科学的整体发展开辟更为广阔的国际视野。

再说"民族志"的命名权

无论是在海内,还是在海外,民族志方法已经走出了人类学学科之门。许多分属不同专业的学者都采用过这种研究方法。可以说,"民族志"已经成为表征"第一手深入研究"的方式。与此同时,人类学界则热衷于讨论各路研究所声称的"民族志方法"是不是真正人类学意义上的民族志方法。这也不是个新话题,却也是但凡说到民族志方法必谈的内容。在西方,也许是因为学科发

---

[1]　高丙中:《人类学国外民族志与中国社会科学的发展》,《中山大学学报》2006 年第 2 期。

展时间较长,人类学本身的应用范围较为广泛,作为知识的人类学也较为普及,人类学可谓一门基础学科。在这种情况下,其他学科对民族志方法的应用,就不大会影响人类学作为一门学科的独立性,并且,人类学也能更为积极地与其他学科进行交叉合作。反而在中国,或许是由于人类学还没有足够的影响力,学界对学科独立性的问题就更具有危机感。我们无需过于苛刻地批评人类学本身不由自主的清规划界,"我是谁"向来是深埋在人类心中具有永久萌发能力的种子,由之衍生的血统问题往往是第一个、也是最本能的反应。作为具有标志性的人类学研究方法,人类学学者撇清民族志所属的谱系,以正视听,也是试图确立人类学定位与意义的一种努力。

我们也不用过于担忧这一身份标志的离散标志着人类学的独立性不在。人类学之所以能够成为一门独立的学科,历经百年争鸣并开枝散叶,绝不是仅仅靠一项独门秘"技"而为之的。其视角、逻辑、价值观互为依托,互相成就,如同文化本身一样,是一个整体的系统。因此,在人类学的世界,民族志方法并不是"参与观察"、"访谈"等表示具体措施的术语集合,而是在方法论层面上的一整套源代码,可以说,它本身就承载着人类学自成一体的那套意义。王建民教授曾经在对民族志创作的讨论中提到:"作为专业术语的'民族志'逐渐演变为集方法与文体意义于一体的学术规范,也就是说,一个民族志文本既是田野作业方法的集中体现,又是一种人类学学科关怀下意义与思考的文本创作。"[①]其他学科采用了这一形式,并不意味着人类学从此就丧失了护身符,相反,或许在它广为流传的过程中,我们更能获知这一形式在不同领域中呈现出的效果,从而有利于人类学自身的反思与完善。其实没有哪一个学科是"纯合"的,人类学也同样一直在吸收并整合着来自其他诸学科的营养。以文化的彼此融合又相互独立观之,各学科之间也应当如此。

虽然自其产生伊始,人类学就致力于理解并阐释享有不同文化形态的各类人群,但个人认为,人类学却不是一门靠定义研究对象来命名的学科,与其

① 编者按:《民族志问题反思笔谈二则——兼〈思想战线〉"民族志经验研究"栏目结议》,《思想战线》2005 年第 5 期。

说"人类"一词是对象,不如说它更是关怀。这种关怀,本身即是纵横四海的。

冯　莎　　厦门大学人类学与民族学系助理教授(厦门　361005)

一个闽东畲村的民间信仰体系

赵婧旸

摘　要：本文尝试对闽东畲村半月里进行民族志式的书写，在建构出半月里村落生活全貌图景的基础上，以半月里的信仰体系、宗教生活、仪式过程为中心展开重点讨论。笔者完成了细致的田野作业、民族志资料收集与"科学"式的民族志书写，呈现出半月里的村落生活图景，同时，着力架构出半月里全景式的村落信仰体系，并讨论了民间信仰体系在地方社会与更宏大的区域历史、帝国话语、国家政治权威互动乃至博弈过程中所发挥的重要介质性作用。笔者主张对民间信仰体系的"解码"应置于历时性的脉络以及更广阔的空间中来加以讨论，在此愿景之下，通过对半月里民间信仰体系的梳理，还原了半月里以仪式、宗教为半径划出的村落社区生活轨迹，对仪式、信仰对村人、村落社区以及村落日常生活所产生的意义进行了解释。

关键词：信仰体系　仪式过程　宗教生活　闽东畲村

一、人类学之宗教研究回顾

人类学自肇基以来，对于信仰体系、宗教生活、仪式过程等话题一直都有传统的学科关怀。对于民族志工作者而言，宗教生活和仪式过程更是构成"他者"的社会文化全貌与整体生活图景不可或缺的重要部分。当然，宗教研究更是为人类学研究者们提供了观察"他者"以及切入其他话题的窗口。因此，宗教研究之于人类学研究的关键性作用自无需赘言。

科学民族志式的书写方式让人们对人类学宗教研究产生或多或少的刻板

印象,认为人类学家们不过是致力于用"抢救"式地记录与描述"土著社会"的巫术行为、仪式过程和信仰体系,从宗教的角度去寻找隐匿其中的社会关系网络和社会运行机制,并做出有限的解释。实际上,人类学者并不止步于对宗教问题做出简单而机械的解读,他们把信仰体系、仪式行为等置于当地的社会结构中去加以分析,致力于找出社会组织运作、社区生活与信仰体系之间的关联,并提炼出更具有普世意义的社会运作法则。尽管不同范式取径下的人类学者对于宗教研究有着不同的倾向,但是背后无疑有着先贤们的思想启发与激励。

马克思、涂尔干、韦伯对宗教研究均有原点式(starting-points)的著述,且深刻影响了后继的研究。马克思认为宗教等上层建筑决定于经济基础,产生于普遍而现实的社会矛盾;他批判黑格尔将国家抽离于社会的"国家造就社会"观,正如他的著名论断"把人的本质归还于人"所说,马克思认为是人创造了宗教而非宗教创造了人,他奉行的是宗教产生于普遍而现实的社会矛盾的历史唯物主义观点。马克思的思想实际上明显地受到了费尔巴哈的影响,但是费尔巴哈关于"彼岸世界的真理"还是遭到了马克思的强烈质疑。① 涂尔干相信,对宗教做一番"正本清源"式的梳理,追溯宗教的初级形式才是理解宗教现象的关键,而仪式和崇拜对象正是领会宗教初级形式的重要因素,换言之,也就理解了现下错综复杂的宗教现象。② 涂尔干的逻辑在早前的《原始分类》中已经有所体现,但是涂尔干的重点在于分析宗教作为集体表征的社会意义。而且他对于宗教生活所做出的神圣—世俗二元划分仍然为众多人类学后继者所沿袭和追寻。韦伯则是沿着意识形态形塑人的行为的逻辑发展出其研究路数,他尝试从新教伦理的角度去解释资本主义之所以兴盛的特殊原因,认为在西方兴起的资本主义精神正是从基督教的禁欲主义中所产生出来的。③

作为科学田野工作以及参与观察方法的奠基者,马林诺夫斯基细致描绘

---

① 卡尔·马克思:《黑格尔法哲学批判》,中共中央马、恩、列、斯著作编译局译,人民出版社,1962年,第1—10页。

② E. 涂尔干:《宗教生活的初级形式》,林宗锦、彭守义译,中央民族大学出版社,1999年,第1—21页。

③ 马克斯·韦伯:《新教伦理与资本主义精神》,于晓、陈维纲等译,生活·读书·新知三联书店,1987年,第23页,第121—144页。

了特罗布里恩岛民有关巫术的信仰、仪式行为及巫术—宗教观念、巫术与反制巫术的斗争行为。"土著人所有的害怕与恐惧都留给了黑魔法、飞行女巫、携带疾病的邪恶生灵,而最怕的还是巫师和女巫",然而,对于特罗布里恩人来说,巫术与反制巫术的斗争结果带给他们的是健康、疾病和死亡,更关键的是由巫术操控的超自然力量能够决定庄稼的丰歉、食物的多寡等一系列关乎经济的活动。① 普里查德呈现了阿赞德人以死亡为纽带的巫术、神谕、魔法的认知体系,以及巫术在应对社会事件和调解社会关系的中所表现出的功能与作用。②

人类学作为科学的学科定位曾经影响了数代人类学者的研究旨趣,在一代人类学者致力于收集全球范围内的民族志资料,人类学家们的雄心壮志不再只局限于像默多克那样建立庞大的人类区域文化数据库并进行跨文化的比较研究,而是重拾昔日的理论传统并在此基础上发展出更具说服力的新的理论架构。

受结构功能主义思想的影响,特纳强调符号体系的自主性,将仪式看作社会的缩微映射,主张象征和象征产生的诸如产生社会凝聚、缓和社会矛盾、加强社会规范等功能是二分的。③ 但是特纳在最终作出理论解释时,却没能避免结构功能主义的制约,这点在关注仪式与社会之间关联的玛丽·道格拉斯身上同样明显(道格拉斯认为文化建立在自然与超自然的体系中,而现实的社会关系正是以类比的方式得以建立。④)。虽然萨林斯和施耐德也在竭力展示个人情感与集体表象的辩证关系,但是格尔兹显然具有更大的影响力,作为反思人类学的践行者,他明确地把宗教现象定义为文化的体系,在以符号为表达方式的宗教体系里面去寻找意义(meaning)并阐述社会中的重要角色。⑤

---

① 马林诺夫斯基:《西太平洋上的航海者》,张云江译,中国社会科学出版社,2009 年,第 340—356 页。

② E. E. 埃文斯-普理查德:《阿赞德人的巫术神谕和魔法》,覃俐俐译,商务印书馆,2006 年,第 550 页。

③ 维克多·特纳:《仪式过程:结构与反结构》,黄剑波、柳博赟译,中国人民大学出版社,2006 年,第 41 页。

④ Mary Douglas, *Purity and Danger*, Harmondsworth:Penguin Books, 1966.

⑤ Clifford Geertz, *The Interpretation of Cultures*, New York:Basic books, Inc. , publishers, 1973.

这些理论在中国人类学研究的丰富数据与材料中得到不断的检视和扩展。一方面,有的学者在历时性的脉络中对宗教进行研究。詹姆斯·沃森讨论了妈祖是如何从一个地方性"小神"到被"敕封"为天后所经历的造神过程,并从国家、权力与地方互动的角度进行了解释。① 韩书瑞则还原了清晚期白莲教传播的历史过程,认为白莲教之所以在下层民众中得以迅速传播与社会、经济因素关系密切。②

另一方面,有的学者在共时的空间里讨论汉人社区的宗教生活和仪式过程。武雅士主张汉人社会超自然信仰中的神、鬼、祖先几乎就是现世生活里对人群分类的对应。③ 王斯福认为民间信仰作为帝国权力的隐喻从过去到现在一起都在民间社会中发挥作用,在构筑民间社会形貌的同时也成为民间社会对权力的再定义。④ 张珣梳理了台湾妈祖信仰的源流,比较了新加坡与台湾地区妈祖信仰的异同。林美容提出从"祭祀圈到信仰圈"的角度来解析汉人地方社会中民间信仰的组织和活动。⑤ 通过对"私人佛仔"与"查某佛"、"王爷"信仰、保生大帝、临水夫人等神明的研究来考察信仰背后的社会组织形式和人际关系也是目前民间信仰研究的重要路径。

然而,上述关于中国的宗教研究不论是历时性或是共时性的讨论,抑或是对不同地区信仰体系所做的比较研究大多聚焦于汉人社会,以少数民族的宗教生活与信仰体系为对象的研究甚为鲜见。但是,实际上,少数族群民间信仰体系也是民间信仰研究的重要部分,甚至可能成为研究汉人社会宗教和组织的突破口,因此,这也成为本文的研究意义所在。

---

① 詹姆斯·沃森,韦思谛编:《中国大众宗教》,陈仲丹译,江苏人民出版社,2006 年,第 57—92 页。

② 韩书瑞:《中国大众宗教》,韦思谛编,陈仲丹译,凤凰出版集团 2006 年,第 224—265 页。

③ Arthur P. Wolf, Gods, Ghosts and Ancestors. In *Religion and Ritual in Chinese Society*. pp. 131 - 182. ed. by Arthur P. Wolf. Stanford: Stanford University Press, 1974.

④ Stephan Feuchtwang, *The Imperial Metaphor: Popular Religion in China*, Richmond: Curzon press, 2001.

⑤ 林美容:《由祭祀圈到信仰圈——台湾民间社会的地域构成与发展》,刊李筱峰等主编《台湾史论文精选》(上),玉山社,第 289—319 页。

二、畲族研究回顾

本文旨在对一个位于闽东山区的畲村进行民族志式的书写,在详实描述其社会文化的基础上,对有关信仰体系、宗教生活和仪式过程方面的问题展开重点探讨。因此除了对人类学有关宗教、仪式的研究进行学术史回顾以外,还有必要对传统史学、民族史、民俗学以及少数民族研究尤其是与闽东畲族相关的研究予以扼要的梳理。

畲族作为久居中国东南且具有悠久历史的族群,大多傍山而处,畲人也因此自称"山哈"。现下他们主要散布于福建、浙江、广东、江西、贵州、安徽境内,其中尤以闽东地区分布最为集中。最为闽东地区的主要族群之一,畲族在该区域的历史进程中发挥了重要的作用。

必须说明的是,畲族研究的开启与中国民族史研究的传统学术关照以及与 20 世纪 20 年代整个社会所历经的巨大社会变迁的时代背景密切相关。当时,帝制中国的消解以及现代民族国家的兴起,对于身在其中的人们而言造成了身份认同的疑惑,因此,如何在变革中的中国社会觅得自己身份认同的来源,成为当时知识精英们的主要诉求。这也是梁启超提出"中华民族"并号召将"公民"身份应用考察中国民族研究的原因。[①] 新文化运动期间,畲族被纳入华夷的研究传统之中。林惠祥对中国民族进行的族别分类[②]扩展了传统史学中以华夏为中心的有关华夷之辨的论述以及以中原为圆心的"天下"格局。

20 世纪 20 年代到 30 年代,董作宾、钟敬文、沈作乾、吕思勉等人以及 40 年代凌纯声、傅衣凌等人展开的畲民研究皆为涵盖在"中华民族"大框架之下的少数民族研究。这些中国民族史研究大多根据文献资料对畲族族源进行考证,其中董作宾在其著作《说畲》中以解析"畲"字的读音和字义为切入

---

① 梁启超:《历史上中国民族之观察》,饮冰室专集,载《新民丛报》,1905 年。
② 林惠祥:《中国民族之分类》,载《中国民族史》,商务印书馆,1996 年,第 8—9 页。

点,阐述畲族族名的来源假设并提出进行畲族研究应从语言、族谱和风俗三方面入手;①傅衣凌从姓氏出发论述畲族实为越人之后,在《福建畲姓考》一文中他主张畲族是后来迁至今闽浙赣边界的越人后代。② 不论是通过语言学的方法还是通过考古学或民俗学的研究路径,这些研究的共同点之处在于通过对畲族源流的追溯去推断畲族与其他族群之间的亲疏关系。这些研究获得了不少进展,而且对后继乃至今天的中国民族史研究都产生了深刻的影响。

时至50年代,在全国范围内开展的民族识别工作启动之后,人类学与民族学界对于畲族等少数民族的研究首先是基于斯大林关于"民族"定义下的民族调查与民族识别。《福建省福鼎县畲族调查报告》之类的民族调查报告就是以该思想为指导进行的民族资料收集,民族学者根据民族调查报告对区域内的非汉民族加以甄别。

随后,根据民族识别调查的资料和成果,《畲族简史简志合编》和《畲族简史》作为《中国少数民族简史丛书》系列的其中一部与民族识别工作的成果,分别于60年代初和70年代末被整理出版。其中,《畲族简史简志合编》主要从畲族概况、畲族历史简述、畲族人民的革命斗争、解放前畲族的经济生活、政治情况、半殖民半封建社会、文学艺术、生活习俗与宗教信仰、畲族人民的解放和民主改革、民族政策的实行、社会主义建设中的畲族等方面对畲族的基本情况予以特征化的概述。《畲族简史》则对畲族的名称和来源、古代畲族的社会状况、畲族人民反抗历代封建统治的英勇斗争、中国共产党领导下畲族人民的革命斗争、畲族文化和社会习俗等五方面进行概况性记录,且以历代反封建革命斗争的情况为主。

20世纪80年代后,尽管来自民族学、历史学、民俗学等不同学科的学者加入到畲族研究中,以不同学科的角度和研究方法使得畲族研究呈现出越来越多元化的趋势,但是,传统民族史式的研究仍然占据主流地位,这样的研究传统也

---

① 凌纯声:《畲民图腾文化的研究》,国立中央研究院历史语言研究所《历史语言集刊》第十六本抽印本,1947年,第167页。

② 傅衣凌:《福建畲姓考》,《福建文化》第2卷第1期,1944年。

成为民族史研究难以突破的桎梏。当时,学者们集中于对畲族的历史和畲族的形成过程进行探究,"武陵蛮"说和"百越说"成为畲族来源论争中的主流观点。蒋炳钊在 1988 年出版的《畲族史稿》是畲族研究进入新阶段的重要标志,他吸收了同行学者们的研究新成果,提出文献资料中出现的"山都木客"与畲族关系密切的观点①,对于日来区域史和民族史研究的转向具有启发性的意义。

虽然,学界难以就畲族的祖源问题达成一致,但是这些讨论都有助于畲族研究的发展,在以全国畲族文化学术研讨会为载体收录的研究论文中可以清晰地获悉从更晚近的 90 年代开始的畲族研究所取得的进展。这一时期的研究在延续传统研究的偏好之外,同时还开辟了新的研究方向。除了畲族族源与迁徙路径仍是讨论的传统议题之外,更多的学者开始结合例如改革开放之类的宏观时代背景,沿着历时性的线索,梳理畲族传统社会文化的变迁,关注畲族社会在经济发展及其现代化所遭遇的问题。此外,该时期对于畲族民俗风情的研究更为深入,从畲族的服饰到小说歌的创作和曲调等都被纳入研究者的视野中。这些研究与过去相比更加细化、专题化,同时又往往是在综合各地畲族资料的基础上来呈现畲族历史、文化及现状的"全貌",其中隐藏了"普遍性"与"泛特征化"的前提。90 年代后的研究充实和深化了对畲族文化的丰富内涵,但是也造成了某些"碎化"、脱离具体社区或地域环境的"概化"以及与社会整体观渐行疏离等弊病。②

蓝炯熹在《畲民家族文化》中从梳理构成畲民家族文化的诸要素着手,分析了外部环境对畲民家族文化的影响,评价了畲民家族伦理的价值取向,探索了家族伦理对家族、人等的支配力量③。作为一项从局内人的角度进行的研究,蓝炯熹在分析畲民家族文化在现代化过程的遭遇时显得颇为生动,从传说、谱牒、碑刻等民间文献着手解读了畲民的伦理道德观念,十分深刻,但是他着重于对畲族家族史加以具象化的呈现,而未能将畲族的家族史置于更宏观的脉络中解读,以至于难免缺乏"整体性"的眼光。

---

① 蒋炳钊:《畲族史稿》,厦门大学出版社,1988 年。
② 谢琳:《闽东畲村谢岭下的经济、社会与文化》,厦门大学人类学系硕士论文,2014 年。
③ 蓝炯熹:《畲民家族文化》,福建人民出版社,2002 年。

三、半月里的村落概述

霞浦县地处福建省东北部地区,与福安、福鼎、柘荣县毗邻,海岸线绵长,多港湾、半岛和大大小小的岛屿。整个霞浦县的地势由西北向东南呈三级阶梯状下降,境内丘陵、盆地、低山、平原交错。

半月里村位于霞浦县东南方向的溪南镇,系白露坑行政村所辖的五个自然村之一。下图说明了半月里与邻近村落的相对位置和距离,其中半月里用箭头标志标出。所标注的村落与半月里经常发生联系,例如商贸往来或是亲戚间的访问或是缔结姻亲。这些村落分别属于半月里所在的溪南镇以及邻近的沙江镇。

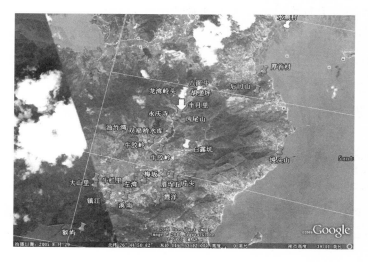

半月里与邻近村庄的位置关系图①

(一)历史沿革

将时间倒带回到清中期,从开基到清晚期的中兴时期,半月里一直被称为半路里,这是由于村落恰巧位于溪南镇与沙江镇水潮村的交通要道上,往来客商多半选择在此歇脚或投宿,因此得以生成"半路里"这个形象的村落名称。族谱资

_____

① 地图来自于谷歌地球。

料和村民口述都提及清晚期宁德地区有名的风水师雷志茂勘查本村地形后改村名为半月里,村人每每谈到此次莫不相信这次改名对整个村落命运的益处:

> 雷志茂是半月里开基基祖的第五代孙,清中晚期出生于我们村,是霞浦乃至整宁德的风水名师。他观察村里的地形,认为与新月的形状相似,所以就把半路里改名为半月里,这样有助于村里的风水。

(二) 行政区划

半月里所隶属于的霞浦县历史悠久,最早的设县记录可追溯到晋代,当时霞浦属于新建的温麻县,为晋安郡所辖。到隋朝开皇九年时,霞浦被并入原丰县。唐武德时又改属长溪县,其所辖范围也有些微变化。该地的隶属关系在唐末几经改换,最终,长溪县原来所辖的连江地区被分离出去,但是霞浦仍归长溪县管辖。北宋时期的行政区划较为复杂,当时设有福建路,不过霞浦地区仍沿用长溪的旧称由福州统管。元代时,霞浦隶属于福州路下辖的福宁州。至明初,霞浦所在的福宁州降为县,后又改为福宁州。[①] 清代设福宁府,将霞浦纳入其中,但是福宁府的范围与明代福宁州相比缩小许多。民国初时不再设立福宁府,而是把霞浦划属福建闽海道。新中国成立后,霞浦县隶属于福安专区(地区)、宁德地区、宁德市。

1958 年,霞浦开始实行"撤区并乡并社"政策,撤销长春等 8 个区的建制。到实行公社制度的时候,半月里属于溪南公社下属的白露坑大队[②],当时白露坑大队管辖的范围包括八斗面、岔头、牛胶岭、白露坑和东瓜坪五个自然村。80 年代后实行"政社分离"政策,遂恢复了过去的乡镇建制,原有的公社、大队、生产队分别改为乡(镇)、行政村和村民小组。在撤销公社制度之后,半月里隶属于霞浦县溪南镇白露坑村,溪南镇下辖 1 个社区、24 个行政村,其中包括:溪南社区;溪南村、长兴村、南岸村、左湾村、芹头村、白露坑村、仙东村、后慕村、台江村、南门山村、溪尾村、关门村、东安村、西安村、七星村、下砚村、甘棠村、猴屿村、

---

① 参见[明]殷之辂修:《福宁州志》,书目文献出版社,1990 年。
② 白露坑在公社时期又被称为红坑或白虎坑,红坑这个名称一直沿用至今。

长腰村、青山村、岱岐头村、霞塘村、傅竹村、南坂村。

白露坑行政村下辖五个自然村,包括白露坑、半月里、岔头、东瓜坪、牛胶岭,由白露坑村委会分管,其中来自白露坑自然村的钟清炉担任白露坑党委书记,来自半月里自然村的雷国胜任白露坑村主任。村人向访客介绍半月里和白露坑的行政关系时,往往难掩对本村的骄傲之情,不无自豪地向来访者夸赞说:

> 虽然白露坑是行政村,半月里是自然村。但是,这个哪里能够说明半月里被白露坑比下去了?所有跟历史文化的有关的都在半月里,只有现在号称畲族歌王的还住在白露坑而已。

(三)聚落格局

半月里的建筑物除了修建时间不一的村人自住宅屋外,主要的历史建筑包括龙溪宫、雷世儒宅、雷位进宅①、雷氏祠堂,还有前几年在新农村运动倡导下"开辟"的村部、全村唯一的公厕、篮球场以及志在光大畲族文化的村民雷其松个人建来用于展陈他收藏的民俗物品的"博物馆"。上述这些建筑物的在整个聚落格局中的空间位置都在以下村落草图中进行了一一展示。

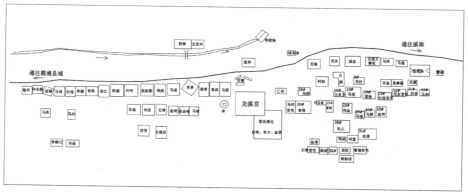

半月里村落草图(根据作者手绘的村落草图制作)

---

① 雷世儒、雷位进都是半月里村史上不同时代的名人,两人都有功名加持,后来各自修建大宅,两处大宅被福建省历史文化名村项目列为历史建筑,仍有其后人居住。

半月里村落全景鸟瞰图

笼统地说,整个半月里的村落生活几乎是以龙溪宫为圆心展开的轨迹,作为整个半月里社区生活的中心,龙溪宫既是村民进行仪式活动的场所,也是村民日常生活的中心。春夏季节,村民大多在龙溪宫外的大榕树下乘凉、闲谈、歇脚,村落社交生活经常从早上 5 点就开始,三三两两的村民一早就在龙溪宫前,就家长里短或国家大事尽情抒发自己的观点。秋末冬初天气转冷农事几近结束,村民们通常会聚在龙溪宫里面架起木头烤火取暖,并三五成群地围坐在一起闲谈或者进行棋牌之类的娱乐活动,直到开餐时间临近才各自返家。龙溪宫实际上已经成为了半月里重要的公共空间,承担了作为整个村落生活的社交平台的功能。当然如若算上在 20 世纪 70 年代前,龙溪宫一直是村中"公学"——教习所——的办学所在地的话,龙溪宫所附载的社会意义则显得更加多样。总的来说,这里是半月里重要的公共空间,也是大多数村民进行人际往来的场所。因此,可以毫不夸张地说,一个半月里人典型的日常生活正是以龙溪宫为起点而同时又以龙溪宫为终点的。

实际上,村人认为早在清中期半月里开基时就已经对整个村落的空间格局进行了"规划",明确地安排了宫庙和祠堂坐落的位置,按照村人口中所说"宫前祠堂后"的风水规矩将龙溪宫置于整个村落的中心,雷氏宗祠安放于龙溪宫后的山坡上。村人解释说之所以如此安排是因为祖训认为"菩萨"要在祠堂前面,此种空间格局的安排很可能是村人表达重视神明和信仰的一种方式。

龙溪宫经历了一次重大的重修工程,在国内各地纷纷申请非物质和物质文化遗产浪潮的推力下,作为畲族历史文化名村的半月里在 2007 年对龙溪宫进行了一次大规模重修,在这次工程中翻新了龙溪宫的大门和屋顶,不过重建后的龙溪宫因为屋顶结构的改变,过去同样作为公共空间的屋顶部分被封闭,对于村人而言这实际上意味着村落公共空间的缩减。

龙溪宫门前立了几块说明半月里"前世今生"的碑刻,其中最近一块对其修建的年代以及建筑风格等做出了说明:

> 清雍正八年(1730 年)建,畲族宫庙建筑,坐北朝南,占地面积 508 平方米。由戏台、环楼、众厅、神厅等组成。神厅、悬山顶、抬架、穿斗式木构,面阔五间,进深四间。戏台上方以斗拱承托八角藻井。整座建筑颇具闽东浙南风格。福建省级文物保护单位,福建省人民政府 2005 年 5 月公布。

龙溪宫的兴建过程与半月里的村落发展历程以及当时霞浦宁德地区的区域历史不无关系。清中期后半月里村人雷世儒开始从事茶叶贸易,将附近村庄(包括芹头、白露坑村和半月里本村)所产的白茶由水路运送至福建其他地区贩卖。据说,在雷世儒将其经营网络开拓至台湾地区后,因机缘巧合而尊奉妈祖,故请回妈祖到半月里坐镇,以期海运平安且生意发达。这也是为什么村人至今相信龙溪宫里所供奉的妈祖是由台湾分香而来的原因。当然,这位半月里举足轻重的人物也主持了龙溪宫的修建,他不惜经由福州至附近的港口猴屿运送大块石料来作为龙溪宫的修建材料,并提供免费膳食犒劳参与修建的劳工。

龙溪宫的正面,屋顶翻新的痕迹仍旧明显可见。

龙溪宫侧面(图片由黄向春提供)

　　新近修建的村部主要承担了接待研究者和访客的"官方"任务(因为前来采风和寻找小说歌歌者的仰慕者逐年增多),平时不对村民开放。村部设有一间图书室,里面多为儿童读物以及少量指导农业生产技术方面的书籍,因此前来"光顾"的大多是留守在家又未能进入学校就读的适学儿童。

雷氏祠堂(冯翊堂)是半月里村雷氏宗族活动的中心,祠堂建在龙溪宫的后方的坡地上,平时由一族人专门管理,不随意开放给外来的访客,但是若逢宗族活动,例如七月半祭祖、封谱等,均向族人与访客开放。村中另外的吴姓、蓝姓村人不参加在雷氏祠堂组织的祭祖活动,一般也不进入其中。① 几处老宅中只有雷世儒的旧宅目前还有其后人居住,雷位进的旧宅已经无人居住,其后人悉数搬入沿着通过溪南镇的公路边修建的新房,老宅交由一名族人负责日常打理与照顾。建于雷氏祠堂旁边的雷加上宅现也已经空置,该房唯一的后人已搬入公路旁的新房内。

四、半月里多元的信仰体系

在访谈中,村人时常谈及他们对宗教和信仰的看法,在他们看来,信仰本来就是心里的一种感应,是一种安慰,心中有神,日常行事会感到安心。当然,他们仍然对于迷信和宗教模棱两可的分类感到困扰。不过,半月里村人对于超自然存在的分类与整个中国社会所谓的造神运动相一致。即官方的认可和允许决定了超自然存在的"合法性"。在村人眼中,那些受过官方敕封或是得到官方允许的神明都是赐福四海的,而那些同样可能具有"法力"但是从未得到过官方认可的只能成为鬼邪和到处飘荡的孤魂野鬼。② 本节试图建构半月里全貌式的信仰体系,包括尽可能完整的神的体系、仪式活动和仪式专家的整体性框架,并竭力将半月里的信仰体系与村落空间格局建立联系,继而勾画出较为清晰的以信仰和仪式生活为半径的半月里村落生活的轨迹。

---

① 根据家户调查,半月里以雷姓为主,但也零散有蓝、姓吴姓村人迁来,近年来还有从其他省份嫁入的女性。

② 笔者发现,在溪南镇所辖的不少村落都修建了大大小小的教堂,并有专职的神职人员维持教会日常运作。但是在半月里,村民却对传信者表示排斥,他们认为,自己作为少数民族履行佛事是其历来的传统,因此对于传教活动感到反感。在他们眼里,放弃菩萨而信耶稣的都是溪南的汉人,畲村里面不会出现耶稣的信徒。虽然村民理解那些转信基督教的人也是为了求得平安与诸事顺利,但是,他们对基督教的在溪南地区普遍的传教活动持有执拗的偏见。

（一）信仰空间

半月里村落全境中,作为村落公共信仰的祭祀空间共计四处,其中,龙溪宫"正好"坐落于整个村落的中心;土地庙一处建于半月里村去往白露坑村的路旁,几乎可以被视为半月里的村界标志,另外一处土地庙建于龙溪宫后山歌寮附近的山脚下;师公庙主祭曹郑陈三位法师,跨过龙溪宫对面小溪的一处角落便是师公庙的位置。表1详细列出了半月里信仰体系的主要信息。

表1　半月里村境内信仰空间情况

寺庙/宫庙名	位　　置	修建时间	主要神祀
龙溪宫	村落中心	始建于清雍正八年	梨花洞主是该寺中最主要的神明,陈元帅和薛元帅是半月里的常驻神,另外还拜雷万春、平水皇、陈靖姑、妈祖。
曹郑陈师公庙	龙溪宫对面穿过石桥,步行 500 米左右处	清末民初	曹、郑、陈三位法师
土地庙（歌寮）	龙溪宫后山的歌寮附近	待考	福德正神
土地庙（双福桥）	双福桥对面	待考	福德正神

实际上,之所以有必要梳理村落信仰系统的空间位置,是因为村人的仪式活动正是通过在这些不同空间里的转换而串联起来的,我们至少可以把这些空间看成通往信仰体系全貌的路径。

显而易见的是,半月里的仪式生活并非局限于本村内部的空间,而实际上参与到了更大范围的信仰体系和仪式活动中。村人所参与的仪式生活半径可以从龙溪宫延伸到永庆寺、溪南镇上的各类宫庙、葛洪山梨花洞的云秀宫,甚至前往霞浦松山为妈祖进香并将妈祖神祇从松山分香至龙溪宫,甚至最远参与到全国性的妈祖朝觐活动中。然而,这些区域性的仪式活动到底是基于何种运行机制或者说是什么吸引了半月里的村人跨出村界参与仪式活动?这些仪式活动到底是否作为维持族群认同的来源?目前还难以匆促论断。

表2　半月里周边地区部分宫庙的信仰空间情况

寺庙名	地　点	所祭之神	主要祭祀群体
永庆寺	双福桥水库附近	弥勒佛	以梅版村村民为主,附近来自其他村的村民较少。
虎马宫	溪南虎马宫(菜市场)	虎将军　马将军	溪南镇附近村民
修将宫 仙姑宫 慈德宫	溪南镇	将军 仙姑　夫人	溪南镇附近村民
镇江宫	溪南镇江村	古田临水宫通天圣母三位元君、杉洋林公忠平侯王、平水明王、葛洪山梨花洞李元帅、湖广何法师公。	镇江村村民以及溪南镇附近村民
松山妈祖宫	霞浦县松山		霞浦县各地村民
云秀宫	葛洪山梨花洞		溪南全境
梨花洞	葛洪山梨花洞	梨花洞主	溪南全境

永庆寺

修将宫(溪南镇)

慈德宫(溪南镇)

镇江宫 　　　　　　　　　仙姑宫（溪南镇）　　　　　　　　　虎马宫

（二）信仰体系

畲族等少数民族社会的大众宗教或者说民间信仰与宏观的国家区域历史不无关系，在与汉人社会的大众宗教也存在某种关联的同时，我们必须承认其复杂程度并不亚于汉人社会。

人们很容易对半月里的信仰体系得出"多元融合"的整体印象，因为诸如闾山教、佛教、道教科仪等特征几乎都能轻易被观察到。凌纯声在多年前的著述中就主张畲民的宗教是图腾与宗教的结合，他认为"畲民现在的宗教从表面上看，是从汉人处学去的巫教，但与其固有的图腾崇拜混在一起，不过因为图腾是有宗教性的，所以能与外来的宗教混合起来。如我们把畲民的图腾与宗教加以分析，二者仍能分开"①。这至少能够说明畲人的宗教和信仰远非我们想象得那么简单。在笔者看来，半月里的信仰体系是多元角色互动的结果，当然也是一个畲村参与国家—地方话语系统的写照与映射。

1. 在公共空间内供奉的神

龙溪宫、土地庙（即分别位于歌寮和双福桥的两座）、曹郑陈师公庙都属于在半月里村落公共空间里接受供奉的对象。村人在公共空间内供奉的神包括：

---

① 凌纯声：《畲民图腾文化的研究》，第167页。

梨花洞主、元帅、陈靖姑、妈祖、雷万春、平水皇、师公、福德正神。当然,位于村落中心位置的龙溪宫更被村人关注,香火也较其他更为兴旺。

龙溪宫内供奉多位神灵,表3示意了龙溪宫所奉7位神明的位置。其中,梨花洞主是整个村落的主神,其下辖的陈元帅和薛元帅是龙溪宫固定的"常驻神",并每三年下派一个新神入驻龙溪宫;①雷万春和平水皇作为畲民的英雄和有功君王也享有较高的礼遇,在其他地区的畲村宫庙中也很是常见的神明;对妈祖的崇拜在这个山林间的畲村仍然可见,村人自称本村是福建地区唯一崇拜妈祖的畲村;当然陈靖姑信仰在闽东地区十分普遍。分别位于歌寮和双福桥的两座奉祀福德正神的土地庙地点稍偏,比不上龙溪宫建筑恢宏,但是来此朝拜却也成为村人的惯例。师公庙位于小溪对岸,居于整个村落一隅,奉宁德地区著名的三位法师为主神,村里的乩童法师和畲族青草医业者多来此供奉。

表3　龙溪宫供奉的神明位置示意表

右	中间	左
陈靖姑　妈祖	陈元帅　梨花洞主　薛元帅	雷万春　平水皇

表1已说明了半月里主要庙宇的修建年代以及在村落中的空间位置。龙溪宫的始建年代最早,按照村人的说法,曹郑陈师公庙的修建年代在清末民初或距今更近的年代,两座土地公庙修建年代早于曹郑陈师公庙,但是具体年代目前尚无法考证。

(1)梨花洞主及其麾下马将军、薛元帅、陈元帅

如上文所述,梨花洞主在龙溪宫被尊为主神,这点从梨花洞主被居中放置就能看出。在半月里村人甚至是白露坑村和溪南镇村人的描述中,莫不称梨花洞内驻有千万神明,梨花洞主正是万神之首,由其选派麾下神灵前往村落担任任期三年的守护神。龙溪宫所奉马将军是梨花洞号称三千八百六十万众神中的一位,2011年正月十五从溪南镇葛洪山梨花洞请回半月里保护村内全境平安。

另外供奉的薛元帅和陈元帅是半月里村常驻的保护神,根据传说自开基祖文寿从盐田长岗乡迁来之时起就已经供奉薛陈二元帅为村境守护。不过,在访

---

① 关于三年一届的梨花洞送神请神仪式在后文中有详细描述。

谈中并无村人能够回忆起薛元帅和陈元帅被迁入龙溪宫内的详细时间,众人几乎都只能模糊地描述"他们一直在龙溪宫里面"。除半月里之外,相隔不远的厚首村也供奉着薛陈二元帅,只是未将其纳入主神的地位。

每到农历三月十五日薛陈二元帅的诞辰日,半月里大部分家户仍然会依循旧俗备妥香烛等物品前去龙溪宫为二元帅点香,祈求村落全境平安、免除灾祸和动乱。

龙溪宫里面供奉的神明

令旗①

龙溪宫里供奉的香位②

（2）雷万春

雷万春被畲人公认为一位战争英雄,生前战功卓绝,死后被视为保护畲人

---

① 这是从葛洪山请来梨花洞主的令旗。
② 龙溪宫里面供奉的香位,上面写着"敕封护国显应侯王陈、薛公大王"的字样。

村境安宁以及人畜平安之神明。雷万春通常并不以独自一人的形象出现,而是与他的两位名为钟景棋、南齐父的义兄一起接受供奉。相传三人在一同作战中结拜为兄弟,后来都成了英雄人物接受人们的祭拜,继而成为保平安的神。在与半月里相邻的白露坑村的狮头洋庙,就供奉着雷万春、钟景棋、南齐父三人位主神。下图为狮头洋庙里面雷万春与其两位结拜兄弟的造像,中间者即为雷万春。从狮头洋庙中信徒还愿时悬挂上的"有求必应"旗可以看出周围崇拜者众多,愿望达成者也用雷元帅来称呼他以示敬意。

三月三日是畲村的重大节日,村人不仅采摘乌桋树叶制作乌饭,还往往举行畲歌歌会,不过村人也相信这天是雷万春诞辰,在欢庆之余仍不忘点香供奉。

狮头洋庙里的神像①

（3）平水皇

供奉于龙溪宫内的平水皇在村人的叙述中是上古三皇五帝时代与颛顼等齐名的贤君,因为他成功地治理了水患,疏通河道并兴修了灌溉工程,故而被尊为平水皇。在畲民看来,平水皇帝的治水功勋使得畲村免除洪涝之灾、受益良多,因此

————————————

① 供奉于狮头洋庙的雷万春、钟景棋、南齐父的塑像,中间为雷万春的形象。

如今几乎每个畲村都会在村庙内供奉他,以期风调雨顺,免除旱涝之灾。

对于平水皇的崇拜在大多数畲村都能发现,在村人的讲述中,平水皇不仅作为神明接受村人崇拜,同时也是帝国皇权的重要象征,崇拜他表示村落处于帝国治下而非流民或草寇。从某种意义上说,平水皇崇拜是畲村合法性的象征,意味着他们是王朝体系中的一员。据村人回忆,适逢节庆或神诞时,村里会请戏班在宫庙里面搭台唱戏,倘若恰巧上演的戏份涉及某个帝王,但是该村庙里又未将平水皇加以供奉,则会被视为大不敬的犯上之举,必会为整个村庄招致厄运;反之,则平安无事。

当然,这些在访谈中收集的口述材料也许不足作为说明宗教信仰作为帝国话语里中央与地方互动的佐证,但不论如何,对于平水皇的崇拜和相关仪式活动都是村人重要的历史记忆。

（4）陈靖姑

和闽东其他许多地方一样,陈靖姑在半月里也被称为奶娘或者临水夫人、顺懿夫人或大奶夫人。根据民间的一般说法,陈靖姑生于闽县下渡,嫁于古田中村,卒于罗源西洋。陈靖姑死后主要成为了妇女儿童的保护神,同时还具有祈福禳灾、惩恶扬善的法力。因此,村人往往将家中孱弱或容易生病的幼儿寄在陈靖姑名下当作其义子,以期其"好养活,免灾病"。于是,凡寄给陈靖姑者通常用"奶"字命名,例如村人雷奶荣等。

（5）妈祖

在半月里的神明分类中,妈祖显然比陈靖姑受到更多的重视。村人认为妈祖不像陈靖姑是在死后修炼而成的神,而是被皇帝敕封的海上菩萨、天后娘娘。虽然陈靖姑在村里也颇受欢迎,但是妈祖代表了更多的官方认同。随着近年来官方和民间的妈祖活动频繁举行,村人相信这更是认妈祖居于大位的重要依据。

妈祖通常在沿海地区或者是生意人中受到信奉,但是作为山村的半月里却成为霞浦地区为数不多供奉妈祖的畲村。梳理半月里的村落历史,不难想象这也许与清中期半月里参与的霞浦商路有关。

在村人回忆里,从猴屿码头走水路经飞鸾到福州或走霞浦大路从陆上到达福州,是把土产的茶叶贩卖至福州甚至台湾的两条重要商道,半月里当曾有村人将其商贸网络扩大到了福州和台湾地区。大约在道光年间,这位半月里先富起来的带路人便从湄洲将妈祖请回半月里的龙溪宫供奉,希望保佑其在运输货物途中一切平安。这也是之所以村人相信龙溪宫的妈祖是由湄洲分香而来的主要原因。

妈祖在这个山村信众颇多,村人认为妈祖的强大灵力常常在他们自身或周遭发生。曾经有报道人详细讲述过妈祖显灵的故事,在亲历海难获救后,他自此坚信妈祖平定海疆的灵力:

> 在国共战争快要结束的时候,我的叔公被国军带去台湾。但是不久之后便心生悔意与不满,于是便偷了兵营附近的民用渔船乘夜驶回他的原籍地福建霞浦。不过,晚上海面突起变化,翻起大浪将小船掀翻,在落入海中之际嘴里高喊"妈祖救我!如果送我回家,日后必定加以答谢",之后便失去知觉。第二天天亮之后,竟然发现还活着,眼前出现的便是家乡霞浦的海岸。

这个逃兵被妈祖保佑平安返乡的故事传开之后,村人越来越笃信妈祖的灵力,甚至还有妈祖帮助郑成功收复台湾的故事在村里流出。2007 年龙溪宫重修后,半月里派出村民代表在妈祖神诞日从霞浦松山的妈祖宫请回重新供奉。村人甚至还参与了全国性的妈祖信众交流活动,经过推举两名村人代表半月里去天津与全国妈祖信众交流,至今这两位代表都将这次经历视为至上的荣耀。

(6) 曹、郑、陈师公

师公庙主祭曹、郑、陈三位法师,20 世纪 60 至 70 年代该庙曾经在"破四旧"运动中被毁坏,直到 1998 年秋才由半月里与邻村共同出资重新修建。根据对村民的访谈,曹、郑、陈三位师公都是法力高强的法师,他们从间山修习回来,甚至可以隔空垒起十三张桌子,三人因功力高深在宁德地区享有很高的声誉并广受爱戴,死后被立庙为神,接受信徒的崇拜。

下图为曹郑陈师公庙景象,庙前还有一座香炉以及供焚烧银钱用的炉子未被收入镜头中。楹联上书"灵感显赫保万民,神功大德通天下",横批"恩同再造"。显而易见,三位师公的塑像全是法师的打扮,头戴师公帽子且手持有法器(手中法器从左至右分别是龙角、剑、萧)。

曹郑陈师公庙

三位法师和师公庙有显著的道教科仪特征,当然这也恰好体现了半月里多元信仰体系的整体特点。师公庙的信众不只是半月里本村居民,白露坑村等邻近村庄居民①也多前来祈求家宅平安、生意发达、家业兴旺等,附近的青草医生②和乩童法师等几乎必来此点香添油以期顺利平安。虽然位处半月里僻静之处,但香火旺盛,按村人说法"师公庙香火比较和"。在村人的观念里,如果要给全村境内的神灵排序,师公庙仅次于龙溪宫,因此大多不敢怠慢。

(7)福德正神

福德正神即为人熟知的土地公社神等,是汉人社会颇为流行的地方性神祇。鉴于半月里与汉人社会的密切关系,在半月里找到其神祇也不足为奇。半月里村境内的土地庙共有两处,分别位于双福桥附近(村界处)和后山歌寮附

① 根据师公庙捐资表的统计结果,主要信众来自半月里本村,但是白露坑村和芹头村的钟姓、谢姓、张姓村人也是师公庙的信众。

② 青草医是畲民的民族医学,有自成体系的病因观和治疗方法。

近的山脚下。

这两处土地庙几乎也是半月里村境的界限，过了双福桥土地庙就是白露坑村，歌寮附近的土地庙往前就是岔头村的地界了。双福桥土地公庙内既没有设香位也没有立塑像，仅设有一个香炉供点香所用，显得冷清落寞。歌寮附近的土地公庙情况略好，所设的香位上书"敕封福德正神香位"，外有写着"福而有德千秋祀，正则为神万世芳"的对联。村人解释说虽然福德正神是村内所奉职位最小的神，但是也不得"怠慢"，他们常来点香祈求诸事顺利以及人畜平安。

双福桥对面的福德正神庙

歌寮附近的福德正神庙

2. 家户内供奉的神

（1）七爷八爷

所谓七爷八爷指的是村人常常提及的谢七爷和范八爷,七爷八爷是阴府里面职位最高的阴差,在村人的解释中常常与汉人更为熟悉的黑白无常相类比。

七爷八爷香位①

村人认为七爷八爷作为阴差实质上是不同于通常所指的神明,在他们看来阴差具有更高的权限和不可抗力,不论地位和财富多寡都无力抗拒七爷八爷,按照村人的话说,"就是皇帝老儿断气之后也要七爷八爷来牵引至阴府"。村人形容七爷八爷时多配上绘声绘色的描述和惧怕的神色,很容易让听众产生代入感。村里人还常用七爷八爷到来时嘎吱作响的地板声来唬吓调皮孩童,说那是带走不听话小孩儿的征兆,这往往可以带来一定收效。

七爷八爷自然多与死亡或是疾病的暗示有关,相关的各式传说和故事颇为丰富,其中流传最多的是一个意外被七爷八爷上身村民的故事。据传,曾经有村人在某晚被七爷八爷附体,抓到一只死蟋蟀以暗示说村中有一人患上药石罔效的急症即将不久于人世。不料,这个本该被保守的秘密却在一次闲谈中被无意泄漏。此后,该村民嘴唇莫名红肿,村人将其视为七爷八爷显灵,以掌嘴致其嘴唇肿胀的方式惩戒其泄漏机密。

村人只在自家宅内的前厅供奉七爷八爷,在二位的神诞日即农历三月二十一日为其点香烧纸。不同于半月里村,同属于溪南镇的台江村把七爷八爷奉为主神立庙朝拜。

---

① 村民在家中的前厅里供奉的七爷八爷,香位上面写着"敕封东岳泰山左范八爷、右谢七爷香位"。

（2）田公元帅

包括半月里以及邻近的几个畲村,大多数村民还会供奉田公元帅及其麾下众将。作为庇护畲人的守护神,田公元帅及其麾下的郑一、郑二、郑三将军几乎会出现在每家每户的神龛上。畲民大多数都是在家中为田公元帅和郑一、郑二、郑三将军设立简单的香位来加以祭拜,通常并没有专门为其立庙。惯常的做法是把田公元帅以及三位郑姓将军共同供奉,香位上一般在中间写田公元帅,左边的大位写郑一,右边写郑二、郑三,如下图所示。

每逢农历八月二十三日即田公元帅的神诞日,村人都会在家里田公元帅的香位点香并焚烧银钱,向田公元帅祈求家人平安。根据村民的说法,除了求平安之外,村民身体抱恙的时候也会求田公元帅保佑其痊愈,他们相信田公元帅的法力能够驱赶产生疾病的污秽,有助于疾病的治愈和身体的恢复。

象征田公元帅的羽毛及其香位

山鸡的羽毛在现下的畲村被视作田公元帅的象征,这是源于畲村中广泛流传的关于田公元帅的传说。相传田公元帅本来是一名征战沙场的武将,因其嗜好吃鸡,在成神之时头上即刻长出羽毛。演变到后来,就发展出人们用羽毛来象征田公元帅的习俗了。田公元帅麾下的郑一、郑二、郑三将军相传是畲村里狩猎人的守护神,因为过去畲民多居住在山区,故在山林中狩猎也是重要的生计方式,这也是畲民沿袭至今对狩猎神郑一、郑二、郑三加以供奉的原因。

（3）滴水夫人

滴水夫人也被称为滴水菩萨,之所以得名是因为据说她是存在于屋檐下的神明,在家宅的屋檐下无言地保护家中幼儿平安成长。同寄名给陈靖姑一样,不好养活的孩子也可加入寄名仪式以求其借助神力平安成长。凡寄名给滴水夫人做义子的家户,家长便在屋檐下悬挂一个容器作为滴水夫人的香位,每逢初一、十五以及每年春节便为其点香,以求菩萨保佑"义子"健康平安。义子年满十六岁之后还需举行一个"取香"的仪式,将挂在屋檐下的香位取下,而且每月的初一、十五以及春节也不再需要进香了。不过,尽管寄名已经完成,但是寄名的关系仍然可以从义子的名字中寻得踪迹。滴水夫人的义子会用"盐"字取名,这是由于"盐"与屋檐的"檐"字谐音的缘故,例如半月里村民雷盐明。

3. 葛洪山梨花洞以及云秀宫供奉诸神

实际上,在霞浦境内有大小两座葛洪山,此处所称的葛洪山为小葛洪山,常简称为洪山,位于溪南镇,另一座在沙江镇。半月里村人口中所说的梨花洞,以及在龙溪宫里供奉的半月里主神梨花洞主都来自小葛洪山的梨花洞,距离半月里大约十公里左右,但需要翻山越岭花费半天时间才能到达。梨花洞其实由两部分组成,一个是云秀宫,里面供奉着梨花洞主、梨花仙娘的造像以及麾下众神,还有葛洪山山顶上的梨花洞,传说中梨花洞主、梨花仙娘闭关修炼成仙的地方。

三年一次的请神,首先要在云秀宫里以上身的方式问梨花洞主是否愿意派手下将军前去任职,再在山顶的洞口前跪请将军下山,由这两个步骤构成。此外,在农历九月初九,溪南地区的畲民也有习惯去葛洪山登高对歌,并在云秀宫里点香。

不仅是霞浦县境内各大小村落都来葛洪山"朝拜"梨花洞主,甚至福鼎、福安地区也多有供奉梨花洞主。虽然每个村落会请来不同神将,但都属于梨花洞主派下,村人称梨花洞里面的神有千万,每位神就像政府官员一般,也就是所谓的"流官",以三年为一任,在各个地区的村庄中轮流上任。

（1）葛洪山梨花洞

梨花洞位于葛洪山山顶,洞外一块岩石上刻有"梨花洞"三字,落款时间为光绪年,由王邦怀书写。笔者目前尚未能发现有关王邦怀的相关信息,虽然落款没有写明具体的年月,但是可以大致推算题刻日期在 1876 年前后。

梨花洞外题刻特写

梨花洞洞口景象

梨花洞洞内景象

梨花洞洞口狭小,仅能容一个人进出。洞内空间分为四层,梨花洞主香位设在第一层,进入第四层后可以发现洞口的另一头就是海面,但洞口的直径只有 20 厘米左右,无法容纳一个成人进入。洞顶上方不时有水滴下,但是带领笔者前去的村人特别提醒在洞里倘若被水滴溅到,忌讳说水脏,因为担心会对居于其中的梨花洞主和诸神造成不敬。

(2)云秀宫诸神

云秀宫内供奉梨花洞主和梨花仙娘神位,相传二者是夫妻关系,两人甚至连生诞日都颇为关联,梨花洞主诞生于农历四月十六,梨花仙娘的生诞日是农历的八月十六。二人都来自福安一个钟姓畲村,得道成仙前的梨花洞主也就是宁德地区所谓的"钟老公",或者称为"钟老尊"。二人在洪山修炼得道之后,便羽化于葛洪山。也有一说认为是具有法力的钟老尊在接受明朝正德皇帝册封后遂成为梨花洞主。

云秀宫

云秀宫内的梨花洞主以及众神造像

云秀宫目前由一名钟姓男子管理,他平时在山腰一处林场居住,顺带负责管理云秀宫以及为香客领路。他介绍说,云秀宫里面供奉观音,而梨花洞主和梨花仙娘都是观音的闭门弟子,三者一并在此接受供奉。梨花洞号称有诸神上千万,尊梨花洞主为首,统管宁德境内各个村庄的人畜平安以及风调雨顺、粮食丰产。在整个溪南镇,甚至是范围更大的宁德地区,包括汉村在内的大小村落都来请梨花洞主下派将军元帅前去保护村落平安。分管各个村落的将军或元帅就像是有任职期限的官员,以三年为一任轮流"管理"各个村庄。因此每当三年任期一满,各村必须送神回葛洪山述职,然后再请回新一任的神前去赴任。

五、仪式专家

村人对仪式专家进行了分门别类,并非用简单而笼统的称呼来指代。仪式专家包括法师、先生、童乩三类,各自负责不同的领域。法师通常是受过相关训练并有家传背景、具有一定法力可以控制童乩、共同完成仪式活动的专家,是仪式专家中地位最高的一类。先生指的是勘测风水的专门人士,可以帮助村人选择吉日,测算墓地方位,或者是房屋风水。先生可能会对法术略有所知,但是无力独自进行仪式活动。童乩是仪式专家中地位最低的一类,自身不具有法力,需要与法师配合完成仪式,童乩无法独自完成一项仪式,只有在法师对其施法的前提下才可能实现上身,完成菩萨与人之间的媒介角色,但是乩童也不是人人可以胜任,只有那些具有"天赋"可以通灵的村人才有可能被法师选中成为候选乩童加入训练。

半月里曾经有自己的法师体系,根据族谱记载,半月里的开基祖文寿本人也是一位法师,并将其作为家传体系传承下去,在清晚期甚至还出现过一位在霞浦地区名号响亮的法师。半月里最后一位法师叫做雷国占,因为他自身并无子嗣,只过继儿子作为香火的延续,最终无法将其家传的法师传统延续,这也是造成目前村内尚无人延续开基祖的法师传统的原因。虽然村中至今仍然有略通法术者,但村人都一致认为半月里过去的法师系统已经断裂,现在也只是从外村的法师传统中学习一些基础。

在村里人看来,做法师是很吃香的差事,这是由于举办一场仪式往往动辄花费数千甚至是上万块钱,尤其是重要的仪式,例如每隔三年去洪山请神的重大仪式,参与的法师和乩童至少能获得一千块上下的酬劳,即使是一般的小型法事(例如画符箓等),也能收取百余元的酬谢金。在这个完全依靠农业生产的山村,成为仪式专家意味着每年近万元的额外收入,对于整个家庭而言不能不说是一笔不小的补贴,这也是村人在谈及仪式专家时,既有尊敬还流露出羡慕之情的原因。

在访谈中,报道人常强调当地仪式活动与相关习俗不同于福建其他地区,是具有自己特点的体系,村人坚持这是当地认同的主要组成部分。他们常通过比较宁德地区与厦门地区的仪式活动的异同来说明这点:

> 宁德和厦门不同,厦门的习惯是在每个月的初二和十六去庙殿里面拜菩萨并烧元宝,宁德是在每个月的初一和十五点香,并不用烧纸钱或元宝。厦门那边都是做生意的,信这个嘛,多挣点钱。厦门那边最大的是土地公,就是本地的土地嘛。拜一下生意比较好做。
>
> 厦门的法师和乩童比这边更多,和宁德这边的不一样,厦门那边更隆重,厦门的神还要戴帽子,和台湾的风俗一样嘛,厦门那边结婚还没有老人家去世更热闹。以前我在石狮的时候结婚还算普通,老人家去世就不得了,什么电影啊戏班啊都请回来看,闽南都是这样。老人家去世有道士来做的,也有和尚来做法事的,半月里这边没有请过和尚来做。

(一) 法师

村人有时也形容法师为那些"专门搞迷信的",但实际上,法师的专业领域并不局限于那些与超自然斡旋的仪式活动。报道人也谈到,帮助患病的村人用求神的方式加以治疗,或是处理基础的外伤也是法师的重要职能。根据村人的回忆,往昔医药尚不发达的时候,经常可见为了治病而举行的上身仪式,村人需要问菩萨这些令其不解的疾病为何,何时可以痊愈。有趣之处在于,作为畲医的青草医生往往同时身兼法师和医生两种角色。报道人解释,过去畲医因常常需要上山采药,出入人烟稀少之地乃是常事,因此大多学习法术作为防身之用。所谓防身,指的是"防止被鬼捉去",也防止被其他法师或懂得法术的畲医同行捉弄。村人大多认为,现下在半月里法师不若往日兴盛甚至是衰落,更多的是因为受到生化医学的冲击。

1. 法师家传

在闽东地区,法师与乩童并不是随意的组合而未形成固定搭档,事实上不同的法师有各自的家传系统和师承派系,按照报道人的说法,各派系的法师从咒语到手势和科仪书都不尽相同。换言之，每个法师各自也有自己的家传体系，因此彼此之间在科仪上无法相通。倘若是传承几代的法师家庭，通常具有一定的名气，继承者可以对其家传的科仪进行一定的改动。例如，某派科仪书中规定完成某项仪式所需时间为一天，那么在前任法师去世之后，继任者可以自行决定延长仪式时间或缩短该项仪式时间。除了继承家传的法师传统，通过拜师学法也可以获得师承的法力，报道人解释法师法力的高下与灵验取决于他继承的家传或是师承的体系，由此看来法力多来自于继承而不是后天习得。当然，能够成功拜师本身就并非易事，在打动师傅之后，在学艺之前首先要先当三年的学徒，并遵守严苛的师徒礼仪。

在村民看来，法师是损己利人的职业，因为法师与超自然存在的交流与对抗很可能为法师本人招来鬼邪的纠缠。这不仅可能危害法师本人的身体，情况严重者还会使其断后。这主要取决于法师在进行仪式的过程中是否逾越界限，尤其是利用法力危害他人常被视为会带来严重后果的主要原因。

法师所使用的法器器型多样，主要的法器包括令牌、筊杯、铜铃、龙角等。由于法师的师承体系各有不同，因此每个法师在咒语、科仪、服饰乃至使用的法器方面等方面都不尽相同。下图所示的令牌是半月里的一位法师雷国胜常用的法器。这块令牌由两个部件组成，一面写着"南门把鬼魂斩断"，一面写着"五雷号令敕"，乍看上去颇具神秘感。

令牌的侧面特写

雷国胜法师所使用令牌的正反面特写

法师在仪式中所使用的法器严格要求使用所谓"五雷火"击中过的木头为原料制作,因为这种材料被认为具有法力。然而,究竟五雷火以及用五雷火烧过的"神木"为何物,师承不同的法师对此说法不一。有说法认为雷电就是所谓的五雷火,而在雷击中被劈断的树木就可以成为制作法器的木料。另外的说法认为野火才是五雷火,野火烧山后的树木灰烬则是可以制作法器的材料。

通常,法器只在法师间以师承的方式代代相传,仪式过程的进行也必须严格遵循科仪书中所设定的规范。不同诉求的仪式遵循各自不同的仪轨、符箓和咒语①,可以说法师掌握的是一套庞大的知识体系。在半月里的法师眼里,判断一名法师法力高下的方法,可以通过观察他们在仪式中符咒与口诀配合使用的协调程度以及仪式是否灵验来获得。其实,观察这些仪式能够明显发现,半月里人所称的法是道教与闾山教甚至是巫术的结合。

2. 斗法

一度宁德地区的法师热衷于相互斗法,若遇见小有名气的法师,其他法师就会对他进行挑战,必须争出输赢方才作罢。当然,如今仍然在从业的法师都秉承互不干涉的原则。过去,凡是法术精湛名气在外的法师享有较高的地位,

---

① 例如求平安与祛邪的科仪就明显不同。

也会得到其他法师的尊重甚至是敬畏。如此看来,斗法很有可能是出自对地位和名望的争夺。不过,同村的法师往往趋于合作,只有遇到来自外地的法师时,合作与交流才会演化成相互斗法。在半月里,村人仍然常常提及斗法的传说。

村人在访谈中提到,曾经半月里有户人家从外村邀请了一名法师 A 前来家中举行法事,此举招致本村法师 B 强烈的不满与不服气。在法师 A 抵达半月里村里的当天,东家正准备招待 A 法师吃午饭,突然发现正在炉子上蒸着的米饭莫名结冰,因此米饭一直没有能够蒸熟。怠慢法师是件特别忌讳的事情,因此东家既对此感到特别奇怪又惶恐无措。法师 A 在得知此事后,意识到这是由于有其他法师暗中做法对他进行挑战的原因所致,于是,立刻变得警觉起来,并发现了躲在门后在暗中施法的法师 B。法师 A 首先施法解除被施咒的米饭,免除了东家的尴尬,之后二人便转移到空旷的院内展开斗法。最终前来挑战的法师 B 因为法力不济,被法师 A 用刀剑刺死。村人还补充道,假设法师B 功力足够高强的话,在斗法中所受的伤,完全可以自愈或化解,正是因为 B 的法力不济,所以挑战失败。这种本希望给人一个下马威,反倒死在高人手下的斗法故事还有很多的版本。

 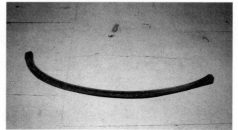

龙角①

在半月里关于斗法的故事很多,说明过去法师之间存在激烈的相互竞争,法师都希望提高自身的法力战胜其他的法师,最终称霸一方。虽然无法解释当时法师之间的斗法到底是基于何种目的,是因为期望得到更高的地位,还是因为门派之争,但是至少表明了往昔霞浦地区法师之间往来活动的频繁以及普通

---

① 龙角是半月里其中一名法师雷国胜所使用法器,图为法器的正面和侧面特写。

百姓在生活中对法师的需要。如今，居住在不同村庄的法师已经不再热衷于斗法，大都是专注于各自的生计，只有在仪式活动中才"兼任"法师一角，相互之间的往来早已不如过去那样频繁。

一般而言，要想成为法师，大概从青少年时期便必须开始修习。受访的法师普遍表示有关法术的知识是难以穷尽的，是一辈子也学不完的。修习倚重个人的天分，当然还包括日常的勤奋练习。学习的进度自然因人而异，但是修习讲究天资与悟性，报道人反复强调那些有天赋的人，粗略阅读几遍科仪书就可大致掌握内容，但是资质一般者学习若干天之后都还不能明白科仪书中的内容。普通人需要两到三年就可以出师开始独立地完成法事，天赋异禀者只需要一年左右就可以出师独当一面了。

（二）先生

村人所称的先生，是指那些通晓易经命理，专事勘测风水、命相预测、挑选良辰吉日的仪式专家。不同于法师，成为一名先生不一定需要具备法力或是接受训练与修习，也不需要有像法师那样的家传传统傍身。村人不时会用略带戏谑的口气形容先生为"那些看日子的"。

不过，半月里本村的"看日子的"并不如此轻视自己的"工作"，他反复强调先生是终身职业，是需要耗尽毕生心力的事业。况且，勘测风水、计算时运、测算命理是根据相通的理论（这种所谓相通的理论在半月里被叫做通书）所测算出来的结果，因而理应是放之四海皆准的。不像法师因为各家各派师承不同，而各自皆有长处和短板。

先生使用的工具包括测量方位的罗盘以及测算命理吉日的通书以及关于命理或其他的理论书籍，通过测算得出与当事人相适宜的时运或方位，以此趋利避害。

在半月里，无论过去还是现在，先生实际一直参与村民的日常生活，村人需要求助先生的大多是以下几种情况：家中添丁后出门访亲，求先生为孱弱小儿算出门探亲的良日；求先生计算一个结婚的吉日；村里办白事的丧家求先生寻找能够福荫子孙的墓地方位；甚至是出门做客，也有人会在出门之前就找到先生要求帮忙择选一个宜出门的时辰，然后将其通报给亲戚知晓后方才动身；也有儿童在外村的外祖父母先择好吉日之后再通知其上门做客。

过去，鸡蛋常常被当作偿付先生"帮忙"的报酬，大多送上四至六个鸡蛋聊表谢意，当然随着经济条件的改善，给先生当作报酬的鸡蛋数量也在增多，村人也不再只限于用实物来进行偿付。

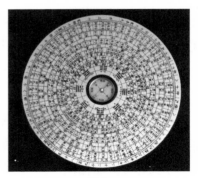

罗盘

村人解释行事必问先生的习惯说，这是图好意头，为了"好事当头、好话当头"，不仅图吉利而且内心也会获得更多的踏实感，否则颇感惶恐不安。

通书

命理手册

（三）乩童

村人常常用"法师大，乩童小"来形容法师与乩童之间的关系，甚至有村民会使用"没有技术含量"来描述乩童在仪式专家中的地位和作用。这些形容反映了乩童在仪式专家的系统中所处的从属地位以及没有自主性的被动状况。的确，乩童不仅仅无法脱离法师单独完成某项仪式活动，甚至连需要参与的仪式也受到限制，丧葬一类的仪式因为不涉及上身所以基本上不会邀请乩童参与。一般人认为，乩童比法师受苦，但是乩童不像法师那样具有"技术"含量，只是受制于法师，除了上身之外再无其他。

成为一名乩童也并不是轻而易举的，成为乩童之前，首先需要通过法师对乩童的测试和培训。由于在半月里已经没有能够独立完成一个仪式的本村法师了，诸多仪式活动包括培训乩童在内也是邀请外村的法师前来"支援"。最近一次半月里举行的乩童培训便是邀请沙江镇岭尾村的法师来负责挑选和后续训练的。和过去一样，那次乩童的挑选和培训地点都在龙溪宫，只要本村中愿成为乩童者，没有具体的年龄限制（只要不是太过年幼或年老），都可参加。那次乩童培训村里有十余人参加，这些乩童候选人在法师的安排下在龙溪宫内横向列开，法师对他们进行挑选和训练，挑选的标准是他们是否具有"开口"等禀赋，符合标准者方有资格进入下阶段的训练。村人评论说，成为乩童也需要天生的资质，村人称之为"神路"，有"神路"者在法师刚开口念咒语时便可以迅速"上身"，相反没有"神路"者就无法完成。

乩童的训练通常选在夏季的傍晚进行，这时刚好不与白天的农忙时间冲突，培训的时间一般持续一个礼拜或一个月不等，也有村人认为七个到九个晚上即可结束训练，这通常取决于每批受训乩童的天资。训练的内容包括法师帮助受训乩童熟悉上身的程序，待熟稔之后便是让这些受训者学习在上身的状态下如何流利地"开口说话"。根据村人的介绍，训练上身比训练用神的口吻与人"开口"对话来得相对容易，所需的练习时间也更短。如若受训者只能完成上身却无法"开口"便会被法师要求退出接下来的训练。在训练期间，这些准乩童们还需要自己在神龛前练习掌握上身和"开口"的要领。我的报道人在访谈中曾提及他少年时候,在夏夜里偶然醒来,被参加乩童培训正在前厅的神龛前练习上身的弟弟吓到的事情。甚至还有村人常说起有乩童在受训过程中被乌鸦上身之后飞走不见,或是有乩童被"孙悟空"上身而造成两相厮打的奇异故事(村人相信任何超自然存在都可以上乩童身)。

乩童受训时期,作为训练场地的龙溪宫仍然对村人开放,村人也可以参观训练过程。当年参加过训练乩童的法师回忆起培训乩童的过程,认为那是相当耗费体力的工作,不仅因为训练劳心劳力,据该法师介绍更是因为训练乩童"开口"也需要法师动用法术,这甚为耗费法师的精力。

在访谈中得知,另外也有颇有"神路"者不需要经过培训便可"上身"和"开口",他们都自称这种无师自通是得力于神明暗中相助,或者在梦中偶然领悟其中诀窍。这些天赋异禀的乩童,很容易在鼓点或是鞭炮的刺激下进入上身的状态。曾经有七八个村民一同参加训练,其中几个人能够顺利地上身,有两人却常被小鬼纠缠。不过判断上身的究竟是鬼还是神的依据听上去让人迷惑:

> 菩萨是从头部进入乩童体内,这是上身,鬼邪来自阴间,因此从脚部进入乩童体内,这是被鬼纠缠。

不管在闽南地区或是闽东,大多数扶乩都涉及自虐,在这里情况也是如此。在村人的眼里这是因为上身之后的乩童有神明附体因此无法感知累或痛,因此即使用刺球捧打后背也只是觉得类似挠痒而已,而丝毫不会体会到痛感。与半月里邻近的水潮小马村一带的乩童还会在上身时用刀来割身体或舌头,虽然场面血腥,但是大部分人都相信这能为仪式增加神圣感。越是备受重视的仪式或节日,这种因自虐产生的血腥场面越受到欢迎。

大部分村民认为这种自虐是上身后的特有行为,但仍然有人怀疑这是乩童们在仪式上的痛苦表演。只是这种痛苦的演出是为了证明乩童上身后所代表的神性,用打刺球、割舌头等行为来证明自己的"合法性",与世俗的肉身划清界限,于是他在仪式中所说的话也就顺理成章地具有了可信度。没有胆量进行自残的乩童往往会受到村民对其神力的质疑,继而影响整个仪式的进程。

目前溪南镇在役的乩童一般都是二十多岁的小伙子,也有六旬以上的资深者,但是因为年纪太大的乩童在仪式中会出现体力不支的情况,上年纪的乩童会自行退休。曾经有一名年过六十的乩童因为体力不支在仪式进行中口吐白沫,自此之后高龄乩童便不再以身犯险。

半月里村民雷马庆、雷国在、雷连潮、雷伏公、雷国祥等都是一起在龙溪宫受训的乩童,这些人中目前只剩下雷马庆还偶尔"兼职"做乩童,其他人均因各种原因选择放弃,还有些人已经离世了。

在半月里,村人对于乩童大多抱肯定态度,并不简单地把乩童等同于封建迷信,村人认为乩童是为整个村的事业出力的奉献者,毕竟平安是全体村民最盼望的事情。

此外,成为乩童也意味着可以获得额外的收入。完成一场法事后,参与仪式活动的乩童都会得到一定数量的红包,可以增加家庭收入。现下,参与大型仪式的乩童可以获得至少一千块钱,一场普通的"问平安"法事大多花费在五百块钱左右,更小型的仪式所收取的费用则更少。当然,法师和乩童"法力"的高低与其所获得的红包多寡也有关系。但是,乩童的收入只能与法师所获的红包数额持平不能超出法师获得的收益。当然,仪式专家们获得红包的数额并不固定,如果本村的仪式专家参与为本村所举行的仪式,则会被村人视作本分,所给予的偿付大多是"表示心意"的象征性礼金。倘若是邀请外村的仪式专家前来本村完成仪式,则需要支付相对较多的礼金以示礼貌。①

六、仪式活动

仪式活动贯穿着半月里从春到冬的整个村落生活,成为联系村民情感以及

---

① 通常法师和乩童没有固定的搭档,一般由需要举行法事的村庄联络,很多时候法师和乩童并不熟识而是临时性的组合。

维持村落认同的重要标识。仪式活动既包括村民个人的仪式,也包括关系全村的重大村落仪式。表4梳理了半月里全年的主要仪式活动,以及参加仪式的主要群体,以期勾勒出半月里村落仪式活动的主要线索。

表4　半月里的仪式活动表

时间(农历)	活　　动	祭祀群体
三月二十四	妈祖诞日	半月里全村
三月二十一、三月二十七	七爷八爷诞日	雷奶荣、雷仁华、雷社连等村民
八月二十三	田公元帅、郑一、郑二、郑三诞日	半月里全村
八月十六	梨花洞主诞日	半月里全村
	曹、郑、陈师公诞日	行医者畲医
每个月初一和十五	点香	半月里全村
三月十五	薛元帅、陈元帅诞日	半月里全村
七月十五	晚上在龙溪宫供神	半月里全村
正月十五	晚上在龙溪宫供神	半月里全村
二月二	福德正神(土地公)诞日	半月里全村
每隔三年,具体时间由法师问菩萨后决定	去葛洪山梨花洞请神	半月里全村

(一)点香

在村人的观念里,天地间万事万物皆有神灵,风水书(通书)上标出的每个好日子也都得益于天地的福佑。在半月里,左右的方位是依照背对前厅来测算的。村人认为天地炉必须接天连地,也就是所谓的"见天见地",意为祭拜天地,保佑全家人的平安。

在前厅里的横梁附近,分别供奉着祖先牌位以及神灵的香位。左边的大位,是神灵的香位,除了村中祭拜七爷八爷的三户人家以外,其余村人大多在左边放置田公元帅以及郑一、郑二、郑三的香位,也有梨花洞主以及一位将军的香位。右边是自己家中祖先的牌位。在前厅的下方,也有村民会供奉一根羽毛作为田公元帅的象征,以及梨花洞主的香位。

　　下图展示的是置于前厅的神位以及祖宗牌位、安插在天井的天地炉以及左右门神的香位。首先是村人的祭祀陈设:前门和后门各有两位门神,村人通常在大门上张贴门神画像作为其神位,也有村民在大门左右两个门框上各设一个

半月里普通民居的平面图①

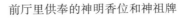

前厅里供奉的神明香位和神祖牌

天地炉

门神的香位

---

　　① 图片来源于《福建省霞浦溪南镇白露坑村:半月里古村落保护与发展规划》,厦门大学闽台建筑文化研究所,2008 年。

容器来祭拜门神,有人采用竹筒也有人使用铁制的罐头或者是特制的瓦罐。村人家中如若没有天井只有前厅,则通常用一个贴有红纸的容器,置于插在大门外的竹杠上,作为天地炉。有天井的家户通常是将天地炉置于天井中,例如雷世儒、雷加上、雷位进的旧宅。

村人在农历每个月的初一、十五的早晨大约5点至8点以及傍晚5点至7点左右都进行一系列仪式活动,村人称其为"点香"。点香需要的物品有香、烛、纸钱、大银,鞭炮或供品不需要准备。给每个神位点香的数量没有固定的要求,视每个人的具体情况以及个人意愿而定。有村民给每个香位点香的数量为1根;也有村人给每个香位点香的数量为3根;有人在龙溪宫的总炉点3根香,其余各处只点1根;也有人在龙溪宫里并不对每个神位依次点香,而是数出12根或者27根一起点燃然后放入总坛内。因此有的人完成每个初一、十五的点香仪式需要12根香,也有的人需要35根。烧给菩萨的银母也叫大银,烧给祖先的钱叫纸钱,没有贴金,只有拿模子敲上去的印子。

更为重要的是不可打乱的点香顺序,在村人看来,点香的顺序按照神的大小以及与自己的亲疏远近关系而定,村里的风水先生认为点香的顺序可以在《易经》里面找到依据,倘若点香的秩序混乱则被视为对神的不敬。首先要拜的是天地炉,然后就是给前门的门神点香,接下来是给左边的菩萨神位点香,再是右边的祖宗牌位,最后是给后门的门神点香。完成家里的点香仪式之后,再去龙溪宫给诸位菩萨点香。在宫内点香的时候,也有考究的次序。

首先用未印上印记的纸钱将香点燃,然后去宫外的天地炉前拜过天地再插上香,其次是给大门上左右的两位门神点香。接下来给处于中间位置的梨花洞主点香,其次是薛元帅和陈元帅,再次是给左边的雷万春和平水皇点香,最后是给右边的陈靖姑和妈祖点香。有村民在点香结束之后还会在总炉前点上一对烛。点香完成之后,在放置于龙溪宫右侧的锅内焚烧大银给菩萨。

完成在龙溪宫的点香仪式之后,还需要去曹郑陈师公庙以及位于双福桥和歌寮的土地庙。村人通常都是先去龙溪宫,其他几处的先后顺序没有要求。素日,掌管龙溪宫大门钥匙的福头通常会在傍晚7点村人大多完成点香仪式时将宫门关闭。

（二）请神、游神

在谈话中，村人常用镇长、县长的换届选举来向笔者说明为什么每隔三年必须将前任菩萨送回，然后再迎接新任菩萨到任。因此，神明换届的道理就和政府官员任期已满需另选新任一样。

笔者以亲历 2010 年举行的请神、游神仪式为例进行详细描述。仪式之前的筹备工作实为繁琐，福头是仪式的主要筹办者，他们不仅需要向每家每户收集仪式的花费①，还需要负责法师的联络等，着实令人劳累。正月十四晚上，福头便与大部分村人都集中在龙溪宫里面准备第二天上葛洪山请神的诸项事宜，并置备游神仪式、元宵节等所需之物。

正月十四是请神仪式正式开始的前一晚，当天晚上首先要在龙溪宫做一场法事。福头须得向神明附体的童乩问询正月十五当日前去葛洪山梨花洞请神会否顺利，梨花洞主是否会应允派一名将军前来上任，几点动身前往为宜等事项。得到神明许可之后，请神仪式以及后续的准备工作方可进行。

法事完成之后，法师②与福头商定下次日前往葛洪山请神的出发时间与会和地点，并向村人分配各项仪式前的准备任务，除了有"任务"在身的村民仍然留在龙溪宫内，其余众人与法师和童乩等便各自返家。

众人首先将用于次日接神的两顶轿子从宫内抬至室外，同时将游神时供村民

正月十四的仪式开始前，
正在做着相关准备的法师

---

① 2010 年的请神仪式以及元宵节的活动，村里每个人头各出了 15 块钱，用于各项事务。

② 此次请神的法师和乩童都来自半月里邻近一个名叫大山里的自然村，与半月里相距半个小时的车程，因此法师与乩童结束法事之后先行返回。

村民合力将香炉抬至平
地上，为仪式做准备

点香用的石质香炉也准备妥当。接下来便开始准备仪式所需要的祭品以及布置供桌。

供桌正中位置摆放的是一个完整的猪头，并且在猪的鼻子上插着一条猪尾巴，以猪头和猪尾①代替昔日用一头整猪作为供品的做法。此外，还必须另外新宰杀一头整猪，放于龙溪宫入口处，内脏与猪血用桶盛放并置于整猪旁边。另外还需准备所谓的"十大碗"作为供品，其中包括一只事先煮熟的整鸡、鸡蛋若干、煎蛋一盘、猪肚、豆腐、炸熟的鱼、章鱼、年糕、干木耳、干黄花。备妥后在神龛前进行摆放。供品的摆放并非随意而为，一共分为三排放置，第一排摆五个玻璃杯，中间三个杯子上面摆了三块切成小块的年糕，第二排摆六个碗，从左到右依次放的是：干香菇、干粉丝、干木耳、黄花、干腐竹。第三排放置的是 10 个或 12② 个杯子，倒上啤酒或者是米酒，杯子的数量可以略多，最后再点上一对蜡烛就算摆放妥当了。

接下来，是准备仪式活动中乩童所用的刺球，因为龙溪宫本来的两个刺球使用时间太长，里面的铁钉已经生锈，丝带也有磨损，担心旧的刺球在使用的时候断裂，所以为了今年这三年一次的请神得以顺利进行，福头特意让村里的长者重新制作了两个新的刺球。下图展示了刺球的制作过程：首先将磨锋利的铁钉置入软木内，再用红色丝带缠成球状。刺球是给菩萨用的，普通人不可用手去触摸。

---

① 按照村人的说法，猪头、猪尾即为有头有尾的象征，因而不必用一头整猪来作为供品，这样既不违背"规矩"也可以减少开支。

② 10 或 12 在半月里被视为寓意顺利的数字。

准备仪式用品①

　　待一切准备停当后,已经是凌晨时分了,前去请神的村人即将出发。此次去洪山请神的一共有九个人,包括福头三人、法师、乩童,以及四个参与过请神仪式的耆老共同前往。一行人于凌晨两点动身,在大山里村与法师和乩童汇合之后便继续以手电照明徒步前往葛洪山。当天天雨路滑,因此上山所耗时间较平时多,大约需要五个小时才能达到云秀宫。

　　抵达云秀宫后,法师还需要再做一次法事,通过乩童与神明沟通,询问神明是否同意进行请神的仪式。待神明同意之后,福头、法师、乩童一行人再从云秀宫继续上行,来到梨花洞口,由法师再举行一次仪式请求神明"出山",在仪式进行时福头一行人便跪在洞口恭候菩萨"现身"。仪式中,法师一边口念咒语,一边掷出笅杯,通过掷笅的方式来向神明确认。当掷出的笅型达到昨晚(即正月十四)在龙溪宫里面与神明谈妥的数目时,就表示梨花洞的神明答应了村人的请求,同意前去半月里赴任,请神的仪式遂宣告完成。笔者观察到正月时半

---

　　① 　村民雷盐明正在制作在次日的仪式中乩童将要使用的刺球。

月里所在的霞浦县各村大多数都派出村民前去葛洪山梨花洞请神,同笔者一同前往请神的福头打趣说:"霞浦去洪山请神的人很多,有时候还会在梨花洞口排队。"

在村人看来,诸如前去葛洪山梨花洞请神之类的仪式难度颇大,远非平素求平安祛邪的法事所能及,因此要求主持仪式的法师具有精深的法力,福头在筹办请神仪式时通常也不会邀请新手参与。村人解释其中的原因时说道:"如果说平时请神难度系数为0.3,那么去梨花洞请神的难度系数就是0.9。"这是因为在请神仪式时,法师必须掷出七次圣筊(即一阴一阳的筊型)和一次笑筊(即两阳面)才表示神明认同请神之事,倘若无法完成则说明神明不同意村人所求之事。

需要补充说明的是,请神仪式之类具有难度的仪式新手法师往往难以胜任,不仅可能造成仪式无法顺利进行,也会让跪在地上恭迎神明的村人备受煎熬,因而村人在选择举行重大仪式的法师时常常尤为谨慎。因为,法师的法力不济还可能造成乩童在上身后无法退神的后果,这种情况不仅可能危害乩童本人也可能会使整个请神仪式中断,按村民的话说这不仅尴尬,还很麻烦。村人以数年前的一次失败的请神仪式为例证明选择高明的法师对完成仪式的重要性:

> 曾经请过一个法师,是个菜鸟,因为法力不行嘛,让乩童上身后却退不下来,那个乩童从梨花洞口疯了似地跑下山脚,全程只用了半个小时,正常人下山往往比上山累啊。这个乩童飞奔下山后,在家里昏睡了三四天。你想,乩童在上身后,他的元神虽然是神明,但是肉身还是一般人,这种事情肯定受不了。

在请神仪式顺利完成之后,福头便给在村里等待接神的村民打电话,通知其已经将神请回,做好接神的准备。耆老们回忆起从前村里未通电话的时候,负责接神者无法及时获悉请神仪式的进展情况,唯一能做的就是在村界前的水库附近苦苦守候,往往枯等半日都未见请神的村民返回,最迟时直等到傍晚时分才见到接神的众人将神明请回。

　　每三年举行一次的接神、游神是全村参与的重要仪式活动，除了负责具体事务的福头和村中耆老以外，全村男女老少也必须履行对神明的义务，其中之一便是戒荤食。前去葛洪山梨花洞请神的当天，半月里各家各户都不吃肉食，当然也忌讳杀生。在村民看来，请神当日吃素一来是表示对神明的虔诚，二来是担心影响仪式的顺利进行。村民平日早餐通常都是以头天晚餐剩下的菜式为主，或另炒一两个新菜与稀粥搭配食用。请神当天，早餐通常吃年糕，将直径约 10 厘米的年糕切成片状，用沸水煮熟后加白糖食用。

　　吃罢早饭后，各家各户便前往村境内的土地庙和师公庙点香，绕村境一周后最后回到龙溪宫给神明上香。参加接神的村民须得早起，大多数在早上 7 点左右便完成了点香的环节，然后便集中在龙溪宫等候福头的通知。那些没有接神任务的村民则会稍晚时候前去点香，然后期待游神仪式和晚上在龙溪宫举行的"正月福"①。

　　当大家接到福头通知已经完成请神仪式的电话后，负责接神的众人便动身前去双福桥的水库②附近等候神明归来。前去接神的时候需要抬三个轿子去，其中一个给神明附体的乩童用，还有一个轿子是给神明的随从用，村人解释说就好像官员出巡时的那些随行人员一样，另外一顶轿子用来放置香炉，用于游神时供各家户点香祈福用。当香炉刚从龙溪宫抬出来的时候，村人便开始在香炉中点香，在等待接神的过程中也要不停地续香，以确保香炉中的香火不灭，一直到神明巡境结束后方可停止。

　　到达村界等候神明后，在等待接神的队伍中，有村民专司站在路口观望，一旦发现请神的众人即将进入村界时，便立刻报信给接神的众人，宣告盛大的接神仪式开始，于是丝竹齐奏，鞭炮和专为帮助乩童进入恍惚（trance）状态的神香也开始燃放。

---

　　①　所谓吃"正月福"就是村民将各自准备的菜肴端至龙溪宫内与全村共享，然后大家分食龙溪宫内的供果。
　　②　水库是半月里与牛胶岭的村界，在那里等待法师和福头迎接神明回村。

前去接神①

村里的小朋友手拿令旗,站在路边等待接神

请神的队伍与接神的众人会合后,法师便口念咒语让乩童再次神明附体,乩童以"神"的身份站立于轿子上,随一行人声势浩大地返回半月里。只见手拿令旗的孩童走在队伍的最前面,随后跟着负责奏乐的乐队和负责抛洒彩纸的村民,最后才是法师和站在轿子上的乩童。

迎神的队伍一路上吹吹打打,直到行至用青竹搭建的城门才算正式进入半月里村内。城门是专门用来迎接神明莅临的象征,同时也是村界与游神路线的标识。城门用一整根毛竹扎成拱门状,并于左右两端各悬挂一顶灯笼,右下方

---

① 负责接神的村民将香炉和供菩萨巡视村庄的轿子抬往接神的地点,通常是在村界即水库附近。

绑着此次请神的令旗。每次请神法师都会颁布不同颜色的令旗,此次请的是葛洪山梨花洞马将军,用的是黄色令旗,旗上写着"马将军令"几个字。

此次游神共设有三道城门,第一道位于从双福桥水库接神回半月里的路上,进入第一道城门之后就意味着进入了半月里村境内;第二道城门位于龙溪宫旁边,是游神的必经之路;第三道城门在半月里与邻村岔头的分界处,以免游神的时候把请回自己村的神抬到别村。

为游神制作的"城门"

请神的队伍进入半月里的村境内,首先要返回到龙溪宫,法师要对乩童号令一番,然后再从龙溪宫出发开始神明巡境,"神明"附体的乩童行至每家每户门前,接受村民的朝拜。游神的队伍也同样有"讲究",走在最前面的是扛着令旗的小朋友,然后是抬着香炉的轿子,之后是抬着乩童也就是菩萨的轿子,再是抬着菩萨随从的轿子,负责燃放鞭炮和神香的福头穿插在队伍中间,吹奏唢呐以及敲锣打鼓的乐手走在队伍的最后。

游神的队伍会在每家每户前停留,每家会派出一个代表来到香炉前敬香,并口念所祈盼之事。每个来到神前点香的村民,都必须先把符纸①点燃,然后用右手拿着从头到脚绕一周以除去晦气,以免将脏东西带到神前,污染神灵。敬香结束之后施放鞭炮,鞭炮放得越多被视为越吉利。每家每户还会在神经过的自家空地前摆放供品,例如水果、整鸡、五花肉、章鱼、年糕等牲礼,待游神结束之后作为供品食用。整个游神被鞭炮声以及大家的欢呼声和震耳欲聋的神

---

① 所谓符纸就是可以用来加工为纸钱的一种粗纸。

游神

香笼罩，呈现出喜庆热闹的氛围。

　　每顶轿子需要四名男子才能抬起，因为轿子负重不轻，所以村里的青年男性常常轮流充当轿夫。抬轿子的时候大家常常一起大声呼喊，一是为了营造热闹的气氛，其次也是因为如果气氛热闹，加之轿夫在"喊叫"的时候晃动轿子，更容易刺激神明附体于乩童的肉身上。据村民回忆，曾经发生过在游神时因为气氛不热闹乩童自动退神的事情，这是大家都不希望发生的情况，因此所有参加仪式的村民都竭力用欢呼声和鞭炮声为神的"巡查"营造热闹的氛围。在村民看来,参加游神的人越多越好,越热闹便越吉利,也预示着今年的年头越好。不少村民羡慕那些财力雄厚人口更多的村落,因为他们可以在请神的时候请来两三个"菩萨",也因此有更多的人参加,有更热闹的气氛。

半月里的游神路线是以龙溪宫为起点,然后往岔头方向前进,再绕回龙溪宫旁的第二个城门,至雷氏祠堂,然后再从双福桥方向绕回龙溪宫。整个耗时近一个半小时的游神至此方告结束。众人返回龙溪宫后,法师用咒语使乩童退神,并把香炉和轿子放回原位,法师将敕书以及祭文念完并焚烧后整个正月十五的请神和游神活动宣告结束。

(三) 仪式活动的组织者:福头

类似请神、送神之类的重大仪式的组织者,也就是村人所说的"做头"一般由家户派代表在龙溪宫内抓阄产生。冬至时候,每户派出一名代表带上备好的食材去龙溪宫举行村民聚会,大家把各自带来的食材制作成一桌百家宴,席间就开始选福头。由上任福头来制作此次抓阄的阄纸,未卸任的福头在席间拿着阄纸,挨桌地让每个村民代表抓阄。

如果有代表抓到阄纸,上任福头会立即上前送上一个鸡腿,以此代表新任福头正式产生。"做头"并不是一件好差事,福头必须要负责一整年全村仪式活动的组织与筹办,当然会涉及诸多繁琐的事情(包括通知各家各户,收取会费,联系法师等)。虽然通常会选出不止一位福头来分担仪式活动组织的任务,但是如若遇上请神等重要仪式,许多村民颇不情愿。于是有人在席间抽取阄纸的时候干脆回避不抽,此时便不得不让这些村民代表持续抓阄,直到抽出足数的福头为止。2011 年冬至的选福头甚至历经三轮都未能选出足够的福头,不得不重新制作阄纸加选一轮。尽管有村民认为是因为前任福头雷马银在制作阄纸的时候放入了过多的空白阄纸所致,但是当福头还未全部选出的时候,不少村民已经提前离场回家了,这也多少能够反映出做头并不讨喜的现实。

（四）还愿仪式

本文描述的还愿仪式与半月里幼子寄名的习俗有关。前文已经提及村人将频繁患病的孩子通过寄名仪式"过继"给神明为义子,以期在神力的保护之下孩子可以被养大成人。最终得以平安长大的神的义子,在十六岁成年后需要由法师主持报答神明保佑的仪式,也就是寄名和还愿。①

一旦决定寄名之后,家长首先要请法师和乩童来家中,法师会举行仪式,并借用法力让乩童上身,附于乩童肉身上的神明将决定由哪位具体神明收养该名幼童。选定寄名的神明之后,法师则完成后续的仪式,村人习惯用自己的名字来展示与寄名神明的关联。

孩子年满十六岁之后即可被视为成年,也就是说不再需要菩萨对"义子"的照顾。此时还愿仪式作为对菩萨给予自己帮助的答谢就必须举行,不可以忽略或免除。忽略还愿仪式被认为是对神的不敬,是招致灾祸的开始,因此村人大多不敢轻视。

家长首先需要对还愿仪式进行筹备,第一步就是要确认当年举行寄名请愿仪式的法师和乩童是否健在,如果当年的法师和乩童仍然健在的话,那么邀请他们继续完成还愿的法事是最优选择。如果当年的法师此时已经去世,那么就不得不另请其他法师来完成还愿仪式;不过当年参与请愿的乩童如果去世,那么还愿仪式时只要免除了上身的部分即可,不必再请其他乩童参与还愿仪式。因为时间跨度长,只有一位法师主持的还愿仪式也并不少见。不过,进行还愿仪式地点不能随意,还愿仪式必须在当年举行寄名仪式的地点进行。在条件不具备时,举行还愿仪式的地点也可以改到供奉有被寄名神明香位的村人家中。

笔者亲身参与过为本村村民雷石鸾举行的还愿仪式,因为雷石鸾当年寄给了梨花洞的石将军为义子,虽然他自己家中并未供奉该神的香位,但是与他同属于一房的村民雷进江在祖屋旧宅内(雷加上旧宅)还供奉着石将军香位,于是当年的寄名仪式和后来的还愿仪式都选择在雷加上老宅举行。

---

① 从理论上说,所有祈求神明相助的愿望一旦得到实现,都需要还愿以酬神帮助。

此外,家长还需为还愿仪式准备一系列的供品和用来表示神明恩德的锦旗和灯笼。不过"义子"本人可以根据自身情况选择参加或不参加还愿仪式。当法师事先计算好的举行仪式的吉日到来之后,家长便随同仪式专家前往当年举行寄名仪式的地点举行最后的还愿仪式。但是,义子(例如雷石鸾)与接受他寄名的神明之间的父子关系并不随着还愿仪式的举行而结束。雷石鸾本人不仅终其一生都会用他的名字来显示寄名的感谢,在他的婚礼或添丁等重要人生仪礼时,他也有义务借由法师之力通告神明,表示"孝道"。

还愿仪式上的供品俗称"十大碗",包括:蛏、鱼丸、年糕、鸭蛋、虾、五花肉、鱼、豆腐、猪蹄、章鱼等。供品在摆上供桌之前多事先经过了初次加工,例如五花肉、虾、章鱼、猪蹄、蛏、鸭蛋等需要事先煮过,豆腐和鱼则需要事先炸制。此外还需要准备糯米酒和茶。

还愿仪式中所使用的供品

村人称供品的摆放为"排供品",老人认为供品不能随意排放,而是要遵照往昔的规矩。从上图中可以看到,供品被摆成了四排,供桌的第一排从左至右摆放的是:蛏、鱼丸、插了三支香的年糕、鸭蛋、虾;第二排从左至右摆放的是:五花肉、鱼、豆腐、猪蹄、章鱼;第三排是糯米酒和六个黄色塑料制酒杯;第四排有六个玻璃杯,其中三个里面装有茶叶,另外三个杯子放有切成片状的年糕。

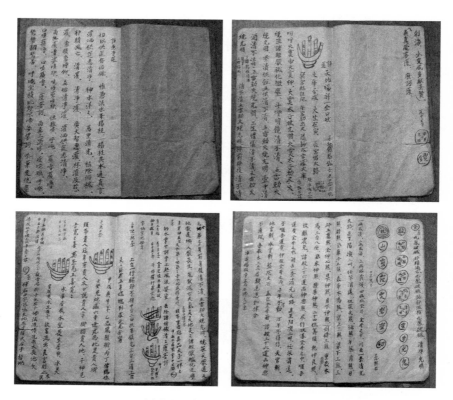

法师用于请愿、还愿仪式的科仪书

整个还愿过程持续了大约五十分钟。在将供品以及神位摆放完毕之后,法师首先将法器以及科仪书拿出置于供桌上,随后宣读今天将要进行还愿仪式的"土主"姓名、家庭住址等个人信息,然后换上法师的长衫,戴上法师的帽子,开始按照科仪书中记载的规范进行仪式。当法事进行至尾声,成功掷出交杯(三次一阴一阳)之后,法师即认定神明已经答应"义子"的请求。

法师指导家长挂上写有"有求必应"字样的锦旗以及灯笼,并跪在供桌前对菩萨表示感谢。最后法师写下土主还愿的"诉状",在家长给菩萨烧元宝和大银的时候一并焚烧,还愿仪式才告结束。法师则脱下长衫和帽子,开始指导家长收拾供桌。仪式结束后,家长将供品收走,拿回家中用于烹饪当天的晚餐,晚餐之后还愿就完全结束。

还愿仪式的基本流程

七、结　语

本文通过对闽东畲村半月里进行的民族志式书写,梳理了半月里多元的民间信仰体系,展现了半月里宗教生活和仪式生活的面貌,还原出半月里社区生活的轨迹,最终实现以信仰体系和仪式过程为角度深入理解这个小型村落社会的初衷。

笔者主张应该将半月里民间信仰体系置于更广泛的和历时性的脉络中进行讨论,并且认为半月里民间信仰体系是地方与国家话语、政治权威互动的反映。笔者的初衷是还原一个村落社会如何借由信仰体系的力量进而与更宏大的区域历史和国家权力体系建立起联系的,以及解读信仰体系和仪式生活之于村落社会与生活于其中的人的意义。

需要说明的是,本文的所有资料来源于笔者在 2009 年 3 月到 2010 年 1 月期间为撰写硕士学位论文所进行的田野调查。当年在收集数据和整理数据时的疏漏和不当显然成为了本文展开进一步讨论的限制,因此文中的各种不当之处还请大雅方家不吝指出。

当然,对于作者而言,本文仅仅是个开始而远非结束。

赵婧旸　　厦门大学人类学与民族学系博士生(厦门　361005)

Toward A Philosophy of Musical-social Interaction

Bret Woods

"The musician, like music, is ambiguous. He plays a double game. He is simultaneously musicus *and* cantor, *reproducer and prophet. If an outcast, he sees society in a political light. If accepted, he is its historian, the reflection of its deepest values. He speaks of society and he speaks against it."-Jacques Attali (1985:12)*

I tend to approach experience and interaction from the notion that *all reality is social reality*. In my mind's eye, such a statement is not a whimsical abstraction, but rather a theoretical position in the exploration of fundamental human social processes that are infinitely complex yet generically organized. Humans live socially, and construct their sense of personhood dialogically[1]. Within this framework, social theory can be explored without biological reductionism, without taxonomic dogmatism, and one can approach the narratives of actually-experienced, socially-articulated nature of existence. "Being" is virtually dependent on its dialog with experience and contemplation, a perpetually developing life-event that is constantly objectified, defined, and re-defined. The *events* of being gain meaning through communication, which is achieved through discovered and invented

---

[1] Throughout this article, "dialogically" and "dialogic" will refer to the process of dialog, as explored in the writings and philosophies of Mikhail Bakhtin and Michael Holquist.

stratification of shared space, articulated through genres of texts performed and perceived.

Music, outside of any theoretical constructions of its physical forms, is a social act. That is to say, that music is a human activity that must be actively and simultaneously performed and experienced. To experience music is a uniquely dialogic phenomenon in what Mikhail Bakhtin① called the "event-of-being," that once entering the realm of descriptive and theoretical elements has already ceased to be. Yet in order to be actualized this experiential event-of-being must be articulated as such within a secondary narrative, a Janus-faced simultaneity that is aesthetically generic but ultimately an elaborate shared fiction of sorts. The concept of "musical-social interaction" introduced herein engages the simultaneity of making sense of musical experience. By musical-social interaction, I initially mean to describe the dialogic process of engagement with a stimulus that is defined stylistically as "musical" in a culturally-accepted understanding of the word. This also includes speech acts — what the Bakhtinian circle refers to as "utterances" — and communication, defined by Feld as "a socially interactive and subjective process of reality construction through message making and interpretation" (1994:94), both *through* and *about* music. Because of this, when I discuss the admittedly verbose notion of musical-social interaction, I phrase it as such since I cannot separate the features of music *a priori*, from the generic forms that exist as ways in which to articulate themselves, even though in-the-moment of the event-of-being I experience them as such. Or to put it another way: music is performed and experienced in the paradoxical forms of genre — its conditional and transcendental and narrative elements all combine to elicit its substance in momentous events, around which further narratives and meta-narratives are created to describe and contextualize those

① Mikhail Bakhtin (1895 – 1975) was a Russian philosopher, scholar, and literary theorist whose theories were virtually unknown in the popular academic world until the 1960s.

events. Bakhtin wrote:

> All attempts to surmount — from within theoretical cognition—the dualism of cognition and life, the dualism of thought and once-occurrent concrete actuality, are utterly hopeless. Having detached the content/sense aspect of cognition from the historical act of its actualization, we can get out from within it and enter the ought only by way of a leap. To look for the actual cognitional act as a performed deed in the content/sense is the same as trying to pull oneself up by one's own hair. The detached cognitional act comes to be governed by its own immanent laws, according to which it then develops as if it had a will of its own. Inasmuch as we have entered that content, i. e., performed an act of abstraction, we are now controlled by its autonomous laws or, to be exact, we are simply no longer present in it as individually and answerably active human beings. (Bakhtin 1993:7)

Musical-social interaction as a human activity is, generally, a shared space of understanding and musical participation that simultaneously encompasses the awareness of musical expressivity in narratives, symbolism, and genre *dialogically*. As a human activity, it becomes part of the narratives of memory and meaning, as embodied symbols are learned, experienced, and expressed they take shape within the process of self-other actualization wherein certain moments become markers of identity, and awareness of the realities of others' identities. ① In this article, I discuss ways we might begin to think about musical-social interaction with regard to this identity-link and as a meta-concern beyond (but not exclusive from) stylistics

---

① "Identity" here should not be assumed abstractly as in the larger meta-category of ethnomusicological and anthropological discourse regarding the "negotiation of identity." Rather, identity exists as the actual existent representational and relational self and the awareness of the self in the interactive moment with the other, from which actualized experienced is shared and understood.

and form. Identity — cultural or otherwise — is comprised through dialogic inventiveness, imagination, and performance in the social realm. As a result, that which is conceived of as traditional, while it is an accepted stable pattern upon which other aspects of the self and community can be expanded, ultimately is a temporal and processual phenomenon. The effectiveness of tradition in its perceived preservation/continuation extends from the constructed reality of self and remains effective only in its subjective performance and communication. The reciprocity of inventive performance reinforces the subject's social agency, in that the traditions that are most significant are the ones with which the subject most wholly and generically identifies.

Narrative, Symbol, and Music

Communication of the experience of music is governed almost entirely by narrative metaphors. I note "almost" because music can of course be performed directly from one subject to another, thus in a sense "communicating" the indescribable elements of experiential events. But even in those performative moments, or similar events where one subject plays a recording of music, narratives abound in relation to the experiences and the sounds. These narratives and the experiences they artistically articulate rest at the core of invention and reinvention of self and society. In the *milling frolic*, song and story intertwine in the interactive moment to the point of blurring genres. The milling frolic, from Cape Breton, Nova Scotia (and nearby areas), is a contemporary Gaelic musical performance practice that involves singing a largely traditional repertoire of *Òrain Gàidhlig* (Gaelic folk songs) — primarily a genre known as *Òrain luaidh* (waulking songs) — in a communal setting while rhythmically thumping a bolt of dampened cloth in unison on a broad surface, usually a long table, to mark out the beat. Men and women, young and old, are generally encouraged to sit at the table to "share the wool" and sing along in Gaelic. Usually, each person sitting at the table takes a turn leading a song (i. e., sing the verses, start, and end the song) while other participants join in each time the refrain is repeated, after which the neighboring participant takes the lead, and so on around the table. The songs are drawn from various genres, but generally tend to be traditional waulking songs, homeland songs, seafaring song, great songs, as well as any new songs composed in those styles. A typical waulking song has a standard form and practice, where the refrain is sung at the beginning and again after every verse, and then sung twice to mark the end of the performance. Using the cloth to demarcate the pulse of the song is a direct cultural reenactment of the process of waulking tweed cloth, which was a labor practice common for centuries in the Highlands and Hebrides of Scotland before it was rendered obsolete with advancements in textiles technologies during the Industrial Revolution. Newly woven tweed, when pulled from the loom, is coarse and loose making it nearly impossible for broadly-applicable textile use. The raw wool fibers must be waulked in order to be thickened and worked into a soft and useable fabric. Waulking is a labor-intensive process when done by hand, requiring the efforts of dozens of workers who can work the cloth for hours. "The cloth was soaked in what we call 'household ammonia' (stale urine). This useful chemical, known in Gaelic as *maistir*, helped make the dyes fast, and to soften the cloth" (SLI 2010). Traditionally, as a means of seasonal labor in the Highlands and Hebrides, waulking was a job done only by women. But in the new world, this practice is engaged by men and women, as a way to interact through traditional Gaelic song.

The participatory act of engaging in the milling frolic today embodies and entextualizes the tradition of labor song genres in the Gaelic world, as well as the meta-narrative of milling wool. In John Shaw's *Brìgh an Òrain: A Story in Every Song*, Lauchie MacLellan gives us his narrative of a milling frolic as experienced in Broad Cove, Cape Breton:

[Once the wool had been prepared], toward the end of autumn, word was sent out to the neighbours in the immediate area that a milling frolic would be held on a particular night. By then, of course, everyone in the neighbourhood knew that there was to be a milling and was waiting eagerly for it. The man of the house, usually with a friend's help, would fetch two large planks, twelve feet long by ten inches wide and two inches thick. These were set side by side to make a flat surface on which the web [the unfulled cloth] could be milled. A fourteen-yard length of web was placed on the boards after it had been soaked in warm soapy water and fourteen people or so, both men and women, would sit at both sides and at the ends. Then the milling would begin····. After the milling had gone on for two songs the woman of the house would come up and measure the length of her middle finger (*le cromadh a dòrn*) to determine whether the web had been milled enough, or whether another song was required. Usually it would take three songs, and the folded-over web was passed [sunwise]① around on the milling surface. (Shaw 2001:17)

Lauchie's own experience with milling frolics naturally embodied this narrative as a dialogically realized experience. Mine can only embody his narrative as a relational element of itself. Each participant of a milling frolic, in their own way, engages in "narrative interpolations" of a kind as they perform the songs and reenact the physical process of milling the wool. This largely consists of the consideration of lyrics and their historical/metaphorical meanings as considered in the event of singing them. As is the point of stories, singers form relational bonds with subjects and characters in the narrative of the lyrics, as exemplified in their own significant narratives of identity in Cape Breton. Dialogically, performers express these bonds

---

① In Scottish folklore, "sunwise" refers to setting sail on the proper course, east to west following the path of the sun. With regard to circular direction (as with a group of people sitting around a table), it is a term that in the northern hemisphere is interchangeable with "clockwise."

in the moment as they gauge others' reactions and expectations during the shared peformative event. Moreover, the singer can assume the alternate identity of the subject in the alternate reality of the lyrical narrative, allowing those who sing with her admission into the shared space of the narrative.

Of course, all of this happens instantaneously and not as a result of *itself*, which makes the process an embedded one. Singers perform songs because they enjoy them, or they wish to learn the language, or any number and combination of reasons (narratives) that they feel and decide to invoke. There is no primary substance of narrative that operates omnipresently throughout the whole of social interaction (and subsequently, there is no authority of signs or symbols that hierarchically determines the authenticity of a narrative). Rather, narratives are constantly authored in performative moments of *being* in a *relational* sense, that is, dialogically (which, consequently, is why authenticity is an interpretive construct).

Thus what makes narratives such a crucial component of musical-social interaction is that they comprise *the foundation of momentous ratios that allow communication to occur generically*. "Relation, it will be helpful to remember, is also a *telling*, a narrative, an aspect of the word's meaning" (Holquist 1990:29). It is a sharing in these "ratios of otherness," a metaphor to emphasize that "we are — we cannot choose *not* to be — in dialogue, not only with other human beings, but also with the natural and cultural configurations we lump together as 'the world'" (Holquist 1990:29 – 30). In the moment-to-moment space in which we author our sense of self/personhood, we rely on narratives for generic structure, purpose, and meaning.

As metaphors, narratives employ a loaded literary device: symbolism. As a point of utility, language is a collection of symbols, words that represent material objects or relational events within the environment. It has been well-documented that the "symbol" is notoriously difficult to define (Sperber 1975; Vološhinov

1976; Rieff 1979; Petocz 1999). Peirce saw symbols as sign-signifiers, that is, signs directly linked to concrete objects through linguistic definitions. In his convoluted representational theory, symbols have definable effects based on their sign-object relationships. Furthermore, symbols were seen to be subject to specific "semiotic chaining processes" that could be understood and repeated (Peirce 1955). Of course, the problem with constructing an objective, repeatable order on a symbolic and subjective system is apparent. Freud likewise espoused a conjectural notion of reductive symbolism, in its psychologically-embedded sense.

> As Freud stated it, condensation and displacement are the two means by which wishes otherwise unacceptable to a person can gain a degree of distortion and camouflage that allows them to be partially expressed. In condensation, one or more elements of the underlying wish ("latent dream thought") are represented by one of their parts or properties, which serves as its "condensed substitute." Thus in the dream itself ("manifest dream content") a person might be condensed into one of his possessions or a phrase that he or she utters; two or more different persons might be represented by a single individual with a property common to them all, such as sex, age, or a feature of physiognomy. (Vološinov 1976:121)

Freud spent a good deal of time working in condensation and displacement, creating a complex (but nonetheless conjectural) taxonomy of signs and symbols of the inner self. Ultimately, his matrix of symbolic meaning depended on his own understanding of ideas in the realm of the mind and language as it existed in nineteenth-century Vienna, a subjective system that he utilized to an objective end.

Perhaps the difficulty in creating a working model of formal features for the symbol (such as Turino's recent usage, see Turino 2008:5 - 16) lies in its necessary subjectivity as a communication of the dialogic act. When we cease attempting to create a hierarchy of signs and symbols at work within the narrative, monologue becomes dialog and the attribution of meaning returns to the dialogic realm. Symbolic objectivity does not exist; likewise, *symbols cannot exist outside the relational self.* They are employed within the narrative with genres and as genres, connotations for the whole of experience. "The compellently and concretely real validity of the performed act in a given once-occurent context (of whatever kind), that is, the moment of actuality in it, is precisely its orientation within the whole of actual once-occurrent Being" (Bakhtin 1993:53). The complexity of the symbol is contextualized by the chronotope and communicated through genre.

In musical-social interaction, generic symbols are readily employed as and with elements of narrative. In some instances, aural musical cues or motifs are symbolic of moods, settings, and events — themes of sound that communicate generically. Other interactivities favor lyrical and poetic narrative as a part of the musical act, where stylistic elements of melody, harmony, and rhythm directly link to the flow of poetics. In every instance, musical-social interaction employs narratives that at their most essential level are symbolic narratives — fictions of a formative kind, in which we find reflections of our sense of personhood and to which we *ascribe relevant meaning.* Notions of the self and its relational existence are often forced from this social interactivity into the realm of objective interpretation. When we ask "did that *actually* happen?" what we are attempting to access is "did you *really* experience* that?" Monologic, representational objectivity skews the fundamental dialogism of narrative. Those who waste time attempting to discover the objective, "truth" of social facts and experiential events are missing the point. They are oblivious that they have already entered the subjective realm of narrative symbolism. This subjective realm bolsters the efficacy of ethnographic research regarding meaning and identity. The theoretical assertion that socio-historical understanding is a subjective process is not to be misconstrued as an overly ambiguous one. Subjectivity in no way precludes the establishment of hierarchies of knowledge that can be investigated in and of the confines of themselves. However, with regard to the social dimension, Bakhtin points out that monologic paradigms do not adequately treat subjectivity in its dialogic forms. "Relativism and dogmatism equally exclude all argumentation, all authentic dialogue, by making it either unnecessary (relativism) or impossible (dogmatism)" (Bakhtin, Emerson 1984:69). Being, experience, and meaning are not static and determined, not fixed within one reality or one symbol, not monologically represented as a singular binary opposite. Rather, these elements of identity are constantly performed and re-performed in a unique and ever-changing fluidity. Of all human activities, music is uniquely suited to expose this performative existence, to remove the objective wall of alienation between narratives and their dialogic interpretation.

Chronotope, Genre, Heteroglossia

The concept of the chronotope provides a foundation for generic signification. Chronotope, literally "time-space," was borrowed from mathematics by Bakhtin "for literary criticism almost as a metaphor (almost, but not entirely)" (Bakhtin 1981:84). The concept refers to the "intrinsic connectedness of temporal and spatial relationships that are artistically expressed in literature" (Bakhtin 1981:84). In literature, chronotope's utility first lies in that it signifies and defines genre and specific narrative distinctions by establishing a timeline as its primary source of expression. In this conceptualization, the chronotope operates as a strong tool for narrative analysis, as a "kind of recurring formal feature that distinguishes a particular text type in such a way that — no matter when it is heard or read — it will always be recognizable as being *that* kind of text" (Holquist 1990:110).

As a philosophical method, and not merely a device for literary analysis, the chronotope can be more broadly conceived as "indispensable forms of any cognition," in the Kantian sense, as Bakhtin notes in "Forms of Time and of the

Chronotope in the Novel: Notes toward a Historical Poetics," "beginning with elementary perceptions and representations" (1981:85). Thus, as a concept in and of itself, our sense of experiential being and of the self is chronotopic, since the chronotope lies at the core of our developed cognitive process. Kant considered such forms of developed cognition as "transcendental," while Bakhtin conceived chronotopes as "forms of the most immediate reality" (Bakhtin 1981:85). In this is Bakhtin's assertion that the chronotopes of our own lived experiences are reflected in the chronotopes of our artistic expression. Thus, exploring chronotopes is invaluable for evaluating the dialogic relationship between text and audience, or said another way, the dialogism of performance.

Specifically at the milling frolic chronotopes define how the audience understands and performs a traditional text in the present moment, and how the text dialogically negotiates and reinforces the social reality or "world" of the audience. The cultural reenactment of the waulking process, for example, is a central chronotopic element that both situates the musical activity in the ambiguous authenticity of traditional origins and defines it as a codified genre. Singers may get together and exchange Gaelic songs with all the same stylistic features as those sung in a milling frolic, but it is not signified as a milling frolic without the chronotope of waulking the wool.

But this notion of the chronotope has a much broader utility, in that it can be applied to the "organization of the world (which can be legitimately named 'chronotope' insofar as time and space are fundamental categories in every imaginable universe" (Todorov 1984:83). Chronotopes very much govern the way we dialogically conceive of and apply knowledge of narrative devices. The words "nine eleven" have a specific chronotopical resonance for citizens of the United States. "Silent film" carries with it a specific era and set of generic signifiers. "A long time ago, in a galaxy far, far away⋯." "Folk music." "Milling frolic." These are social vehicles which situate and articulate intertextualities. That is to say that chronotopes are categories of dialogism as a part of interaction, in that they are inevitable reactions of the dialogic act. Bakhtin notes:

> Chronotopes are mutually inclusive, they co-exist, they may be interwoven with, replace or oppose one another, contradict one another or find themselves in more complex interrelationships. The relationships themselves that exist among chronotopes cannot enter into any of the relationships contained within chronotopes. The general characteristic of these interactions is that they are dialogical (in the broadest use of the word). But this dialogue cannot enter into the world represented in the work, nor into any of the chronotopes represented in it; it is outside the world represented, although not outside the work as a whole. It (this dialogue) enters the world of the author, of the performer, and the world of the listeners and readers. And all these worlds are chronotopic as well. (Bakthin 1981:252)

Of course, this boundary line that Bakhtin envisioned between the world within the narrative and the world outside the narrative is not so impenetrable and mutually exclusive as this passage lets on. Chronotopic motion impresses itself in all directions insomuch as everything is affected to some degree by everything else within its proximity. Chronotopes are "part of the associational field implicated in relationships of generic intertextuality" (Bauman 2004:6).

Songs sung during the milling frolic are representative of a chronotopical merging of time and space into a momentous, complex identity. An example of this concept can be seen at work within the popular song, "*Ged a Sheòl Mi Air M'Aineol*" ("Although I Sailed to Foreign Countries").

Séist:

Ged a sheòl mi air m'aineol.

Cha laigh smalan air m'inntinn,
Ged a sheòl mi air m'aineol.

'S ann à Boston a sheòl sinn
'Dol air bhòidse chun na h-Innsean.

Rinn sinn còrdadh ri caiptean
Air a' bhàrc a bha rìomhach.

Trì latha roimh 'n Nollaig
Thàinig oirnn an droch shìde.

Shéid e cruaidh oirnn le frasan,
'S clach-mheallain bha millteach.

Cha robh ròpa 's robh òirleach,
'N uair a reòth' e nach robh trì ann.

Chaill sinn craiceann ar làmhan.
'S bha ar gàirdeanan sgìth dheth.

Trì latha is trì oidhche,
'S bha seachdnar 'n sìneadh.

Ám na Nollaig, cha robh candaich
Cha robh Sants anns an tìr seo.

Dh'fhalbh 'n seòl-mullaich 'n a shròicean,

Chan e spòrs a bhi 'g a innse.

Chorus：

Although I sailed to foreign countries,

Sadness did not linger in my mind,

Although I sailed to foreign countries.

We sailed from Boston

On a voyage to the Indies

We came to an agreement with

A skipper of a handsome ship.

Three days before Christmas

Bad weather descended upon us.

The wind blew strongly with rain-

Showers and stinging hail stones

When the inch-thick ropes froze

They became three inches in girth.

We lost the skin of our hands, and

Our arms were tired of the struggle.

I spent three days and three nights

At the wheel during the storm.

It is Christmas, there isn't candy,

There is no Santa in this place.

The top-sail was torn to shreds;

It is no fun to tell about it. (ACC 2010:17)

The story itself as composed, "conveys a direct *geographical reality*" in and of itself, in that it represents a singular narrative (Bakhtin 1986:47). The song was composed by Roderick G. Morrison, who was said to have left his home in Loch Lomond, Richmond County, Cape Breton to sail to California where he would stake his claim during the Gold Rush, only to return having no success, eventually entering the shipping trade between Cape Breton and Boston. The song chronicles one particularly dangerous journey that caused the ship to go off course seeking warmer climate in the Indies. When he finally returned to Cape Breton, he discovered that his wife had died and the rest of the community assumed he had died at sea.

As it is sung, the song is assumed to be a historical narrative. The story is a first-person narrative, the experiences of a man who *has actually lived*. But in the performative event, there is no emphasis placed on the actual "precise geographical determination" or "*non-fictitious* place of action" (Bakhtin 1986:47), beyond the relational-identity (dialogic) aspect of the narrative that solidifies itself in a tangible sense for performance. The example links the performers to Cape Breton as the subject in the narrative is linked, as their own real and mythical ancestors are linked to seafaring. Additionally, the popularity of the song lends itself to multiple generic interpretations. While the melody varies in numerous transcriptions (MacEdward 2004; Creighton 1964: 24; ACC 2010), it has remained roughly unaltered, as performed, since it was first composed. There are banter-like verses that certain performers add to their singing of the songs. Essentially, the song in its wholly interactive existence is saturated with chronotopic essences. It is a Gaelic song, it has become a popular milling frolic song, and it is inextricably linked to Gaelic Cape Breton.

Culturally-specific utterances are performed and mediated through *genres*. Genres are the active, tangible, and systematic (though not in any way static) way in which dialogic existence is performed.

> Utterance is a deed; it is active, productive; it resolves a situation, brings it to an evaluative conclusion (for the moment at least), or extends action into the future. In other words, consciousness is the medium and utterance the specific means by which two otherwise disparate elements — the quickness of experience and the materiality of language — are harnessed into volatile unity. Discourse does not reflect a situation, it *is* a situation. Each time we talk, we literally enact values in our speech through the culturally specific social scenario. Cultural specificity is able to penetrate the otherwise abstract system of language because utterances in dialogism are not unfettered speech (Holquist 1990:63).

Historically (and particularly in cultural studies), genre has played a specific role in its function as a categorical hierarchy. Since the turn of the twentieth century especially, taxonomic definitions have been invented, utilized, and reinforced to distinguish the location of texts within culture. Folklore studies, for example, often depended on this type of critical analysis to define texts for preservation, performance, and study. "The centrality of texts in the Boasian tradition demanded discrimination among orders of texts, and generic categories inherited from the European (especially German) study of folklore served this classificatory purpose" (Bauman 2004:3).

Early modern scholarship has regularly focused on the formal features of a text in order to identify the way in which that text is created, utilized, and transmitted; by critical extension, successive scholarship has placed more emphasis on how texts are discovered, perceived, exchanged, modified, and consumed. Often, a discipline specifically calls for any one of these fixated methods, such as with regard to an element's physical properties and a principle's operative characteristics. As the perceived collective importance of the acquisition of knowledge in Western sciences has developed, the temporal directionality of genre's utility in modern scholarship has come to depend on formal features as guidelines to be enforced. Certainly much of the dominance of scientific definition in the modern world has been dependent on learning "how things work," so to speak. Such a focused methodology severs text from context, object from subject. Philosophically speaking, genre's purely definitional approach *requires* the death of the subject in order to codify enforceable features outside of their dialogic representation. The bottom line is that the definitional approach fails to address the diachronic and synchronic fluidity of genre — the way in which genre transcends the boundaries of its own formal features. Yet, the creation of a formalized text has no utility outside of a formalized context.

Despite how genre operates in a conceptual space as a definitional tool, understanding its practical function is paradoxical. Genre features govern not only the formal features but also the realization, creation, recreation of and communication about texts. A text must first be realized and performed (typified in one pattern or another by the audience or receiver) before it can be interpreted and problematized. Despite its perceived stability (since understanding the formal features of a genre are only stable insomuch as they are constrained by accepted and enforced boundaries — regardless of the success one might have enforcing those boundaries), the definition of what constitutes a genre is impossibly complex due to the social nature of a genre's diachronic discovery, invention, and recontextualization. In other words, the features that are often considered to be genre definitions are patterns dependent on contextual interpretation. Genre must exist in a dialogic dimension. Furthermore, standardizations of definitional forms are not where genres' "coalescence into recognizable patterns can best be seen" (Holquist 1990:71), since such standardizations are simply one side of a dialogic pattern. Generic patterns are actualized in normal discourse, regardless of enforceable features that may or may not be present within that discourse.

Various chronotopical treatments of genres find many examples with the milling frolic. As I have stated, the milling frolic as an act constitutes a chronotope, a re-treatment of genres in function and reception. Songs such as those sung by Angus Ridge MacDonald (collected by John Lorne Campbell in 1937) demonstrate the shift in genre evident in the performative aspects of the texts. "*S Truagh Nach Robh Mi'n Riochd na h'Eala*" ("It's Sad That I Had Not the Shape of a Swan") is a milling song that seemed to Campbell to be a version of "*Coisich, a rùin*" (collected in Collinson, Campbell Hebredian Folksongs II 144-50). The song is still sung in Cape Breton. As recorded by Campbell in 1937, the text was sung by Angus MacDonald but the narrative is clearly from a woman's point of view (specifically in the verses, "*Banais a-nochd 'sa Chill Uachdraich, Nam bithinn an dheanainn fuadach, Nam biodh tè eil' ann bhith 'gah luadh riut, Sgathainn bun is bàrr a cuailein*" ["There's a wedding-feast tonight in the upper Cill, If I was there, I would clear it. If another girl there were with you connected, I would cut off her hair top and bottom"]). Similarly, songs that, due to their text and/or form, belong to other codified genres — milling songs, clapping songs, rowing songs, sailing songs, heavy songs, great songs — retain their stylistic form when sung at a milling frolic (though the tempo might be changed), but are treated differently in an interactive sense due to their chronotopic treatment. Even in what seems like well-established formal features of a genre, fluidity and chronotopic treatment blur the lines of entextualization and communication in performative dialogic moments. In the experienced events of musical-social interaction, there is a simultaneity in the dialog between performer and audience, author and performer, history, ethnicity — a host of identities — wherein the complex interrelationships of many meanings takes shape.

"The simultaneity of these dialogues is merely a particular instance of the larger polyphony of social and discursive forces which Bakhtin calls 'heteroglossia'" (Holquist 1990:69). This phenomenon, the "base condition governing the operation of meaning in any utterance," ensures that all texts must be grounded wholly in a specific context (Bakhtin 1981: 428). Moreover, heteroglossia represents a multiplicity, the "place where centripetal and centrifugal forces collide; as such, it is that which a systematic linguistics must always suppress" (Ibid). Polyphony in this case does not so much symbolize a multitude of voices as it embodies a collective of voices within the subject and within the individual utterance. The nature of dialogism is what requires polyphony to occur.

> For any individual consciousness living in it, language is not an abstract system of normative forms but rather a concrete heterglot conception of the world. All words have the "taste" of a profession, a genre, a tendency, a party, a particular work, a particular person, a generation, an age group, the day and hour. Each word tastes of the context and contexts in which it has lived its socially charged life; all words and forms are populated by intentions. Contextual overtones (generic, tendentious, individualistic) are inevitable in the word. (Bakhtin 1981:293)

By extension, *any expressive utterance* must be linked to the generic forms through which it was experienced. Music is positioned to champion this notion in a performative sense.

Fictions and Dialogisms in Space and Place

The late David Foster Wallace once wrote, "If a piece of fiction can allow us imaginatively to identify with a character's pain, we might then also more easily conceive of others identifying with our own. This is nourishing, redemptive; we become less alone inside. It might just be that simple" (Foster Wallace 1993). Narrative fictions and fictional devices provide a glimpse into and interactions with alternate social realities. In their creative expression, fictions are not simply falsehoods or self-contained flights of fantasy, but rather intricate stories whose valences leak into our own co-habited reality. They make us feel and think differently, and ultimately our own social interactivity changes the trajectory of any narrative and the process of its meaning and efficacy. As a necessity, fiction and fictional devices are employed in virtually every narrative (both those that are considered "truths" and those that are "tall tales"), indeed, as a necessary form of expressive utterances. In musical-social interactions, we can likewise notice the importance of narratizing meaningful experience and the valence of reality as experienced and expressed.

As generically understood, the interpretation of our surroundings takes its various forms in a relational sense. In terms of memory and geography, dialogism suggests that the way we categorize elements of our surroundings is completely dependent on our continual self-other actualizations in the social dimension. But our geography — our sense of "place" — is more than its physical existence. We ascribe social meaning on our surroundings in what Belden Lane called a "curious transformation of consciousness" (Lane 2001: 53). As dynamically as we experience our sense of place in a relational way, we rearticulate that place as a conceptual "space," a symbolic arena in which our generic understanding can be shared. This is because we must express how we exist in the spaces we create in whatever place we happen to be. In this, our geography becomes more than a physical locale; just as we are emergent, it is emergent, active, and alive by virtue of its interaction with us. Generic spaces of shared understanding are a core aspect of our consciousness — our psychology — since our relational personhood is formed through actual language expression (which must be socially acquired).

Our dialogic existence is paradoxical. As soon as we achieve language, we are made aware through narrative that we were born. The very essence of who we are is *expressed as a text*; we embody that text and perform it, every breath we take a testament of its essential meaning and place within our sense of personhood.

> Every human being has, as a body, a very clearly marked beginning and end. But the human subject is not merely a body, of course — it is a conscious body. And here arises a paradox: others may see us born, and they may see us die; however, in my own consciousness "I" did not know the moment of my birth; and in my own consciousness "I" shall not know my death. (Holquist 1990:165)

Additionally, we are born in a place that we cannot experience until we remember how to articulate that experience (regardless of whether or not we reach an awareness in the same locale as our birth). The very first skills we learn are skills in narrative meaning.

Musical-social interaction articulates this process. Expressionist views hold that music and language are inevitably separate domains, in that music expresses emotions, inner-feelings that are ineffable, while language expresses the process of conceptualization. In the music-language divide (relationship?), these theoretical activities are cast as mutually exclusive in an expressive sense. Yet, expression cannot really exist outside of its conceptualized meaning. Understanding, expression, and meaning are all developed, cast-molded in language's generic forms. Music possesses an ineffable quality, perhaps, in the way it is experienced but the conceptualizations of where that nebulae of emotions rests within the self are dependent upon the interaction of feelings, expressions, and meanings in the musical moment (as well as narratives shared in the memory and re-telling of that moment).

A Narrative of Ethnographic Identity

I will admit that the whole concept of "fieldwork" as some separate activity defined by traveling to a specific location ("place") and adopting a different definitional mindset ("space") has never made much sense to me. The difference between "space" and "place" in this context is simply an ever-occurring social dialogism, the actualization of the conceptual self ("How does this environmental stimulus relate to me?") and the other ("How does this environmental stimulus relate to everyone?" i. e., "Where am I on the map?"). Any confusion on my part regarding fieldwork is likely because of the way I am aware that I dialog generically day-to-day. It is not that I have trouble with conceptual boundaries or definitional spaces (so far as I am aware). On the contrary, one of the concepts I briefly outlined in this article is an exploration of various dimensions of genre. My perplexity stems more from the fact that I am fairly certain that I never really leave the observational-interactive space of the "field." I recognize that the "field," such as it is exists as a convenient invention much like the disciplinary boundaries that its exploration helps to define. It is a creative and scholastic conceptual framework designed to foster critical thought and a specific kind of awareness in events, fueled mainly from its pragmatic function — the scientific methodology geared toward collecting, recording, and analyzing "data."

But as for me, I am guilty of always existing in this interactive realm of constant actualization and reflexivity. Just as "all the world's a stage," in the social sense, all the world's a field for a critical thinker. I have asked myself many times, how can fieldwork exist as an independent tool of scholarship? Or more specifically, in what way is fieldwork a distinct activity in which someone can engage and then disengage? This question is far more dubious than it lets on, for reasons that I explored in this article.

How also does the space-time event of being "in the field" help one to "draw conclusions and interpret data" in an isolated way? Indeed, if we are to be critical thinkers, we cannot dismiss the conditional convenience afforded through the creation of methodological boundaries surrounding a proposed hypothesis — much like the objectification of the "field" itself. Let me elaborate. It is true that as a musician and a socio-cultural studies scholar I have had plenty of experience navigating conceptual-methodological boundaries, since the practical nature of what I do is often expected to be quantified and legitimized. Tell anyone you are an "ethnomusicologist," and you are likely to experience a wide array of micro-expressions ranging from curious to confused. Such an admission requires additional language and metaphor in order to describe what, specifically, it means. Even those etymologically capable will have little agency to decipher much beyond the many permutations of "world music study," thus, in situations such as these we are left exploring the realm of connotation to find, through dialog, the best-suited discernable form to create a space of shared understanding.

Such an activity is like the creation of any narrative — to build an established and continually re-established concept with its own forms of combinations of forms. This is not specific to ethnomusicology; any discipline perceived as having a definable and relatively contained form in today's increasingly hypertextual world struggles from the same healthy ambiguity. Where one scholar might make a stand about the enforceable forms and patterns of a genre, another might employ critical thought to promblematize those boundaries. The "field" is one such conceptual space. The crux of Field's ambiguity lies in its historical legacy of scientific exploration and collection of data, which is particularly of interest to late-modern ethnomusicologists concerned with legitimizing the discipline as actual science. As scientists, apparently, we are supposed to conflate real (actualized) discovery with real (objectified) field study, so as to ensure there is no confusion about where the discovery originated. Perhaps this has to do with the hierarchical emphasis placed on Field's physical transference of place.

Ethnomusicology has a long-standing and codependent history with the ethnographic place, as evidenced in many works (Merriam 1964; Nettl 1983) that describe the field as a place where ethnomusicological or ethnographic research begins (is actualized). The field was generalized as a stable point of locale, and the study of musical practices were organically linked and dependent on that cultural core. The major emphasis on "place" began as a paradigm shift in the mid-twentieth century inspired by growing anthropological interest in cultural immersion and fueled specifically by an insider-outsider hierarchy. Any relativist welcomes such a shift, allowing once "primitive" cultural practices to achieve their own voice in scholarship (even though they did not necessarily need such a voice ascribed to them). The result of the paradigm shift was a surge in cultural relativism and appreciation of the glorified "other" from scholars who struggled with reconciling the trope of the noble savage with their own crises of legitimization (Blacking 1976; Hood 1982).

At present in the discipline, many ethnomusicologists still correlate specific geographical locations with localized cultural practices. This can be seen in countless world music textbooks and classrooms. Others perpetuate the codependent need to legitimize the quality and import of their critical thought based on its geographical proximity to an assumed cultural epicenter. But we are also beginning to see another shift in sociological thought regarding the importance of place. When you peel away the expectation that the exploration of space and place must glean some archetypal truth about life or "culture," you begin to notice that the importance of fieldwork lies not in the "field" as a backdrop, but in the narratives that are constantly composed and re-composed that make "place" and "space" an important element of being.

In any scientific and scholastic process, the more we enforce boundaries the less they are relevant outside themselves, and then they become severed from the larger meta-narrative of life events. In many scientific circles, such isolation has been (and sometimes still is) considered to be epistemological purity. Pure conclusions are drawn from experiments that are repeatable with little percent error — those processes that are contained within a specific form and criteria — and are necessary in order to create a stable definition about an observable element of the natural world. But in the meta-narrative sense, that stable definition must depend on other social dimensions in order to be understood and applied. In other words, what makes a natural law relevant exists in its social reapplication, where it achieves a reaffirmation of meaning.

At their essence, all sciences are social processes. Throughout learning the many generic forms present in our social reality, *we must see beyond the boundaries* into the ways in which those forms combine, function, and transform, linking actual experience with shared understanding.

For musical-social interaction, all that rests within the phenomenological moment is dialogical. Participation re-imagined as musical-social interaction encompasses all interactive qualities of musical expression and the narratives that come from its shared existence. This is a philosophical view with which to approach ethnographic research, in that if one is "studying" music and "participating" in it, it already exists in a decontextualized realm that must be artificially accessed. Existence within that realm *a priori* is already an organic reality, and the attention to the flux of generic forms within a shared musical space gives voice to everyone who the scholar encounters — not in an abstract, relativistic sense, but in a dynamic discourse that is inclusive and emergent.

References：

"An Cliath Clis" (ACC). Last accessed, August 31, 2010. http://www. ancliathclis. ca/songs. htm.

Attali, Jacques. 1985. *Noise：The Political Economy of Music*. Manchester： Manchester University Press, ND.

Bakhtin, Mikhail and Michael Holquist. 1981. *The Dialogic Imagination：Four Essays*. Austin：University of Texas Press.

Bakhtin, Mikhail, Michael Holquist and Carl Emerson. 1986. *Speech Genres and Other Late Essays*. Austin：University of Texas Press.

Bakhtin, Mikhail, Michael Holquist, and Vadim Liapunov. 1990. *Art and Answerability：Early Philosophical Essays*. Austin：University of Texas Press.

Bakhtin, Mikhail, Michael Holquist. 1993. *Toward a Philosophy of the Act*. Austin：University of Texas Press.

Bauman, Richard. 2004. *A World of Others' Words：Cross-Cultural Perspectives on Intertextuality*. Malden, MA：Blackwell.

Blacking, John. 1976. *How Musical Is Man?* Seattle：University of Washington Press.

Campbell, John Lorne and Francis Collinson. 1981. *Hebridean Folksongs*. Oxford University Press.

Creighton, Helen and Calum MacLeod. 1964. *Gaelic Songs in Nova Scotia*. Ottowa：

Queens Printer. Published in *National Museum of Canada Bulletin No.* 198, *Anthropological Series* 66.

Feld, Steven. 1994. "Communication, Music, and Speech about Music." In *Music Grooves：Essays and Dialogues*. Chicago, IL：University of Chicago Press.

Holquist, Michael. 1990. *Dialogism：Bakhtin and his World*. London, New York：

Routledge.

Hood, Mantle. 1982. *The Ethnomusicologist*. Kent, Ohio: Kent State University Press.

Lane, Belden. 2001. "Giving Voice to Place: Three Models for Understanding American Sacred Space." *Religion and American Culture: A Journal of Interpretation*. 11/1: 53 – 81.

"MacEdward Leach and the Songs of Atlantic Canada." 2004. *Canada's Digital Collections*. Last Accessed February 2, 2011.

http://www. mun. ca/folklore/leach/songs/CBsongs. htm

Merriam, Alan P. 1964. *The Anthropology of Music*. Evanston, IL: Northwestern University Press.

Peirce, Charles Sanders and Justus Buchler. 1955. *Philosophical Writings of Peirce*. New York: Dover.

Petocz, Agnes. 1999. *Freud, Psychoanalysis, and Symbolism*. New York: Cambridge University Press.

Reiff, Philip. 1979. *Freud: The Mind of the Moralist*. Chicago: University of Chicago Press.

"Sgioba Luaidh Inbhirchluaidh" (SLI). 2010. Last accessed October 1, 2010.

http://www. waulk. org/.

Shaw, John. 2001. *Brìgh an Òrain / A Story in Every Song: The Songs and Tales of Lauchie MacLellan*. Montreal: Mc-Gill-Queen's University Press.

Sperber, Dan. 1975. *Rethinking Symbolism*. New York: University of Cambridge Press.

Todorov, Tzvetan. 1984. *Mikhail Bakhtin: The Dialogical Principle*. Translated by Wlad Godzich. Manchester: Manchester University Press.

Turino, Thomas. 2008. *Music as Social Life: The Politics of Participation*. Chicago: University of Chicago Press.

Vološinov, V. N. 1976. *Freudianism: A Marxist Critique*. Translated by I. R.

Titunik, edited by Neal H. Bruss. New York：Academic Press.

Wallace, David Foster. 1993. "An Interview with David Foster Wallace, by Larry McCaffery." Rev. Contemporary Fiction, last accessed January 22, 2011. http：//samizdat. cc/shelf/documents/2005/03. 07-dfwinterview/dfwinterview. pdf.

Dr. Bret Woods Assistant Professor of Ethnomusicology, Coordinator of Musicology/World Music：Troy University, Troy, AL, 2012-present.

《疾痛的故事——苦难、治愈与人的境况》评介

钱晶晶

　　佛教的《法华经》上说："三界无安，犹如火宅，众苦充满，甚可怖畏。"我们啼哭着来到人世间，似乎一开始便注定了与苦痛不可分离的宿命，生老病死时刻都在上演。路边匍匐卧地的残障，插着导管被各种仪器监控躺在病榻的患者，表情木讷在铁栏之内游走的精神病人，这些可见的疾痛呈现在我们面前，而另一些更隐秘、让人更接近死亡的疾痛，在人类的内心深处隐藏着，极度的悲伤、孤寂与绝望。

　　上海译文出版社于 2010 年 4 月出版了《疾痛的故事——苦难、治愈与人的境况》（［美］阿瑟·克莱曼著，方筱丽译）一书。该书的作者阿瑟·克莱曼不仅是一位出色的人类学家，也是一位良好的倾听者。在二十年来的临床经历中，他倾听患者讲述他们那些被遮蔽的痛苦，病魔如何啃噬他们的肉体与灵魂。当作者还是一个医学院的学生时，他从一个严重烫伤的七岁小女孩那里懂得了与患者交谈现实疾痛经验的可能；而另一位感染梅毒的老太太则让作者明白患者的疾痛经验与医生所关注的缺乏一致性。这也成为了作者在进行二十年对各类疾痛患者的深入观察后，所要了解和探讨的主要问题。该书透过疾痛，探究疾痛意义的结构：疾痛意义构成的方式，意义产生的过程，决定意义以及被意义所决定的社会环境与心理反应。如作者在书中所言："对疾痛的研究，是教育我们每个人认识人的境况，包括普遍的苦痛和死亡的一种基础。"

　　作者将人类学的田野地点转向了疾痛的经验与意义领域，人类学的主位研究方法在对生命文化过程、社会的疾痛体验、医学人文伦理等方面的关照得到了深度应用。这种以当事人的立场去思考问题的学科倾向，在医疗现实中作者

也给出了的切实可行的方案:通过建立人道的医患关系,真实地去体谅病患的感受,在纯粹的人际沟通中才有可能产生某种缓解病痛的智慧。我们无法看见疼痛,对于健康的人来说,或许很难体验到时刻体验到痛苦的患者的感受,如何搭建起患者与医疗者两个世界之间的沟通桥梁,治疗就不能只依赖于医疗技术的改进,而应重新强调道德与人文关怀的核心价值。访谈作为参与观察的重要手段就显得尤为重要,只有深入地倾听患者叙述,才可能对潜在的苦恼与疾痛的社会根源有所了知。

作者一再强调人类学民族志方法在疾痛评估、诊断、治疗中的重要性。在科技与人文分离,医患关系逐渐恶化的今天,作者克莱曼认为,医疗工作者、社会学者和伦理学者不仅要关注客观的、医学意义上的疾病(disease),更应该深入对那些细微的主观感受的研究,同时兼顾症状与经验。但是,这些主观的、与人的心灵直接相连的质性很难通过量表与调查问卷来反映,这些统计学意义上的肤浅描述,无法对患者的疾痛经验进行有效诠释。那么,微型民族志、自传历史、心理治疗等方法才是建立个人疾痛经历的正确方法。

人类学的整体观在书中也得到充分体现,在作者看来,疾痛不仅仅只是一种简单的个人经验,也具有深刻的社会性。它已经成为患者与自我、患者与外部世界沟通的一种语言与方式,治疗不仅仅只是认真对待疾痛的生物学意义,更要关注它所处的社会网络的全息图景。如考虑疼痛来源的真实环境,对慢性疾痛的考察,必须兼顾到患者的生活境遇、文化心理、复杂的人际因素等。从长期疼痛的慢性病患者到神经衰弱症,从伪病到疑病症,从疾痛到死亡,该书呈现了根植于社会文化情境中多种疾痛的样貌。

在不同的文化情境中,人们对疾痛的认知也存在差异。作者将神经衰弱症进行了跨文化比较,同样表现出虚弱与疲惫症状的美国人与中国人,她们的患病过程却具有各自强烈的地域性与时代特征,她们经历的事件也体现了各自所处社会的不同属性。书中作者也探讨了疾痛与羞耻的关联,一位癫痫病人、梅毒患者或是艾滋病人,他们所遭受的舆论压力往往超过疾病本身带来的肉体折磨,因此医疗系统有责任保护病人的羞耻心。

哲学家克尔凯郭尔说:"致死的疾病是绝望,绝望是罪。"基督信仰将疾痛视为上帝考验人类以及以此获得救赎的方式;对于佛教徒而言,疾痛则是在轮回中觉醒的契机。但当文化中应对苦痛经验的道德和宗教观念都失效时,便需要个体创造出独特的生命意义。在书中,作者赞许有加的患者帕迪·埃斯波斯托,疾痛将他从一个以自我为中心的年轻人变成了一位优秀的临终关怀咨询顾问。这个与疾痛共舞的实例,带来了正面的道德力量,在严重疾痛面前,让我们看见了既勇敢又软弱的人性本质。这样一个善的英雄模型,也提醒了人们挫伤与希望交替存在的可能。对于身患重疾的人来说,活着的每一天都成为一种胜利,他们践行着积极与绝望的辩证原则,这又何尝不是必有一死的人存在着的真相?

本书不仅仅只是一个个疾痛患者构成研究对象的调查文本,更是对人的生存境况、人性本质反思的读本。同时,也对当今西方的医学教育、临床医疗、卫生医疗系统提出了质疑与挑战。作者倡议的医疗体系应该是整合了生物科学、临床科学,以及医学社会科学和人文学的治疗策略与实践范式。作者克莱曼让我们看见一位人类学家本应具有的深厚人文关怀与现世责任感,在当今的社会科学研究领域我们应该呼吁这样的学术品质。在医疗等一系列的社会改革中,我们也应具备某种感性能力与情感投入,只有具备了道德力量与人文关怀的社会变革才能带来一丝抚慰之光,才能将曲折与不幸的人生轮廓变得相对柔和。

钱晶晶　　云南民族大学人文学院讲师(昆明　650031)

稿约及稿例

一、《人类学学刊》(下称本刊)系由厦门大学人类学与民族学系主办的一份立足于中国本土经验的人类学专业刊物,其宗旨是为国内外人类学界提供一个知识交流的学术平台,助力中国人类学的学术建设与国际化。

二、本刊主要刊登有关人类学各个分支学科的相关论著,但也不局限于学科传统,举凡社会学、历史学、民俗学、宗教学等跨学科之作,均为本刊欢迎。

三、本刊每年出版一期,接受研究论文、田野报告、书评、学术动态等四种类型的文章投稿。其中:

1. 专题研究:基于具体研究主题或前沿研究方向的深入性探讨。

2. 理论和方法研究:对既有学术理论及方法的总结、反思和创新。

3. 田野个案研究:扎实田野经验基础之上的实证研究。

4. 读书评论:述评、书评及研究札记等。

四、本刊鼓励深入细致的学术研究,中文来稿字数以八千至三万字为宜,英文来稿30页以内(编辑部保留学术性修改和删改文稿之权利;不愿改动者,请在来稿时注明)。来稿注释格式均请参照中国社会科学院《民族研究》之标准。来稿请提供 Word File 格式电子版,请附三百字以内中英文摘要各一,中英文关键词3—5个及作者简介,并附通讯地址、电话和电子邮件等联系方式。稿件若有基金资助项目,请用脚注说明课题来源、名称及基金项目编号等。

五、本刊欢迎国内外学界同仁投稿,不限投稿日期。如蒙惠赐大作,请径寄本刊投稿电子邮箱 renleixuexuekan@ 126.com。论文评审标准以学术水平为依据,本刊采用国际通行的匿名审稿制,文章发表前均须经特邀评审人审核。

六、作者文责自负,来稿必须未经发表,本刊对有意采用之来稿,均于 2 个月内回复评审结果。逾期未获通知者,可自行处理稿件。本刊概不退稿,作者请自留底稿。

七、本刊不设稿酬,文章一经刊登,即致送作者当期刊物 3 册。

八、本刊编辑部地址:

中国福建省厦门市思明南路 422 号

厦门大学人类学与民族学系

《人类学学刊》编辑部

邮编:361005

Note to Contributors

1. The *Journal of Anthropological Studies* (JAS) is one of the leading Chinese journals in the scoped of anthropological and ethnological issues The JAS, published by the Department of Anthropology and Ethnology, Xiamen University, China, aims to promote the development of anthropology as a discipline in China. It is also committed to facilitating academic dialogue between Chinese and international scholars.

2. The JAS welcomes submissions on traditional four fields of anthropology and on other academic disciplines that engage in an interdisciplinary dialogue with anthropology. We will primarily consider following types of submissions:

   a. Research articles: In-depth pieces which should be concerned with theoretical, empirical, methodological and ethnographic issues.

   b. Field and research reports: shorter pieces which present ethnographic cases studies on the basis of field research.

   c. Reviews: Review articles and book reviews.

3. Articles submitted to this journal must be original and have not been previously published. The journal publishes articles and reviews written in either Chinese or English. Manuscripts should be around 8,000 – 30,000 Chinese characters in length. Manuscripts written in English should not exceed 10,000 words in length. The Editors reserves the right to revise and edit submitted manuscripts for space and style preference. For Chinese manuscripts, the journal conforms

to the style as *Minzu Yanjiu* or *Ethno-National Studies* adopts. For English manuscripts, the journal adopts the Harvard Referencing style. Research articles must include an abstract of both 300 Chinese characters and 200 words, and 3 to 5 key words in Chinese and English. Manuscripts should include full contact details (e. g., authors' affiliation, correspondence, telephone number, e-mail address, etc.). Research articles should have a funding acknowledgement if the founding organizations enabled the article to be written.

4. Authors are legally responsible for the content of their articles.

5. The JAS adopts an anonymous reviewing policy. Once received, manuscripts will be initially reviewed by the Editor, and then will be forwarded to two or more anonymous referees for evaluation. Authors will be notified within two months if a decision has been made to accept or reject a submission.

6. The JAS does not pay authors for their manuscripts. Yet they will receive three copies of the issue containing their article.

7. All submissions can be submitted electronically via a Word document to renleixuexuekan@ 126. com or mail ONE copy containing full contact details and TWO *anonymized* copies to the editorial office's address:

   Journal of Anthropological Studies Editorial Office,

   Department of Anthropology and Ethnology, Xiamen University

   No. 422 Siming Nan Road, Xiamen, Fujian 361005, CHINA

   renleixuexuekan@ 126. com